山西大学建校110周年学术文库

互连网络的容错嵌入

Fault Tolerant Embeddings in Interconnection Networks

王世英　李　晶　杨玉星 著

科学出版社

北　京

内 容 简 介

本书对于互连网络的容错嵌入问题提供了一个统一的理论框架. 内容包括图与互连网络的概述; 对网络容错泛连通性、容错泛圈性、条件容错泛连通性、条件容错泛圈性、指定哈密尔顿连通性和指定哈密尔顿性的研究; 对网络匹配障碍问题和多对多不交路覆盖问题的研究. 书中许多内容和方法是作者的研究成果. 还提出一些问题供有兴趣的读者进一步研究.

本书可供高等院校计算机和应用数学、网络通信等专业教师、研究生以及相关领域研究人员阅读参考.

图书在版编目(CIP)数据

互连网络的容错嵌入=Fault tolerant embeddings in interconnection networks/王世英, 李晶, 杨玉星著. —北京：科学出版社, 2012
(山西大学建校 110 周年学术文库)
ISBN 978-7-03-033879-2

Ⅰ. ①互… Ⅱ. ①王… ②李… ③杨… Ⅲ. ①互连网络-容错技术-研究 Ⅳ. ①TP393.4

中国版本图书馆 CIP 数据核字(2012) 第 048669 号

责任编辑: 任 静 / 责任校对: 刘小梅
责任印制: 吴兆东 / 封面设计: 无极书装

科 学 出 版 社 出版
北京东黄城根北街 16 号
邮政编码：100717
http://www.sciencep.com
北京中石油彩色印刷有限责任公司 印刷
科学出版社发行 各地新华书店经销
*
2012 年 4 月第 一 版 开本: B5 (720 × 1000)
2023 年 7 月第四次印刷 印张: 11 1/2
字数: 210 000

定价: 55.00 元

(如有印装质量问题, 我社负责调换)

作 者 简 介

王世英，男，山西省晋中市人，理学博士，山西大学教授，山西大学数学和应用数学研究所副所长，山西大学数学科学学院基础数学博士点的方向带头人和博士研究生导师. 山西大学计算机与信息技术学院系统工程博士点的方向带头人和博士研究生导师. 美国《数学评论》评论员，中国运筹学会理事. 山西省数学学会常务理事，主要从事离散数学和理论计算机科学方面的研究工作. 出版专著一部，在国内外学术刊物上发表学术论文 132 篇.

总　　序

2012 年 5 月 8 日, 山西大学将迎来 110 年校庆. 为了隆重纪念母校 110 年华诞, 系统展现近年来山西大学创造的优秀学术成果, 我们决定出版这套《山西大学建校 110 周年学术文库》.

山西大学诞生于“三千年未有之变局”的晚清时代, 在“西学东渐, 革故鼎新”中应运而生, 开创了近代山西乃至中国高等教育的先河. 百年沧桑, 历史巨变, 山西大学始终与时代同呼吸, 与祖国共命运, 进行了可歌可泣的学术实践, 创造了令人瞩目的办学业绩. 百年校庆以来, 学校顺应高等教育发展潮流, 以科学的发展理念引领改革创新, 实现了新的跨越和腾飞, 逐步成长为一所学科门类齐全、科研实力雄厚的具有地方示范作用的研究型大学, 谱写了兴学育人的崭新篇章, 赢得社会各界的广泛赞誉.

大学因学术而兴, 因文化而繁荣. 山西大学素有“中西会通”的文化传统, 始终流淌着“求真至善”的学术血脉. 不论是草创之初的中西两斋, 还是新时期的多学科并行交融, 无不展现着山大人特有的文化风格和学术气派. 今天, 我们出版这套丛书, 正是传承山大百年文脉, 弘扬不朽学术精神的身体力行之举.

《山西大学建校 110 周年学术文库》的编撰由科技处、社科处组织, 将我校近 10 年来的优秀科研成果辑以成书, 予以出版. 我们相信,《山西大学建校 110 周年学术文库》对于继承与发扬山西大学学术精神, 对于深化相关学科领域的研究, 对于促进山西高校的学术繁荣, 必将起到积极的推动作用.

谨以此丛书献给历经岁月沧桑, 培育桃李芬芳的山大母校, 祝愿母校在新的征程中继往开来, 永续鸿猷.

郭贵春

二〇一一年十一月十日

序

在 20 世纪以前, 应用数学的基础是微积分, 弹性力学、流体力学、电磁学、量子力学都归结为偏微分方程. 因而在微积分基础上发展起来的分析学成为数学的主流. 20 世纪中叶以后, 计算机对人类的影响逐渐增强, 不仅是科学与工程问题需要高效的计算能力, 而且通信与信息储存已进入千万人们的日常生活. 计算机科学中, 离散数学作为一门研究离散数据及其相互关系的学科, 逐渐走进数学舞台的中心, 并在计算机科学与技术、信息与通信工程、电子科学与技术、控制科学与工程等诸多学科中得到广泛的应用. 由于计算机是一个离散的结构, 它虽然很 "聪明", 但却只能处理离散的或离散化了的数据, 这就注定计算机与离散数学之间有着千丝万缕的联系.

随着网络日渐成为人们日常生活中一个不可缺少的部分, 描绘网络的图论作为离散数学的一个分支, 目前其应用范围已遍及自然科学与系统科学的广阔领域. 随着科学技术的发展, 图所描述的关系日益复杂, 从事物之间的联系到物质的内部结构, 从简单的游戏到复杂的工程系统, 研究层面不断推向纵深.

20 世纪计算机的出现, 引起了信息科学突飞猛进的发展. 信息量的日益增加, 迫切要求计算机存储能力和运算速度进一步提升. 单台计算机的性能提升遭遇到晶体管制作工艺的瓶颈, 这导致并行与分布式系统的诞生. 并行与分布式系统通常以某种具有优秀性质的互连网络作为拓扑结构, 将多个处理机互连, 并行处理, 以期大幅提升系统的性能. 互连网络通常以图为数学模型. 在众多的互连网络中, 路和圈以其简单的结构成为最为基础的两种网络拓扑. 在设计和选择互连网络时, 路和圈的可嵌入性是一个非常重要的因素. 因此, 互连网络中路和圈的嵌入问题成为一个颇具吸引力的研究领域.

在实际的系统中, 元器件和信道故障在所难免, 对应在图中, 点故障和边故障是不可避免的. 这就要求在嵌入路和圈时, 这些路和圈不能够通过故障边, 即 "规避嵌入". 在随机故障模型下, 连接同一个处理机的所有信道都发生故障的概率是微乎其微的. 事实上, 人们可以考虑连接同一个处理器的信道至少有两条不发生故障的 "条件故障假设", 这一假设保证了经由每个处理器都有着不同的信道. 在条件故障假设下的 "规避嵌入" 也可以称为 "条件规避嵌入". 另一方面, 在某些情形下, 人们在选择路由时, 希望路由线路通过某些特定的信道, 这就促使 "指定嵌入" 的出现.

k-元 n-立方网络以其正则性、对称性、易用性、低延迟、高带宽等诸多优秀性质逐渐成为互连网络拓扑的新贵. 近年来, 以它为拓扑结构建立起了 iWarp、Cray T3D、Cray T3E、IBM Blue Gene 等并行系统. 因而它不是只存在于数学家设想中的一种网络.

本书的作者长期从事 k-元 n-立方网络中嵌入问题的研究工作, 并已经取得一些成果. 这些成果包括 k-元 n-立方网络中路和圈的 "规避嵌入"、"条件故障假设" 以及 "指定嵌入". 该书蕴含充实、严谨的基础性理论, 有助于致力于该领域的同学打下坚实的数学基础, 同时, 也将为相关专业感兴趣的研究者们提供颇有价值的参考, 并在理论与实际问题之间起到桥梁作用. 我们期望, 有更多的既有理论深度又有应用背景的数学著作出版.

张福基

2011 年 6 月于厦门

前　言

自从第一台电子计算机问世以来, 电子计算机的发展始终遵循着摩尔定律, 即集成电路上可容纳的晶体管的数目每隔大概 18 个月就会增加一倍, 电子计算机的性能也将提高一倍. 然而, 制作工艺决定了晶体管的尺寸有一个极限值, 单位面积上可容纳的晶体管数目是有限的. 另一方面, 随着社会的迅猛发展, 各行各业每天都有海量的数据需要处理, 这就要求计算机有足够快的处理速度和巨大的存储能力. 并行与分布式系统为解决上述矛盾提供了一个途径.

并行与分布式系统通常以某种互连网络作为拓扑结构, 将众多的处理机及其他硬件设备连接起来, 相互配合, 并行处理, 以加快处理速度, 提高运算能力. 互连网络通常以图为数学模型. 可以将某个互连网络用图 H 表示, 称为 "主图"; 而欲嵌入 H 中的互连网络 G 称为 "客图". 若 G 可以嵌入 H 中, 则可以在 H 中模拟 G 的某些行为. 在众多的互连网络拓扑中, 路和圈是最为基础, 也最为重要的两种网络拓扑结构. 在上述两种互连网络中, 容易设计出简单而又高效的路由算法. 因此, 在设计和选择互连网络时, 路和圈的可嵌入性是一个非常重要的参考因素.

作者近年来一直从事 k-元 n-立方网络中路和圈的嵌入研究工作, 查阅了本领域的大部分文献资料, 获得了一些有意义的结果. 因此, 为了对近年来的研究成果进行整理、修正和归纳, 故撰写本书.

本书的基本结构如下: 第 1 章首先介绍并行计算机互连网络的背景, 并给出本书将用到的图论领域的术语和记号, 然后介绍互连网络的设计原则, 着重对图嵌入和网络容错性进行介绍, 最后综述 k-元 n-立方网络的结构、性质以及相关的研究进展. 第 2~7 章对 k-元 n-立方中路和圈的嵌入问题, 即 k-元 n-立方网络的各种类哈密尔顿性进行了研究. 第 2 章和第 3 章分别研究了随机容错假设下二维环面网络, k-元 n-立方网络的泛连通性和 k-元 n-立方网络的边偶泛圈性, 解决了国外同行提出的一些问题. 第 4 章和第 5 章分别讨论了条件容错假设下 k-元 n-立方网络的哈密尔顿交织性和泛圈性. 总地来说, 在有故障假设的情况下研究路和圈嵌入问题可统一视为 "规避嵌入问题". 另一方面, 在设计网络的路由算法时, 有时需要路径通过某些指定边, 这引起 "指定嵌入问题" 的研究. 第 6 章和第 7 章分别讨论了 k-元 n-立方网络的指定哈密尔顿连通性和指定哈密尔顿性. 有时候, 嵌入问题也可以从以下角度考虑：当主图中故障数超过多少时, 在该图中一定不能嵌入某个客图? 第 8 章研究了 k-元 n-立方网络的匹配排除和条件匹配问题, 给出了该网络中一定不能够嵌入一个完美匹配的故障边数的上界. 第 9 章讨论了在某些限制条件下的一

种特殊的 k-元 n-立方网络 —— 超立方网络的多对多 n 不交路覆盖问题.

我们感谢书末参考文献中列出的所有作者, 正是他们出色的工作才使本领域如此精彩. 感谢林上为、王瑞霞和张淑蓉, 本书的部分章节饱含着他们的心血. 感谢厦门大学张福基教授对我们的指导. 最后感谢山西大学对本书出版的支持.

由于时间仓促, 加之作者水平有限, 疏漏之处在所难免, 恳请读者批评指正.

主要符号表

符号	含义
G	无向图
$V(G)$	图 G 的顶点集
$E(G)$	图 G 的边集
$d_G(u)$	图 G 的顶点 u 的度
$\delta(G)$	图 G 的最小度
$G[X,Y]$	以 (X,Y) 为二分划的二部图 G
$X \setminus Y$	集合 X 和集合 Y 的差集
$G \cup H$	图 G 和图 H 的并图
$d_G(u,v)$	图 G 中从顶点 u 到顶点 v 的距离
$D(G)$	图 G 的直径
$g(G)$	图 G 的围长
$N_G(u)$	顶点 u 在图 G 中的邻域
$\langle \mathcal{P} \rangle$	由边集 $\mathcal{P}$ 导出的子图
F_v	故障点集
F_e	故障边集
$\mathcal{F}_d$	故障 d 维边
$G+F$	在图 G 上添加集合 F 中所有的边
$G-F_v$	从图 G 中删去点集 F_v 及其关联的边集
$G-F_e$	从图 G 中删去边集 F_e
$P[u,v]$	从顶点 u 到顶点 v 的路
Q_n^k	k-元 n-立方体
Q_n	n-维超立方体
$S \triangle T$	集合 S 和集合 T 的对称差

目　录

第1章　绪　　论

图论作为离散数学的一个重要分支, 已有两百多年的历史. 由于其广泛的应用背景, 近半个世纪以来, 越来越多的科研工作者投入到了该领域的研究中. 特别是在计算机的出现和推动下, 有关图的理论有了更加迅速的发展. 图论现在已经成为研究系统工程、管理工程、计算机科学、通信与网络理论、自动控制、运筹学以至社会科学等诸多学科的一种重要数学工具.

用图来表示互连网络拓扑结构这一事实已被计算机科学工作者和工程技术人员广泛接受和运用. 实践证明, 图论是设计和分析互连网络拓扑结构的一个非常有用的数学工具[1, 2]. 对于互连网络来说, 有一类重要的问题是在某一个网络上模拟另外一个网络, 这个问题称为嵌入问题. 在本章中, 我们先简单介绍互连网络容错嵌入问题的应用背景, 再对本书将用到的图论概念和它们相应的网络背景进行回顾, 最后介绍相关研究进展及本书的主要内容.

1.1　图与互连网络

1.1.1　并行计算机互连网络

科学与工程计算领域对计算能力的要求是永无止境的. 1991 年, 美国高性能计算和通信计划 (High Performance Computing and Communication, HPCC) 提出了科学与工程计算领域里具有深远影响的一些重大挑战性课题, 其中包括中长期天气预报、湍流分析、海洋环流建模、空气动力学、三维等离子体研究、药物分子结构设计、全球气候变化、结构生物学、图像理解等诸多方面. 所有这些课题全都具有极大的计算量, 因而无一不对计算机的性能提出了非常高的要求[3]. 这些需求的增长超出了微处理机性能增长的情况, 使得单处理器计算机的处理速度远远不能满足需要.

具有多处理器的并行计算机 (parallel computer) 为实现高性能计算提供了解决方案, 以满足人们对计算能力日益增长的需求. 科学家已经发现, 在大多数科学和工程应用中, 解决问题的算法本身就具有并行性, 因此, 无论是基于共享存储器的高性能计算机 (high performance computer, HPC), 还是大规模并行处理机 (massively parallel processor, MPP), 超大规模并行、多级存储结构都已经成为其必然的发展趋势. 在这些系统中, 都集成了大量的、能执行用户任务的处理单元 (可以是处理器、计算节点或商用计算机) 及存储单元, 这些处理单元通过互连网络, 以时间重叠、相互协同的方式分别完成用户任务的不同部分, 这也是 "并行" 的含义. 因此, 这些通过某种方式连接多个处理单元和存储单元、并行的高性能计算机, 也被称作并行计算机.

并行计算机系统的一个基本特征是它的元件之间要通过物理连线按照某个模式相互连接在一起以传输信息. 随着对并行计算机系统研究的不断深入, 科学家们开始认识到, 科学计算不但需要浮点计算速度, 还需要信息传输速度. 随着单个处理器速率的不断提高、体积的不断缩小、互连带宽增大以及并行计算机中的处理器数量不断增加, 多处理单元之间经过相互连接进行通信的开销也随之大大增加. 因此, 并行计算机系统功能的实现很大程度上越来越依赖于元件之间的连接模式.

系统中元件之间的连接模式称为该系统的互连网络 (interconnection networks), 简称为网络. 从拓扑上讲, 一个系统的互连网络逻辑上指定了该系统中所有元件之间的连接方式.

在并行计算机系统中, 尤其是大规模的并行计算机系统中, 互连网络的性能对整个并行计算机系统的性能起着重要的, 甚至是决定性的作用, 以至于并行计算机的设计理念已经由以 CPU 为主逐步让位于以互连网络为主. 因此, 互连网络的研究成为并行计算领域研究的热点之一.

从图论的角度来看, 互连网络可以用图 1.1 来表示. 图的顶点表示系统中的元件, 图的边表示元件之间的物理连线, 而关联函数指定了元件之间的连接方式. 这样的图称为互连网络拓扑结构 (topological structure), 简称网络拓扑 (network topology). 反之, 图也可以看成是某个互连网络的拓扑结构. 从拓扑上讲, 图和互连网络是等价的. 在本书后面的叙述中, 我们不区分 "图" 和 "互连网络", 将网络、元件和连线分别说成图、顶点和边.

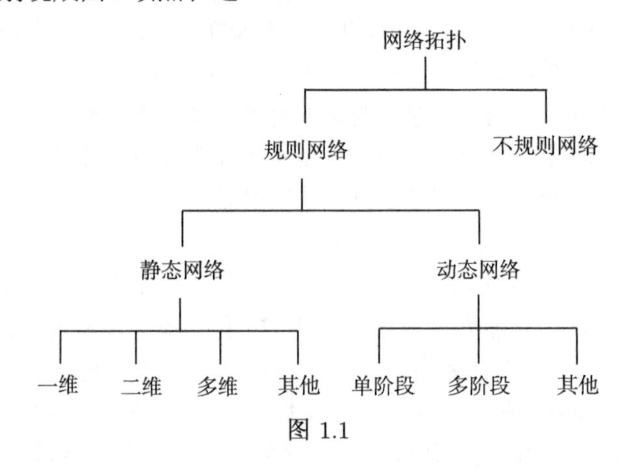

图 1.1

迄今为止, 人们已经提出了很多互连网络, 对它们也有各种分类的方法. 但从并行计算机系统的角度出发, 以网络开关元件与处理器为结点的连接方式来分类似乎更为合理. 这样, 互连网络按几何形状分为两大类: 规则互连网络和不规则互连网络. 规则互连网络又分为动态互连网络和静态互连网络两种. 如图 1.1 所示.

动态互连网络, 其输入和输出间的连接关系是可变的, 由其互连的结点之间的连接关系也是可变的. 一般动态互连网络由物理上都是集中的单级或多级开关网络构成. 由于物理上的集中和控制上的相对复杂, 使得这种网络的可扩展性较差. 只适用于结点数不多、规模不大的系统互连. 常见的动态网络拓扑结构有: 蝶形网 (butterfly network)、洗牌交换网 (shuffle-exchange network)、交叉开关网 (cross-bar switch network)、Benes 网、STARAN 网、数据交换网等.

静态互连网络, 其输入和输出间的连接关系是固定的, 由其互连的结点之间的连接关系也是固定的. 非直接连接的结点间的通信不像动态互连网络通过动态改变开关网络的连接完成, 而是由源结点到目的结点间路径上的路由器协助完成. 由于构成静态互连网络的路由器逻辑上是独立的, 物理上是分布的, 因此静态互连网络扩展性好, 可支持不同规模并行系统的构成. 根据网络的维数, 静态网络可以分为一维、二维和多维网络. 常见的静态网络拓扑结构有: 线性列阵形网 (linear array)、单环网 (ring)、网格形网 (mesh)、树形网 (tree)、蜂窝网 (honeycomb)、超立方体形网 (hypercube)、总线形网 (bus)、全互连网等. 部分网络拓扑如图 1.2 所示.

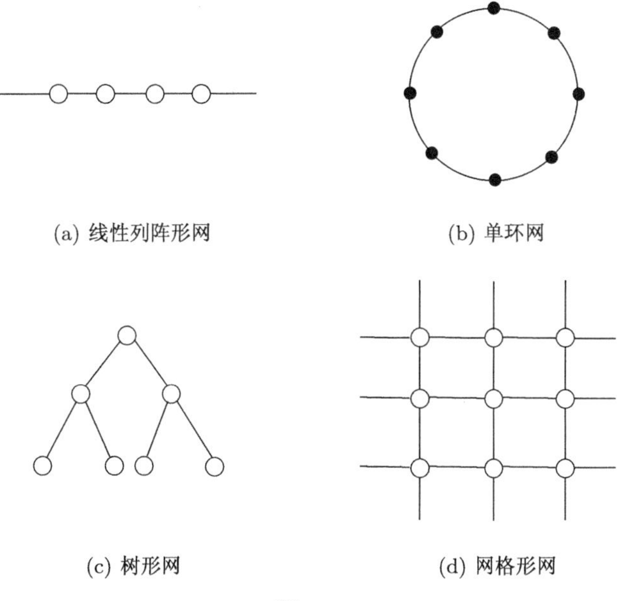

(a) 线性列阵形网 (b) 单环网

(c) 树形网 (d) 网格形网

图 1.2

目前的并行计算机系统绝大多数采用的都是静态互连网络, 在本书中, 我们感兴趣的是静态互连网络拓扑结构.

1.1.2　图论的一些基本概念和符号

本文所考虑的图都是有限简单无向图, 也就是说, 我们所考虑的无向图都有有限的顶点集和边集, 并且既不包含环也没有两条连接同一对顶点的边. 本节介绍本书将用到的图论的基本概念和记号. 一些专用术语和概念, 我们将在使用时再予以介绍.

设 $G=(V,E)$ 是一个无向图, 其中 $V=V(G)$, $E=E(G)$ 分别表示图 G 的顶点集和边集. 用 $\nu(G)$ 表示 G 的顶点数, 称为 G 的阶, $\varepsilon(G)$ 表示 G 的边数, 即 $\nu(G)=|V(G)|$, $\varepsilon(G)=|E(G)|$. 当用图来表示网络时, 点代表网络结点, 边代表节点之间的直接通信连接.

若边 e 的端点为 u,v, 我们用 (u,v) 表示边 e. 此时, 称 u 和 v (在 G 中) 相邻, 又称 e 与 u 相关联. G 中所有与顶点 u 相邻的点所组成的集合 $N_G(u)$ 叫做 u 的邻域. 记图 G 中与顶点 u 相关联的边的集合为 $E_G(u)$. 顶点 u 的度 $d_G(u)$ 是指 G 中与 u 相关联的边的数目. 0 度点称为孤立点. 分别用 $\delta(G)=\min\{d_G(u):\ u\in V(G)\}$ 和 $\Delta(G)=\max\{d_G(u):\ u\in V(G)\}$ 表示图 G 的最小 (顶点) 度和最大 (顶点) 度.

若对每个顶点 $v\in V(G)$ 都有 $d_G(v)=k$, 则称图 G 是 k 正则的. 一个图是二部图, 若它的顶点集可以被划分为两个不相交的集合 X 和 Y 使得每条边的两个端点分别在 X 和 Y 中; 这样的一个分划 (X,Y) 被称为是图的一个二分划, X 和 Y 被称为是图的两个部. 记具有二分划 $(X,\ Y)$ 的二部图 G 为 $G[X,\ Y]$.

一条路 $P[v_0,\ v_t]=\langle v_0,\ v_1,\ \cdots,\ v_t\rangle$ 是使得任意两个连续的顶点都相邻的一条互不相同的顶点序列. 点 v_0 和 v_t 是这条路的两个端点. 也称这条路是一条 $(v_0,\ v_t)$ 路. 路的长度是指这条路上边的数目. 在本书中, 记通过倒转 $P[v_0,\ v_t]$ 的顶点而得到的路为 $P^{-1}[v_t,\ v_0]$, 即 $P^{-1}[v_t,\ v_0]=\langle v_t,\ v_{t-1},\ \cdots,\ v_0\rangle$. 图 G 的一个圈是一列顶点 $\langle v_0,\ v_1,\ \cdots,\ v_t,v_0\rangle$, 其中 $t\geqslant 2$, $v_0,\ v_1,\ \cdots,\ v_t$ 两两不同且任两个连续的顶点相邻. 长为奇数的圈称为奇圈, 长为偶数的圈称为偶圈. 长为 k 的圈称为 k 圈, 3 圈也称为三角形. G 中最短圈的长度称为 G 的围长, 记为 $g(G)$. 经过 G 的每个点一次的圈称为图 G 的哈密尔顿圈. 称一个包含哈密尔顿圈的图是哈密尔顿的. 经过图 G 所有顶点一次的路是 G 的哈密尔顿路. 若图 G 中任意两个不同的顶点之间存在一条哈密尔顿路, 则称图 G 是哈密尔顿连通的. 因为任何非平凡的二部图都不可能是哈密尔顿连通的, 哈密尔顿交织性这一概念被提出来. 若对二部图 $G[X,Y]$ 的任意两个在不同部中的顶点 (一个在 X 中, 另一个在 Y 中), G 存在一条哈密尔顿路连接这两个顶点, 则称图 G 是哈密尔顿交织的.

图 G 中一对顶点 u,v 之间存在一条 (u,v) 路, 则称点 u,v 是连通的. 连通是

顶点集 V 上的一个等价关系. 于是存在 V 的一个划分, 即把 V 分成互不相交的非空子集 $V_1, V_2, \cdots, V_\omega$, 使得两个顶点 u 和 v 是连通的, 当且仅当它们属于同一子集 V_i. 子图 $G[V_1], G[V_2], \cdots, G[V_\omega]$ 称为 G 的连通分支. 若 G 只有一个连通分支, 则称 G 是连通的; 否则 G 是不连通的.

如果 u 和 v 是连通图 G 中两个顶点, 那么 u 和 v 之间的距离 $d_G(u,v)$ 是 G 中最短 (u,v) 路的长度. 因此, 若 G 是一个连通图, 则 G 中 (u,v) 路的长 l 满足 $d_G(u,v) \leqslant l \leqslant |V(G)|-1$. 若图 G 中每一对 u,v 点之间存在长从 $d_G(u,v)$ 到 $|V(G)|-1$ 的 (u,v) 路, 则称图 G 是泛连通的. 若对任意故障点和 (或) 故障边的集合 F $(|F| \leqslant k)$, $G-F$ 中任意两点间存在长从 p 到 $|V(G-F)|-1$ 的路, 则称图 G 是 k- 故障 p- 泛连通的.

G 的直径 $D(G)$ 是指 G 的所有顶点对之间的最大距离; 若 G 不连通, 则定义 G 的直径为无穷大. 设 F 是连通图 G 的一个边子集, 若 $G-F$ 不连通, 则称 F 为 G 的一个边割. G 中边数最少的边割的势称作 G 的边连通度. 图 G 的连通度是指最小的顶点数使得删除这些顶点后图 G 不连通或是平凡的. 一个连通度为 c 的图 G 的容错直径是指删去任意 $c-1$ 个顶点得到的子图的最大直径. G 的围长 $g(G)$ 是指 G 中最短圈的长; 若 G 没有圈, 则定义 G 的围长为无穷大.

若图 G 包含长从围长 $g(G)$ 到 $|V(G)|$ 的圈, 则称 G 是泛圈的. 若它包含一个长从 4 到 $|V(G)|$ 的偶圈, 则称 G 是偶泛圈的. 进一步, 若偶泛圈图 G 的每条边都在长从 4 到 $|V(G)|$ 的偶圈上, 则图 G 被称为是边偶泛圈的. 泛圈性和偶泛圈性都是判断一个网络拓扑是否适合将不同长度的圈映射到其上的重要指标. 若对任意边集 F $(|F| \leqslant k)$, $G-F$ 中存在一个哈密尔顿圈, 则图 G 是 k- 边故障哈密尔顿的. 若对任意故障点和 (或) 故障边的集合 F $(|F| \leqslant k)$, $G-F$ 中存在一个哈密尔顿圈, 则图 G 是 k- 故障哈密尔顿的.

图的一个匹配是指一个两两不相邻的边的集合. 设 M 是一个匹配, 称每个同 M 中某条边关联的点被 M 饱和. 图的一个完美匹配是指使每个点都被饱和的匹配. 图的一个几乎完美匹配是指使得除一个顶点外其余每个顶点都被饱和的匹配.

称两个图 G 和 H 是同构的 (记作 $G \cong H$), 如果存在一个一一对应 $\theta: V(G) \rightarrow V(H)$, 使得 $uv \in E(G)$ 当且仅当 $\theta(u)\theta(v) \in E(H)$. 为方便起见, 本书有时也把同构的两个图看成是同一个图.

假设 U 是 $V=V(G)$ 的非空子集. 以 U 为顶点集, 以 G 中两个端点均在 U 中的所有边的集合为边集组成的子图称为 G 的由 U 导出的子图, 记为 $G[U]$; 这时, 也称 $G[U]$ 为 G 的导出子图. 导出子图 $G[V-U]$ 记为 $G-U$; 它是从 G 中删去 U 中的顶点以及与 U 中的顶点相关联的边所得到的子图. 若 $U=\{u\}$, 则 $G-\{u\}$ 简记为 $G-u$.

假设 F 是 $E=E(G)$ 的非空子集. 以 F 为边集, 以 F 中所有边的端点的并集为顶点集的子图称为 G 的由 F 导出的子图, 记为 $G[F]$; 这时, 也称 $G[F]$ 为 G 的边导出子图. 特别地, 在不引起歧义的情况下, 我们有时也记 $\langle F\rangle$ 为边导出子图. 边导出子图 $G[E-F]$ 简记为 $G-F$. 设 e 是 G 的一条边. 则 $G-\{e\}$ 简记为 $G-e$. 在本书中集合 X 和 Y 的差我们记作 $X\setminus Y$, 但当 Y 中只有一个元素时, 比如 $Y=\{y\}$ 时, 我们也将 $X\setminus\{y\}$ 记作 $X\setminus y$.

如果 G 是互连网络的拓扑结构, 那么, $G+F$ 表示为了改进网络的性能而添加连线集 F 之后得到的网络; $G-U$ 和 $G-F$ 分别表示网络包含一个故障点集 U 和故障连线集 F.

令 C_1 和 C_2 是两个圈. 我们记 $C_1\triangle C_2$ 是由 $E(C_1)\triangle E(C_2)$ 导出的图, 其中 $E(C_1)\triangle E(C_2)$ 是 $E(C_1)$ 和 $C(C_2)$ 的对称差.

并和交是图组合的两个最基本的方式. 两个简单图 G 和 H 的并 $G\cup H$ 是指顶点集为 $V(G)\cup V(H)$, 边集为 $E(G)\cup E(H)$ 的图. 若图 G 和 H 没有公共顶点, 则称它们是不相交的. 若图 G 和 H 不相交, 则它们的并图是一个不交并, 记为 $G+H$. 类似可定义两个简单图 G 和 H 的交 $G\cap H$ (注意到当图 G 和 H 不相交时, 它们的交为空图).

书中未予定义而直接使用的无向图术语和记号可参见文献 [4].

1.1.3　互连网络设计原则

如前所述, 随着超大规模集成电路的出现和现代通信技术的高速发展, 人们已经能够构造出大规模并行计算机系统. 然而, 在设计这些系统时, 选择什么样的互连网络拓扑至关重要. 一般而言, 在设计互连网络时有两个最基本的设计原则: 高效率和低成本. 但是影响网络效率和成本的因素很多, 总的而言分四个方面: 操作方式、控制策略、交换方法以及网络拓扑. 具体一些, 操作方式分为同步操作、异步操作和组合操作三种; 控制策略分为集中控制和分布式控制两种; 交换方法分为巡回交换、数据包交换和整合交换三种; 趋于规则的网络拓扑分为动态网和静态网两种. 本节仅仅从网络拓扑方面来简单介绍网络设计需要遵循的几个原则[2, 5, 6].

1. 规则性

目前使用和研究的互连网络大多是规则网络. 规则性包括均匀性和对称性等. 人们希望网络中的组件能够以相同的方式启动和连接, 使得在各结点的容量和连线负载保持平衡. 这就要求网络拓扑结构应具有一定的对称性. 图中的点传递和边传递性质是衡量网络对称性的指标.

2. 小的固定顶点度

顶点的度固定, 则网络的输入和输出间的连接关系固定, 结点之间的连接关系也固定. 这也是系统网络大多选择静态网络的原因. 顶点的度小意味着物理连接的数目小, 这将使布线容易, 网络构建成本降低. 其主要原因是, 物理连接如果数目大, 不仅影响设备输入输出的端口需求, 还需要软件的支持, 从而增加费用, 影响网络的执行效率.

3. 小的通信延迟

在现代科学与工程计算领域里, 一些重大挑战性课题, 如气象跟踪预报、湍流分析、雷达信号处理、核和化学反应等, 不仅对系统计算能力的要求很高, 还要求有小的通信延迟, 即网络中信息传输的速度越快越好. 这就要求在信息传输过程中要尽可能少的经过中间结点. 小的通信延迟不但确保网络的有效性, 而且也会降低网络的建造成本. 网络通信延迟用图上的直径或平均距离来衡量. 好的网络应有小的直径和小的平均距离.

4. 简单有效的路由算法

路由选择是数据传输的必经之路, 它是决定互连网络性能的重要功能. 数据在传输过程中所经过的路径是由路由器自动选择的, 因此简单有效的路由算法是必不可少的. 路由算法是互连网络设计的重要组成部分.

5. 可划分性和可扩性

可划分性是指一个网络可以被划分为一些独立的子网络, 每个子网络具有同原网络几乎一致的性质, 仅在规模上有所不同. 因此, 以一个具有可划分性的网络构建的系统支持单指令流多数据流 (Single Instruction Multi Data, SIMD) 机制. 通过动态的划分独立的 SIMD 机器单元并指派给每个划分合适的任务, 我们可以更有效地利用系统资源. 可扩性是指能够从小网络构造大网络, 并保留和小网络一样的性质. 这样有利于未来扩容和升级以满足更大规模的研究. 从本质上讲, 可划分性和可扩性是一样的, 都是要求网络设计具有迭代性.

6. 可嵌入性

人们对一些简单的网络拓扑, 如线性阵列网、单环网、二叉树网络等设计了大量的有效算法. 如果能够把这些简单的网络拓扑嵌入到所设计的网络拓扑中, 那么这些简单网络拓扑上的算法同样可以在所设计的网络拓扑上执行. 有时候, 这些算法只需在子网上运行, 它可以避免大网络固有的缺点, 增加了可靠性和有效性. 用图论的术语来说, 拟设计的网络所对应的图应包含一些简单的图, 例如路、圈和二叉树等作为它的子图. 这样既有利于以这些简单网络为通信模式的算法的移植和兼容, 也方便那些已习惯于某些算法且能解决问题的用户, 同时减少网络拥塞和负载, 提高网络利用率. 关于可嵌入性方面的内容将在下一小节中详细介绍.

7. 可靠性

网络可靠性是所有系统性能中最重要的方面之一. 网络出现故障是不可避免的, 特别是超大规模计算机互连网络和计算机系统. 网络可靠性总地来说可归结为两个问题: 故障诊断和容错能力. 大体来说, 故障诊断问题是在故障假设下对每个故障产生合适的故障检测和故障定位测试集. 这些测试集通常趋向于寻找最小或者几乎最小的集合. 容错能力关心的是网络能够允许故障发生的程度, 即网络中至多允许多少数目结点和 (或) 连线出现故障时仍能够继续有效的运行. 本书主要关注第二个问题, 即互连网络的容错能力. 关于这一内容, 将在 1.1.5 节做详细介绍.

目前, 人们已经提出了多种互连网络拓扑, 然而没有任何一个网络拓扑对所有的设计原则来讲都是最优的. 不同的拓扑仅对不同的限制和要求是适合的. 事实上, 高性能和低花费本身就是网络设计中的一对矛盾. 上面列出的原则相互之间也包含着矛盾. 因此, 最优是相对的, 它只是对某个性能度量参数而言. 一个网络对于参数甲来说是最优的, 但对于参数乙来说不一定是最优的. 所谓网络的最优设计是对影响网络花费和效率各种因素的一种好的权衡.

1.1.4　网络嵌入

图的嵌入问题不但是图论的重要研究专题, 也是网络设计和分析中重要的研究内容.

互连网络大量的计算问题都用图嵌入问题来进行有效地模拟和研究. 如寻找有效的数据结构的存储表示问题、基于 VLSI 芯片的电路布线问题、程序结构化问题、基于处理器网络上的组织计算问题以及确定稀疏矩阵的带宽问题等[7].

按照 Hayes[8] 的说法, 算法也可以用图 G 来表示. G 的顶点表示执行该算法所要求的设备, G 的边表示这些设备之间的连线. 这样的图 G 叫做该算法的通信模式. 因此, 算法能在计算机系统 G 中执行, 当且仅当该算法的通信模式同构于 G 的子图. 此时, 算法在系统中的实现就是该算法的通信模式在该系统网络中的嵌入. 许多多处理机系统是为 “一般目的” 而设计的, 这意味着只要时间和空间允许, 任何算法如果能给予合适的编码总是可以在该系统中执行的, 它们能有效地解决某些应用问题, 并且有为该算法的执行而设计的最好的通信模式, 对于这些算法, 为达到希望的性能, 某些拓扑结构的存在性是一个重要因素. 因此, 对于这些应用, 被设计的网络最好能在逻辑上提供一个特殊的拓扑结构以确保该算法有效地执行. 另一方面, 有些算法只要稍作修改就可以完全适用于另外的拓扑结构, 即对算法稍加修改就能运行. 如果原始算法结构能被嵌入到一个新网络中, 已有的算法就很容易运行.

嵌入是一个拓扑结构到另一个拓扑结构的映射, 它保留某些被要求的性质. 我们讨论的嵌入是指下列定义.

定义 1.1.1　令 G 和 H 是给定的两个图. 一个从 G 到 H 的嵌入是指从 G 到 H 的一个同构. 这个从 G 到 H 的同构可以被看成是一个映射

$$\phi : V(G) \to V(H)$$

使得对任一条边 $(x,y) \in E(G)$, $\phi((x,y))$ 是 H 中一条 $(\phi(x),\phi(y))$ 路.

若存在一个从 G 到 H 的嵌入, 则称 G 能够嵌入到 H 中. 此时称图 G 是客图, 图 H 是主图. 判断一个客图能否嵌入一个主图的问题被称为图嵌入问题. 若一个嵌入 ϕ 是一个单射, 我们称这样的嵌入 ϕ 是点对点的. 目前研究的嵌入大多都是点对点嵌入.

显然, 若图 G 与图 H 的某个子图 T 同构, 则 G 和 T 之间的任一个同构 ϕ 能够被扩展为从 G 到 H 的一个嵌入. 这类嵌入被称为是同构嵌入.

在嵌入定义中, 客图 G 中的一条边被允许伸展成主图 H 中一条路. 此时, 为衡量不同的嵌入, 一些参数被提出来. 设 ϕ 是客图 G 到主图 H 的嵌入. 在这个嵌入中, G 的边被 "拉长" 的最大长度称为 ϕ 的膨胀数, 记为 $\mathrm{dil}(\phi)$, 即

$$\mathrm{dil}(\phi) = \max_{(x,y)\in E(G)} \{\ H\ \text{中路}\ \phi((x,y))\ \text{的长度}\}$$

当 H 按 ϕ 模拟 G 时, 膨胀数 $\mathrm{dil}(\phi)$ 是度量通信有效性的重要参数. 经典的目标是求从 G 到 H 的嵌入 ϕ, 使得膨胀数 $\mathrm{dil}(\phi)$ 最小. 显然, 存在从 G 到 H 的点对点嵌入 ϕ, 使得 $\mathrm{dil}(\phi)=1$, 当且仅当 ϕ 是从 G 到 H 的某个子图的同构.

比率 $\nu(H)/\nu(G)$ 称为嵌入 G 到 H 的膨胀率. 膨胀率是度量当在 H 上模拟 G 时, 网络 H 的利用率的重要参数.

除了膨胀数和膨胀率外, 还有两个度量嵌入优劣的参数：嵌入的拥塞和负载. 嵌入的拥塞是客图中用到主图中某一条边的最大次数. 嵌入的负载是客图中用到主图中某一个顶点的最大次数. 容易看到, 若嵌入是同构的, 那么它的负载是 1.

膨胀数、膨胀率、拥塞和负载界定了嵌入 ϕ 的速度和有效性. 最好的嵌入应是使得膨胀数、膨胀率、拥塞和负载都很小的嵌入.

1.1.5　网络容错性

网络出现故障是不可避免的, 特别是超大规模计算机互连网络和计算机系统. 按照 Esfahanian[9] 的定义, 如果超大规模计算机系统在故障发生时仍具有功能, 那么称该系统为容错的.

根据结点和 (或) 边故障的故障行为的不同, 可以区分最常研究的两种故障类型: 其一称为 Fail-Stop 类型 (也称为 Crash 类型), 即故障结点或故障边不能传输任何信息; 其二称为 Byzantine 类型, 即故障结点或边可能对传输经过该结点或边的信息进行任意的改变, 甚至于捏造故障的信息. 故障模型在考虑对故障进行分类时,

另一个很重要的特征是故障持续时间的长短, 根据此特征可将故障分为静态 (或永久性) 故障类型和动态 (或瞬态) 故障类型两类. 其中，动态故障持续时间较短，多为部件的瞬态故障或者出故障部件经故障排除后重新工作，而静态故障也称为永久性故障，不对出故障部件进行修复。若一个容错模型允许互连网络出现动态故障，则需要相邻结点间的动态容错信息交换或者网络中存在集中式的控制. 本书仅考虑 Fail-Stop 故障类型.

有两个功能性准则已引起人们注意. 根据第一个准则, 只要系统的网络拓扑结构逻辑上包含某个拓扑结构, 那么该系统被认为是有功能的. 第二个功能性准则为, 只要网络中任何两个非故障元件之间存在非故障通信路线, 就认为该系统具有功能. 换句话说, 尽管故障出现, 但网络的拓扑结构仍保持连通.

一些研究者已经提出了多种网络容错模型, 它们在容错性、简单性、是否需要网络的全局状态信息等方面各有特点. 有的容错模型只考虑结点的容错性, 有的容错模型只考虑边 (也称为链路) 的容错性, 有的容错模型则同时考虑结点和边的容错性. 实际上, 在结点容错模型中, 边的故障可用连接该边的两个结点中的任何一个出故障进行模拟; 在边容错模型中, 结点的故障可用与该结点相关的所有边出故障进行模拟.

从已有的研究成果中可见, 目前有两类常见的有关故障的假设. 一类是标准意义下的故障假设, 即对出现故障的点和边的位置不作任何限制. 第二类是条件故障假设, 这种情形下仅考虑边故障. 出现故障时应保证使得每个顶点至少同两条健康边关联.

1.2　k-元 n-立方网络

1.2.1　k-元 n-立方的提出

当前 VLSI 技术的进步, 使得建造具有数千甚至数万个处理器的超大型并行分布式系统成为现实. 而在这些并行分布式系统中, 最重要的一个步骤就是决定各个处理器之间连接的拓扑结构, 即互连网络 (简称网络). 这是因为网络的拓扑性质直接影响到并行分布式系统的硬件和软件两个层面的各种设计[1]. 目前, 已有很多拓扑网络被提出来: 超立方[10]、扭立方[11]、交叉立方[12]、Mobius 立方[13]、星图[14]、立方连通圈[15]、de Bruijn 图[16]、安置图[17]、蝶形图[1]、旋转图[18], 完美洗牌网络[19]、WK-迭代网络[20]、分层立方网络[21] 等 (有兴趣的读者也可以参见文献 [22, 23]).

超立方网络凭借其许多优秀的拓扑性质以及简洁的实现方式一度被认为是最为流行的网络. 人们曾以超立方网络作为拓扑结构建立了一些多处理机分布式系

统, 例如, Cosmic Cube[24]、Ametek S/14[25]、iPSCX[26, 27]、Ncube[27] 和 CM-200[28] 等. 随着研究的不断深入, 人们发现以超立方为拓扑网络构建的系统在某些方面存在一定的缺陷. 如顶点的度相对较大, 这直接影响系统的可扩性和布线成本花费方面的问题; 直径相对较大, 使得通信延迟比较大. 为了弥补超立方的这些缺陷, 而又尽可能多保留类似于超立方的优良拓扑性质, 一些类超立方网络, 如扭立方、交叉立方、立方连通圈、k-元 n-立方等被陆续提出. 本书着重关注在 20 世纪 80 年代末、90 年代初被提出的 k-元 n-立方网络[29, 30]. k-元 n-立方网络从本质上讲同超立方网络是类似的, 而在 k 和 n 的选取上更具有灵活性. 例如, 超立方 Q_{12} 具有 4,096 个顶点且每个顶点的度为 12. 如果将这 4,096 个顶点按照 16-元 3-立方构建, 则每个顶点的度将下降到 6.

我们下面给出 k-元 n-立方的定义.

定义 1.2.1 k-元 n-立方, 被记为 Q_n^k $(k \geqslant 1, n \geqslant 1)$, 是一个具有 k^n 个顶点的图, 每个顶点可以标记为 $u = u_{n-1}u_{n-2}\cdots u_0$, 其中 $u_i \in \{0, 1, \cdots, k-1\}$, $0 \leqslant i \leqslant n-1$. 两个顶点 $u = u_{n-1}u_{n-2}\cdots u_0$ 和 $v = v_{n-1}v_{n-2}\cdots v_0$ 相邻, 当且仅当存在一个整数 j, $0 \leqslant j \leqslant n-1$, 使得 $u_j = v_j \pm 1 (\bmod\ k)$ 且对每个 $i \in \{0, 1, \cdots, j-1, j+1, \cdots, n-1\}$ 都有 $u_i = v_i$.

从迭代的角度来讲, k-元 n-立方还有另外一个定义. k-元 n-立方可以看成是 n 个 k 圈的笛卡儿乘积[31]. 即

$$Q_n^k = \underbrace{C_k \otimes C_k \otimes \cdots \otimes C_k}_{n\text{个}}$$

因此, Q_n^k 也可以定义如下:

$$Q_n^k = \begin{cases} C_k, & \text{当 } n = 1, \\ C_k \otimes Q_{n-1}^k, & \text{当 } n \geqslant 2 \end{cases}$$

图 1.3 (a), (b), (c) 分别给出 Q_1^6, Q_2^5 和 Q_3^3.

1.2.2 k-元 n-立方的性质

著名的单环网络, 环绕网络和超立方体网络都可以被看成 k-元 n-立方网络的子类. 特别的, k-元 2-立方体网络即为环绕网络, 2-元 n-立方体网络即为超立方体网络. 表 1.1 对 k-元 n-立方的各种特殊情况进行了归纳.

k-元 n-立方具有很多优良的性质[31−33].

性质 1.2.1 k-元 n-立方顶点数为 k^n, 边数为

$$\begin{cases} n \times k^{n-1}, & \text{当 } k = 2, \\ n \times k^n, & \text{当 } k \geqslant 3 \end{cases}$$

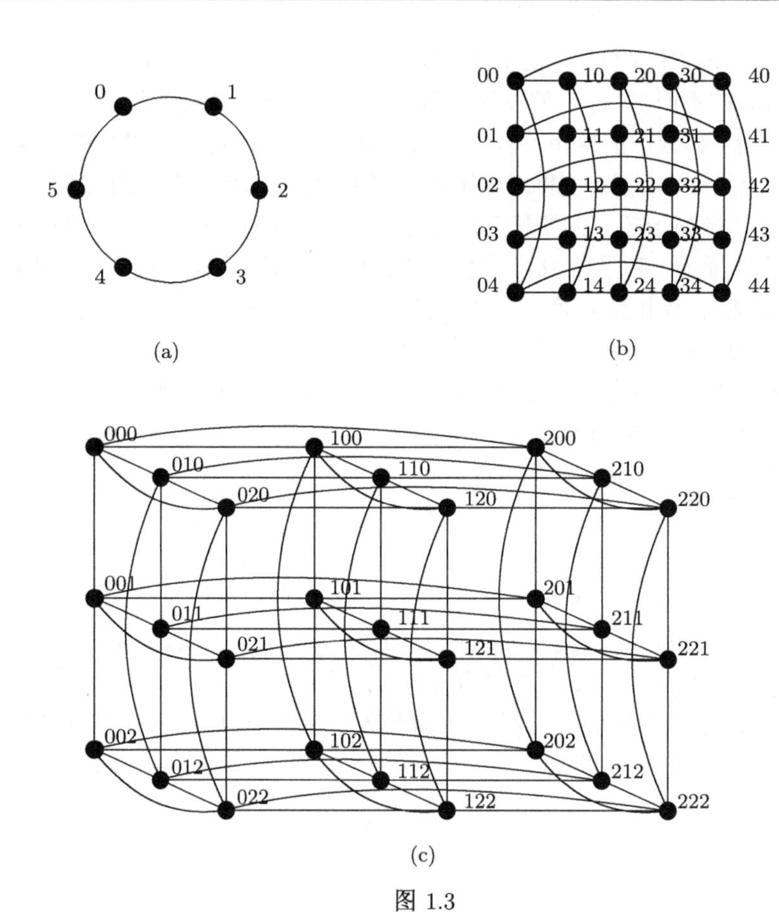

(a)　(b)

(c)

图 1.3

表 1.1　k-元 n-立方的各种子类

k	n		
	1	2	$\geqslant 3$
1	点	点	点
2	边	四边形 (超立方体)	超立方体网络
$\geqslant 3$	单环网络	环绕网络	k-元 n-立方网络

性质 1.2.2　k-元 n-立方是正则图, 每个顶点的度为

$$\begin{cases} n, & 当\ k=2 \\ 2n, & 当\ k\geqslant 3 \end{cases}$$

性质 1.2.3　k-元 n-立方既是点传递的, 也是边传递的.

性质 1.2.4　当 k 是偶数时, k-元 n-立方是二部图.

性质 1.2.5　k-元 n-立方连通度为

$$\begin{cases} n, & \text{当 } k=2 \\ 2n, & \text{当 } k\geqslant 3 \end{cases}$$

性质 1.2.6 k-元 n-立方的直径为 $n\left\lfloor\frac{k}{2}\right\rfloor$, 容错直径为 $n\left\lfloor\frac{k}{2}\right\rfloor+1$.

设 i $(0\leqslant i\leqslant n-1)$ 是一个给定的整数, u 和 v 是 Q_n^k 的两个顶点. 若 u 和 v 的标号仅在第 i 位不同, 则称 v 是 u 的一个对应点. 特别的, 若 u 和 v 相邻 (即第 i 位数值相差 1), 则称 (u,v) 是 Q_n^k 的一条 i 维边.

因为 Q_n^k 的一个顶点在第 i 位上恰有 k 个不同的选择, 所以, u 共有 $k-1$ 个对应点. $V[i]$ 是由 u 和 u 的对应点组成的集合, 则导出子图 $Q_n^k[V_i]$ 是一个 k 圈. 不难看出, Q_n^k 中共有 k^{n-1} 个这样的 k 圈. 它们由所有的 i 维边组成. 我们有下面的性质.

性质 1.2.7 对任意一维 i, k-元 n-立方体 i 维边的数目为

$$\begin{cases} k^{n-1}, & \text{当 } k=2; \\ k^n, & \text{当 } k\geqslant 3. \end{cases}$$

性质 1.2.8 对任意一维 i, 通过删除所有的 i 维边, 可以将 k-元 n-立方划分为 k 个子立方, 每一个都同 k-元 $n-1$-立方体同构 (见图 1.4).

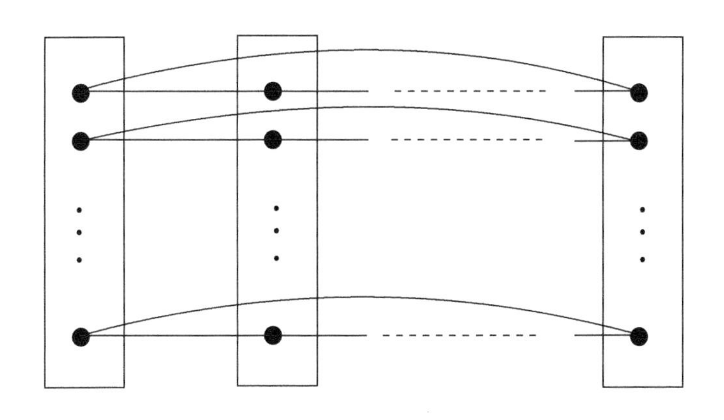

图 1.4 将 Q_n^k 划分成 k 个不相交的 Q_{n-1}^k

此外, k-元 n-立方还具有哈密尔顿性和其他很多好的类哈密尔顿性, 我们将在下一小节中详细介绍.

正是因为 k-元 n-立方具有这么多优良的拓扑性质, 目前一些大规模并行系统已经采用 k-元 n-立方作为它们的基础网络拓扑, 如 Cray T3D[34]、J-machine[35]、iWarp[36] 以及 Blue Gene/L torus[37].

1.3　研究进展和本书的主要内容

在设计互连网络拓扑时有许多需要考虑的因素. 前面已经说过, 没有任何一个网络拓扑对所有的设计原则来讲都是最优的. 不同的拓扑仅对不同的限制和要求适合. 网络嵌入能力是设计和评估一个互连网络的重要方面. 随着各种不同的互连网络被先后提出, 对并行算法能够在这些网络上运用的概率进行研究是非常有价值的. 如果一个客图网络能够嵌入到一个主图网络, 那就意味着在客图网络上能够执行的算法同样能够在主图网络上模拟执行[1, 38, 39]. 因此, 将一个客图网络嵌入一个主图网络的研究吸引了很多学者的注意.

线性列阵形网和环网是两个最基本、最流行的网络. 它们具有结构简单、度较小等特点, 适合发展简单而有效的算法, 同时只需花费相当低的通信代价. 目前, 很多用于解决代数和图方面问题的算法都是基于它们设计的[1, 40, 41]. 此外, 线性数组和环能够被用作为网络分布计算的控制 (数据) 流结构[7, 42]. 线性列阵形网和环网在实际层面上的广泛运用给了我们在图上研究路嵌入和圈嵌入问题的动机.

泛圈性是判断一个网络拓扑是否适合将不同长度的圈映射到其上的重要指标. 这一概念最初由 Bondy[43] 提出来, 随后被扩展为点泛圈性[11] 和边泛圈性[44]. 一个图 G 中若每个点 (或每条边) 都在长从 $g(G)$ 到 $|V(G)|$ 的圈上, 则 G 被称为点泛圈的 (或边泛圈的). 显然, 边泛圈图必然是点泛圈的.

若一个图 G 中任意两个顶点之间存在一条哈密尔顿路, 则称 G 是哈密尔顿连通的[45]. 若任一对不同的顶点 x 和 y 之间存在一条长从 $d_G(x,y)$ 到 $|V(G)|-1$ 的 (x,y) 路, 则称图 G 是泛连通的[46, 47]. 称泛连通图具有泛连通性. 显然, 一个泛连通图必然是边泛圈的. 哈密尔顿性、泛圈性、点泛圈性、边泛圈性、哈密尔顿连通性和泛连通性统称为类哈密尔顿性. 图 1.5 给出具有这些类哈密尔顿性的至少有三个顶点的图类之间的包含关系.

对于一个二部图 G, 设 $(A,\ B)$ 为 G 的二分划. 对于任意点 $u\in A$ 和 $v\in B$, $d_G(u,v)$ 为奇数, 显然, u 和 v 之间不存在偶数长的路; 而对于任意点 $u,\ v\in A($ 或 $B)$, $d_G(u,v)$ 为偶数, 显然, u 和 v 之间不存在偶数长的路. 而且二部图中没有奇圈, 故二部图不可能具有泛圈性和泛连通性. 在此背景下, 偶泛圈性和偶泛连通性的概念被提出来. 如果 G 中存在长为 $g(G)$ 到 $|V(G)|$ 之间每个整数的偶圈, 则称图 G 是偶泛圈的[48]. 设 $u,\ v$ 是图 G 中任意两点. 如果 G 中存在长为 l 的 (u,v) 路, 其中 l 满足 $d_G(u,v)\leqslant l\leqslant v(G)-1$ 且 l 和 $d_G(u,v)$ 具有相同的奇偶性, 则称 G 为偶泛连通的[49].

因为两个在同一部的顶点之间不可能存在哈密尔顿路. 因此, Simmons[50] 介绍了二部图上的哈密尔顿交织性. 在一个二部图中, 若任意两个在不同部的顶点之间存在哈密尔顿路, 则称这个二部图是哈密尔顿交织的.

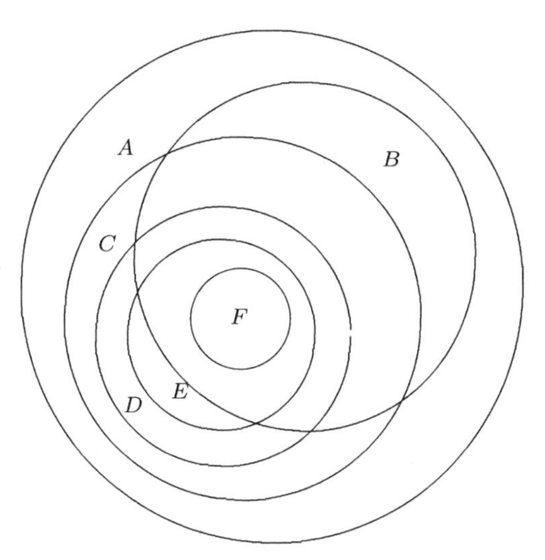

图 1.5 类哈密尔顿性之间的包含关系

A: 哈密尔顿性; B: 哈密尔顿连通性; C: 泛圈性;

D: 点泛圈性; E: 边泛圈性; F: 泛连通性

随后, 学者们扩展哈密尔顿交织性得到一些新的概念. Hsieh 等[51] 提出强哈密尔顿交织性. 若一个哈密尔顿二部图 G 不仅是哈密尔顿交织的, 且任意两个相同部中的顶点之间存在一条长为 $V(G)-2$ 的路, 则 G 称为是强哈密尔顿交织的. Lewinter 和 Widulski[52] 介绍了另一个概念 —— 超哈密尔顿交织性. 若一个哈密尔顿二部图 G 不仅是哈密尔顿交织的, 且对一部中任意点 x, 另一部中任意两个不同点之间存在 $G-x$ 的一条哈密尔顿路, 则 G 称为是超哈密尔顿交织的. Chang 等[53] 提出超交织性. 在一个具有连通度 $\kappa(G)$ 的二部图 G 中, 若对任意两个不同部中的顶点 x 和 y 和任意整数 k, $1 \leqslant k \leqslant \kappa(G)$, x 和 y 之间存在 k 条不交路经过图 G 中所有顶点, 则称 G 是超交织的.

不难看到, 一个偶泛连通图必然是哈密尔顿交织和强哈密尔顿交织的, 但不一定是超哈密尔顿交织的.

在大规模并行计算机系统中, 故障难以避免. 考虑系统网络的容错能力具有现实意义. 在一个图 G 中对任意 $F \subset V(G) \cup E(G)$ 且 $|F| \leqslant k$, 若 $G-F$ 仍然是哈密尔顿的 (或哈密尔顿连通的, 泛圈的, 泛连通的), 则称图 G 是 k-故障哈密尔顿的 (或哈密尔顿连通的, 泛圈的, 泛连通的). 本书主要对 k-元 n-立方的各种容错类哈密尔顿性进行研究. 下面是有关这方面研究工作的进展和我们研究的主要内容概述.

1. 容错和条件容错泛连通性和泛圈性

关于 k-元 n-立方 Q_n^k 的各种拓扑性质得到了广泛的研究, 参见文献 [30, 32, 54−59]. 其中, Ashir 和 Stewart[54, 55] 证明了 Q_n^k 中包含哈密尔顿圈、栅格网和环形网. Bae 和 Bose[56] 用一种特殊的编码方式找出 Q_n^k 上的边不交哈密尔顿圈. Bose[57] 等对 Q_n^k 的各种拓扑性质进行了研究, 他们给出 Lee 距离概念, 并提出在任意两点间构造不交路的方法以及将栅格网和超立方体嵌入 Q_n^k 的方法. Day 和 Al-Ayyoub[32] 证明了 Q_n^k 的容错直径是 $D(Q_n^k)+1$, 其中 $D(Q_n^k)$ 是无故障 Q_n^k 的直径.

众所周知, 很多应用, 如结构模拟、处理器分布、VLSI 芯片设计等都可以用图嵌入来模拟进行. 因为圈、路、树、网格等网络结构在并行计算系统中被广泛应用, 很多图嵌入采用这些网络作为一个客图. 特别地, 路和圈是模拟线性列阵形网和环网最普遍的结构. 关于路和圈嵌入问题, 以前人们大多集中在寻找尽可能长的路和圈上, 比如哈密尔顿路和哈密尔顿圈. 近年来, 寻找所有可能长度的路和圈问题得到了很多的关注. 当一个互连网络用一个简单无向图 G 来表示时, 这个网络有关路 (或圈) 嵌入的有效性可以用图 G 的泛连通性 (或泛圈性) 来表示.

1995 年, Bose 等证明了 k-元 n-立方是哈密尔顿的, 并给出一个单点路由算法和一个传播算法[31]. 在文献 [60] 中, Wang 等证明了 Q_2^k 是偶泛圈和偶泛连通的. 随后, Hsieh 等 [61] 证明了 Q_n^3 也是边偶泛圈的, 而 Stewart 和 Xiang[62] 证明了当 $k \geqslant 3$ 且 $n \geqslant 2$ 时, 任意的 k-元 n-立方都是边偶泛圈的. 其他关于 k-元 n-立方的路和圈嵌入问题的已有结果参见文献 [31, 60−66].

在一个系统中, 处理器和它们彼此之间的链接都有可能发生故障, 因此考虑一个互连网络的容错能力是非常重要的. 也就是说, 互连网络在发生某些处理器故障或者链接故障时, 这个网络仍能保持原有的性质. 一般来说, 有两种考察互连网络容错能力的模型: 随机故障与条件故障. 若假设故障会毫无限制地随机发生, 就称之为随机故障. 反之, 若假设故障的发生会满足某些条件, 则称之为条件故障. 近年来, 对各种互连网络的容错泛连通性和泛圈性研究得到广泛的关注 (可参见文献 [61, 67−77]).

令 f_v 和 f_e 分别为 k-元 n-立方中故障点和边的数目. 在文献 [54] 中, Ashir 等考虑了具有故障边的 k-元 n-立方的哈密尔顿问题. Yang[66] 等证明了当 $f_v+f_e \leqslant 2n-3$ 时, 则故障 k-元 n-立方是哈密尔顿连通的; 当 $f_v+f_e \leqslant 2n-2$ 时, 故障 k-元 n-立方是哈密尔顿的, 其中 $k \geqslant 3$ 是奇数. 在文献 [78] 中, Stewart 和 Xiang 研究了当 k 是偶数时具有故障点和故障边的 k-元 n-立方的最长路嵌入问题. Li[49] 等证明了当 $f_e \leqslant n-2$, $f_v=0$ 且 $n \geqslant 3$ 时, 超立方体是偶泛圈的. 在文献 [79, 80] 中, Tsai 证明了当 $n \geqslant 3$ 且 $f_v+f_e \leqslant n-2$ 时, 超立方体中每条边在无故障的长从 4 到 2^n-2f_v

的偶圈上. Wang 等[63] 证明了当 $f_v \leqslant 2n-3$ 时, 3-元 n-立方体上的任一条边在长从 $2n$ 到 $3^n - f_v$ 的圈上. 表 1.2 是已有结果的一个总结[66, 81, 82].

表 1.2 k-元 n-立方的路和圈嵌入方面已有结果总结

n 和 k 的取值	拓扑性质	n 和 k 的取值	拓扑性质
$n \geqslant 1$ 且 $k \geqslant 2$	哈密尔顿性	$n = 2$ 且 $k \geqslant 2$	偶泛连通性
$n \geqslant 2$ 且 $k \geqslant 3$ 是奇的	哈密尔顿连通性	$n \geqslant 2$ 且 $k \geqslant 2$	偶泛圈性
$n \geqslant 1$ 且 $k = 3$	泛连通性	$n \geqslant 2$ 且 $k \geqslant 3$ 是奇的	$2n-3$-故障哈密尔顿连通性
$n \geqslant 2$ 且 $k \geqslant 5$ 是奇的	$\left\lfloor \dfrac{k}{2} \right\rfloor$ 泛连通性	$n \geqslant 2$ 且 $k \geqslant 3$ 是奇的	$2n-2$-故障哈密尔顿性
$n \geqslant 2$ 且 k 是偶的	偶泛连通性	$n \geqslant 2$ 且 k 是偶的	边偶泛圈性
$n = 2$ 且 $k \geqslant 2$	几乎哈密尔顿性	$n \geqslant 2$ 且 $k \geqslant 3$ 是奇的	$2n-3$-故障 $n(k-1)-1$-泛连通性

在本书第 2 章中, 我们首先讨论并证明二维 $m \times (2n+1)$ 环形网络是 1- 故障 $(2n+m-1)$-泛连通的. 随后我们用数学归纳法证明当 $k \geqslant 3$ 是奇数时, k-元 n-立方是 $(2n-3)$-故障 $[n(k-1)-1]$-泛连通的. 也就是说, 对至多具有 $2n-3$ 个故障元的 k-元 n-立方中的任意两个健康点, 存在长为 l, $n(k-1)-1 \leqslant l \leqslant |V(Q_n^k - F)| - 1$ 的无故障路连接它们, 其中 F 是故障元的集合. 作为一个显而易见的结论, 我们有每一条健康边在长为 l, $n(k-1) \leqslant l \leqslant |V(Q_n^k - F)|$ 的无故障圈上.

在文献 [62] 中, Stewart 和 Xiang 证明了当 $k \geqslant 3$ 且 $n \geqslant 2$ 时, 任意的 k-元 n-立方都是边偶泛圈的. 他们在文中提出这一类哈密尔顿性能否在具有故障的 k-元 n-立方网络中保持的问题. 第 3 章我们对这一问题作出了回答. 证明了在条件 $f_v + f_e \leqslant 2n-3$ 下, 若 $k \geqslant 3$ 是奇数, 则故障 k-元 n-立方是边偶泛圈的; 若 $k \geqslant 4$ 是偶数, 则故障 k-元 n-立方是几乎边偶泛圈的.

本书第 4 章和第 5 章都是在条件故障假设下对 k-元 n-立方网络路和圈嵌入问题进行研究. 有关这方面内容最早出现在文献 [54] 中, Stewart 和 Xiang 证明了具有至多 $4n-5$ 条故障边的条件故障 k-元 n-立方网络是哈密尔顿的. 第 4 和第 5 章分别对 k-元 n-立方网络的哈密尔顿交织性和泛圈性进行研究.

2. 指定哈密尔顿连通性

具有哈密尔顿性是设计网络时最基本也是最重要的要求之一. 这是因为一个包含哈密尔顿路或圈的网络拓扑能够有效地模拟基于线性列阵形网和环网设计的算法. 众所周知, k-元 n-立方是哈密尔顿的. 随着大规模并行系统的广泛应用, 网络容错性得到了很多学者的关注. 特别地, 具有故障边的哈密尔顿路和圈嵌入问题可以看成是在避免经过某些特定的边的前提下去寻找哈密尔顿路和哈密尔顿圈.

2006 年, Caha 和 Koubek 提出了这样一个问题: 给定超立方体上一个边集, 什么条件能够保证存在一个哈密尔顿圈或一条哈密尔顿路通过这个给定边集中所有

的边 [83]? 容易看到, 这一问题在某些程度上是有故障边哈密尔顿路和圈嵌入问题的补充问题. 自从那以后, 关于超立方体以及其他网络上经过指定边的哈密尔顿路和圈的研究得到了关注. 目前多数结果都是考虑过指定边的哈密尔顿圈的存在性. 在文献 [84] 中, Dvořák 回答了 Caha 和 Koubek 提出的问题. 在文献 [85] 和 [86] 中, Tsai 和 Wang 分别考虑了具有故障元的超立方体中经过指定路和指定边的哈密尔顿圈存在问题, 而在文献 [87] 中, Park 考虑了类超立方体网络上的经过指定边的哈密尔顿圈存在性. 因为经过指定边的哈密尔顿路的研究难度远远大于经过指定边的哈密尔顿圈的研究难度, 目前关于经过指定边的哈密尔顿连通性问题的结果还比较少. 在文献 [88] 中, Dvoak 证明了超立方体是 $(n-2)$-指定哈密尔顿连通的. 第 6 和第 7 章我们扩展这一结果, 对 k-元 n-立方网络的经过指定边哈密尔顿连通性和哈密尔顿性进行研究.

3. 匹配排除和条件匹配排除

一个图的匹配排除数是指最小的边数, 使得从图中删除这些边后形成的图既没有完美匹配也没有几乎完美匹配. 对很多网络而言, 删掉一个最小匹配排除边集后总会产生一个孤立的顶点. 据此, 条件匹配排除数的概念最先由 Brigham 等[89] 提出. 在文献 [89] 中, 作者对 Petersen 图、完全图、完全二部图以及超立方的匹配排除数和最小匹配排除集进行了讨论. 随后 Cheng 等[90] 给出了 Cayley 图和 (n,k)-星图的匹配排除数并对所有最小匹配排除集进行了刻画; 而 Park 等[91] 对类超立方和限制类超立方网络的匹配排除数和最小匹配排除集进行了刻画.

若一个匹配排除集的所有边均和某个顶点关联, 则称该匹配排除集是平凡的. 但是, 在随机边故障模式下, 与一个顶点相关联的所有边同时发生故障的概率是比较低的. 自然而然, 这样一个问题产生了: 除了产生孤立点以外, 下一个造成没有完美匹配或几乎完美匹配的最基本的条件是什么? 基于此, Cheng 等[92] 提出条件匹配排除数的概念. 令 $F \subseteq E(G)$, 若 $G-F$ 中既没有孤立点, 也没有完美匹配和几乎完美匹配, 则称 F 是 G 的一个条件匹配排除集. 条件匹配排除数是最小的条件匹配排除集边数. 匹配排除数和条件匹配排除数是度量互连网络鲁棒性的重要参数. 此外, 它们和其他一些图理论如条件连通度等密切相关. 在第 8 章中, 我们将证明 k-元 n-立方网络的匹配排除数和条件匹配排除数分别为 $2n$ 和 $4n-2$, 其中 $k \geqslant 4$ 是偶数, $n \geqslant 1$ 是整数. 此外, 我们对最小匹配排除集进行了刻画.

4. 多对多 n-不交路覆盖

在路嵌入问题中, 在互连网络的顶点之间寻找并行路 (不交路) 是保障数据有效传递最主要的事件之一. 不交路问题一般可分为三类: 一对一不交路, 一对多不交路和多对多不交路. 其中一对一不交路是指连接一个源点和一个汇点之间的不交路, 一对多不交路考虑的是连接一个源点 s 和 k 个汇点 $t_1, t_2, \cdots, t_k$ 之间的不交路. 目前关于不交路问题大部分工作集中于一对一和一对多不交路方面. 在超立方体和星图等网络上构造一对一和一对多不交路的结果可见文献 [53, 93, 94].

多对多不交路问题处理的是连接 k 个源点 $s_1, s_2, \cdots, s_k$ 和 k 个汇点 $t_1, t_2, \cdots, t_k$ 之间的不交路. 在多对多模式下, 可以判定特殊的源点和汇点之间的不交路或者对源点和汇点不加限制时的不交路. 由于多对多不交路问题在研究上的困难性, 关于这方面的工作还不多, 已有结果参见文献 [95, 96].

图 G 的一个不交路覆盖是一个不交路的集合, 满足这些路包含了 G 的所有顶点. 第 2 章主要研究 2-元 n-立方体 (超立方体) 上的多对多不交路覆盖问题. 寻找不交路覆盖问题同著名的哈密尔顿路问题是密切相关的. 事实上, 一个网络的一对一的不交路覆盖恰恰是两个点之间的哈密尔顿路. 基于各种网络的大量的有关哈密尔顿路嵌入的工作可参见文献 [63, 69, 97−99]. 另一方面, 对于网络中一个不交路嵌入, 一个覆盖的存在意味着网络上每个点可以参与一条路径进行运算.

学者们对各种不同网络上的不交路覆盖问题进行了研究. 在文献 [53, 100, 101] 中作者分别对无故障和具有故障边的限制循环网络的一对一不交路覆盖问题进行了研究, 文献 [102] 中研究了类超立方体的一对多不交路覆盖问题. 在多对多不交路覆盖方面, Park 等 [87,103−105] 考虑了双环网络, 限制 HL- 图和循环行列式 $G(2^m, 4)$; Lai 和 Hsu[106] 考虑了匹配合成网络; Cahalant 和 Koubek[107], Gregor 和 Dvořák[108, 109], 以及陈协彬[110] 分别考虑了 n-维超立方体网络. 特别地, 陈协彬在文献 [110] 中证明了对任意的 $1 \leqslant k \leqslant n-1$, n-维超立方体 Q_n 包含不成对的多对多 k-不交路覆盖. 在第 9 章中, 我们考虑 $k = n$ 的情况, 获得了超立方体包含不成对的多对多 n- 不交路覆盖的一个充分条件.

第 2 章 容错泛连通性

本章研究 k-元 n-立方的容错泛连通性, 证明当 $k \geqslant 3$ 是奇数时, k-元 n-立方是 $(2n-3)$-故障 $n(k-1)-1$-泛连通的. 也就是说, 对至多具有 $2n-3$ 个故障元的 k-元 n-立方中的任意两个健康点, 存在长为 l, $n(k-1)-1 \leqslant l \leqslant |V(Q_n^k - F)|-1$ 的无故障路连接它们, 其中 F 是故障元的集合. 作为一个显而易见的结论, 每一条健康边在长为 l, $n(k-1) \leqslant l \leqslant |V(Q_n^k - F)|$ 的无故障圈上. 另外, 证明了这些结果是一些已知结果的推广或改进, 并且用例子说明给出的故障元数目上界和路的长度下界都是最优的, 即不可改进的.

2.1 相关概念和结果

众所周知, 很多应用, 如结构模拟、处理器分布、VLSI 芯片设计等都可以用图嵌入来模拟进行[87, 111, 112]. 因为圈、路、树、网格等网络结构在并行计算系统中被广泛应用, 很多图嵌入采用这些网络作为一个客图[87,111−117]. 特别地, 路是模拟线性列阵形网最普遍的结构[118−120]. 当一个互连网络用一个简单无向图 G 来表示时, 这个网络有关路嵌入的有效性可以用图 G 的泛连通性来表示.

在一个图 G 中, 若对任意的 $F \subseteq E(G) \cup V(G)$, 当 $|F| \leqslant f$ 时, $G-F$ 仍然是 p-泛连通的, 则称图 G 是 f-故障 p-泛连通的. 类似定义 f-故障哈密尔顿连通性和 f-故障哈密尔顿性. 近年来, 对各种互连网络的容错泛连通性研究得到广泛的关注 (可参见文献 [67−70]). 在文献 [121] 中, Kim 和 Park 对二维环形网络的容错哈密尔顿性进行研究并得到如下的结果.

定理 2.1.1[121] Torus$(m, 2n+1)$ 是 1-故障哈密尔顿连通的, 其中 $m \geqslant 3$ 且 $n \geqslant 1$.

在文献 [54] 中, Ashir 和 Stewart 研究了具有故障边的 k-元 n-立方中的哈密尔顿圈嵌入问题. 在文献 [66] 中, Yang, Tan 和 Hsu 研究了具有故障元 (点和边) 的 k-元 n-立方中的哈密尔顿路和圈嵌入问题. 他们给出如下的结果.

定理 2.1.2[66] 给定整数 $n \geqslant 2$ 和一个奇整数 $k \geqslant 3$, k-元 n-立方是 $(2n-3)$-故障哈密尔顿连通的且 $(2n-2)$- 故障哈密尔顿的.

在文献 [78] 中, Stewart 和 Xiang 研究了当 k 是偶数时具有故障点和故障边的 k-元 n-立方的最长路嵌入问题. 他们给出如下的结果.

定理 2.1.3[78] 令 $k \geqslant 4$ 是偶整数, $n \geqslant 2$ 是整数. 在一个具有 f_v 个故障点和

f_e 条故障边且满足 $f_v+f_e \leqslant 2n-2$ 的 k-元 n-立方 Q_n^k 中, 设 s 和 t 是 Q_n^k 中任意两个健康点:

(i) 如果这两个顶点奇偶性不同, 则存在一条长至少为 k^n-2f_v-1 的 (s,t) 路.

(ii) 如果这两个顶点奇偶性相同, 则存在一条长至少为 k^n-2f_v-2 的 (s,t) 路.

在本章中, 我们考虑 k-元 n-立方的容错泛连通性. 用数学归纳法证明: 给定一个整数 $n \geqslant 2$ 和一个奇整数 $k \geqslant 3$, k-元 n-立方是 $(2n-3)$-故障 $[n(k-1)-1]$-泛连通的. 在 2.2 节中, 我们对归纳基础进行讨论并证明二维 $m\times(2n+1)$ 环形网络是 1-故障 $(2n+m-1)$-泛连通的, 在 2.3 节中, 我们用数学归纳法完成证明.

2.2　二维环面网络的容错泛连通性

给定两个整数 $m \geqslant 3, n \geqslant 3$, 二维 $m\times n$ 环面, 被记为 Torus(m,n), 是一个具有 mn 个顶点的图, 每个点被表示为 $v_{a,b}$, 其中 a 和 b 是满足 $1 \leqslant a \leqslant m$ 和 $1 \leqslant b \leqslant n$ 的整数. 两个顶点 $v_{a,b}$ 和 $v_{a',b'}$ 相邻当且仅当 $a=a'$ 且 $b=b'\pm 1 (\mathrm{mod}\ n)$ 或 $b=b'$ 且 $a=a'\pm 1(\mathrm{mod}\ m)$. 为使表达简明, 在本节类似的表达中我们省略 “(mod n)” 或 “(mod m)”. 图 2.1 给出 Torus$(3,5)$.

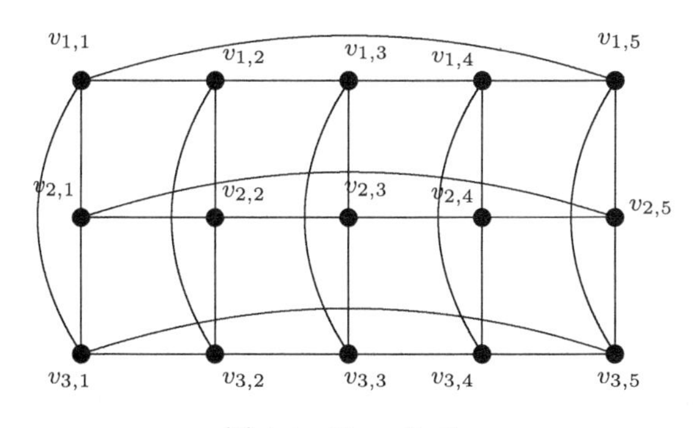

图 2.1　Torus$(3,5)$

记 Row-Torus$(m-1,n)$ 是 Torus(m,n) 的由 $\{v_{a,b}: 1 \leqslant a \leqslant m-1, 1 \leqslant b \leqslant n\}$ 导出的子图. 记 Grid$(m-1,n-1)$ 是由 $\{v_{a,b}: 1 \leqslant a \leqslant m-1, 1 \leqslant b \leqslant n-1\}$ 导出的子图, 它通常被称为是栅格图. 图 2.2 和图 2.3 分别给出 Row-Torus$(3,5)$ 和 Grid$(2,5)$. 值得一提的是, Torus(m,n) 实际上是两个长分别为 m 和 n 的圈的笛卡儿乘积, Row-Torus(m,n) 是长为 n 的圈和长为 $m-1$ 的路的乘积, 而 Grid(m,n) 是两条长分别为 $m-1$ 和 $n-1$ 的路的乘积.

令 G 是 Torus(m,n), Row-Torus(m,n) 或 Grid(m,n) 中任意一个. 对 $1 \leqslant i \leqslant j \leqslant m$, 记 Row$(i:j)$ 是 G 的由 $\{v_{a,b}: i \leqslant a \leqslant j,\ 1 \leqslant b \leqslant n\}$ 导出的子图. 对

$1 \leqslant i \leqslant j \leqslant n$, 记 $\mathrm{Col}(i:j)$ 是 G 的由 $\{v_{a,b}: 1 \leqslant a \leqslant m,\ i \leqslant b \leqslant j\}$ 导出的子图. 特别地, 用 $\mathrm{Row}(i)$ 和 $\mathrm{Col}(j)$ 分别表示 $\mathrm{Row}(i:i)$ 和 $\mathrm{Col}(j:j)$.

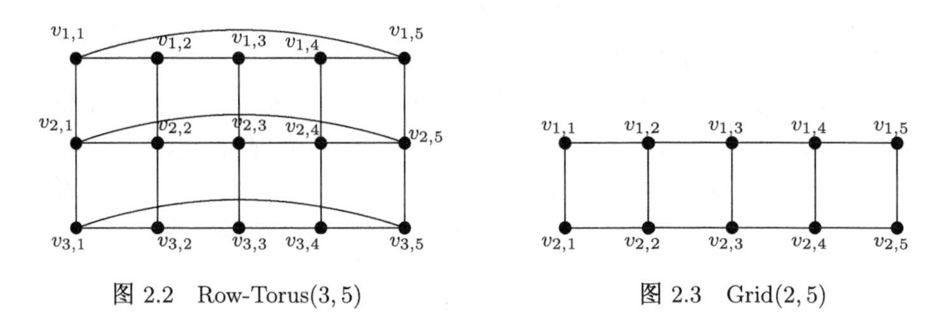

图 2.2 Row-Torus(3, 5)　　　　图 2.3 Grid(2, 5)

令 $v_{i,j}$ 是 G 的一个顶点. 若 $i+j$ 是偶数, 则称 $v_{i,j}$ 是一个偶点; 否则, 称 $v_{i,j}$ 是一个奇点.

在本节中, 我们将对具有至多一个故障元的二维环面的泛连通性进行讨论. 注意到若 m 和 n 都是偶数, 则 $\mathrm{Torus}(m,n)$ 是二部图. 由于二部图中没有奇圈, 对具有一个故障点的 $\mathrm{Torus}(m,n)$ 中两个相邻的顶点, 它们之间就不可能有哈密尔顿路. 此时具有一个故障点的 $\mathrm{Torus}(m,n)$ 就不可能是哈密尔顿连通的. 因此, 我们仅考虑 n 是奇数的 $\mathrm{Torus}(m,n)$. 首先, 我们给出 $\mathrm{Grid}(m,n)$ 和 $\mathrm{Row\text{-}Torus}(m,2n+1)$ 的一些性质, 这些性质将在证明具有故障元的环面网络的泛连通性时被用到.

引理 2.2.1 令 $s=v_{a',b'}$ 是 $\mathrm{Grid}(2,n)$ 中一个角点, 即度为 2 的点.

(i) 对任意点 $t=v_{a,b} \in V(\mathrm{Grid}(2,n))$, 一条最短 (s,t) 路的长度为 $d(s,t)=|a-a'|+|b-b'|$.

(ii) 对 $\mathrm{Grid}(2,n)$ 中任意一个点 $t \neq s$, 若 s 和 t 具有相同的奇偶性, 令 $\epsilon=2$; 否则, 令 $\epsilon=1$. 则存在一条具有长为 l 的 (s,t)-路, 其中

$$l \in \{d(s,t),\ d(s,t)+2,\ d(s,t)+4, \cdots,\ 2n-\epsilon\}$$

进一步的, 若 t 是偶数, 则存在一条长为 $2n-2$ 的经过除点 $v_{3-a',b'}$ 外所有点的 (s,t) 路.

证明 结论 (i) 是显然成立的. 不失一般性, 假设 $s=v_{a',b'}=v_{1,1}$. 我们将对 n 进行数学归纳来证明结论 (ii). 首先, 对 $\mathrm{Grid}(2,2)$ 而言结论是显然成立的. 其次, 假设 $n \geqslant 3$ 且结论对 $\mathrm{Grid}(2,n-1)$ 成立. 注意到 $\mathrm{Grid}(2,n-1)$ 同 $\mathrm{Col}(1:n-1)$ 和 $\mathrm{Col}(2:n)$ 都是同构的.

若 t 在 $\mathrm{Col}(1:n-1)$ 中, 则由归纳假设知, 在 $\mathrm{Col}(1:n-1)$ 中存在一条长为 l 的 (s,t)-路, 其中,

$$l \in \{d(s,t),\ d(s,t)+2,\ d(s,t)+4, \cdots,\ 2(n-1)-\epsilon\}$$

若 t 是奇数, 令 P' 是 $\text{Col}(1:n-1)$ 中一条长为 $2(n-1)-1$ 的 (s,t) 路. 若 t 是偶数, 由归纳假设, 可令 P' 是 $\text{Col}(1:n-1)$ 中一条长为 $2(n-1)-2$ 的仅没有经过点 $v_{2,1}$ 的 (s,t) 路. 则点 $v_{1,n-1}$ 或点 $v_{2,n-1}$ 是 P' 的一个内部顶点. 结合事实顶点 $v_{1,n-1}$ 和 $v_{2,n-1}$ 在 $\text{Col}(1:n-1)$ 中的度都为 2, 可知路 P' 必然包含边 $(v_{1,n-1},v_{2,n-1})$. 不失一般性, 记 P' 为 $\langle s,P_1',v_{1,n-1},v_{2,n-1},P_2',t\rangle$, 则

$$P=\langle s,P_1',v_{1,n-1},v_{1,n},v_{2,n},v_{2,n-1},P_2',t\rangle$$

是 $\text{Grid}(2,n)$ 中一条长为 $2n-\epsilon$ 的 (s,t)-路. 进一步, 这条长为 $2n-2$ 的路 P 经过除顶点 $v_{2,1}$ 以外所有点.

设顶点 t 在 $\text{Col}(n)$ 中. 由 $d(s,t)$ 的定义, $\text{Grid}(2,n)$ 中有一条长为 $d(s,t)$ 的最短 (s,t)-路. 若 t 是奇数, 则由归纳假设知, $\text{Col}(2:n)$ 中存在一条长为 l_1 的 $(v_{2,2},t)$ 路 P_1, 其中

$$l_1\in\{d(v_{2,2},t),\ d(v_{2,2},t)+2,\ d(v_{2,2},t)+4,\cdots,\ 2(n-1)-1\}$$

注意到 $d(v_{2,2},t)=d(s,t)-2$ 或 $d(v_{2,2},t)=d(s,t)$. 因此, 对每个 $l\in\{d(s,t)+2,\ d(s,t)+4,\cdots,\ 2n-1\}$, 我们可取路 P_1 使得 $\langle s,v_{2,1},v_{2,2},P_1,t\rangle$ 是一条长为 l 的 (s,t)- 路. 若 t 是偶数, 则 $d(v_{1,2},t)=d(s,t)-1$, 且由归纳假设知, $\text{Col}(2:n)$ 中存在一条长为 l_2 的 $(v_{1,2},t)$ 路 P_2, 其中

$$l_2\in\{d(v_{1,2},t),\ d(v_{1,2},t)+2,\ d(v_{1,2},t)+4,\cdots,\ 2(n-1)-1\}$$

则 $\langle s,v_{1,2},P_2,t\rangle$ 是 $\text{Grid}(2,n)$ 中长为 l 的 (s,t) 路, 其中

$$l\in\{d(s,t),\ d(s,t)+2,\ d(s,t)+4,\cdots,\ 2n-2\}$$

进一步, 这条长为 $2n-2$ 的路经过除顶点 $v_{2,1}$ 外所有点. □

在文献 [121] 中, Kim 和 Park 证明了 $\text{Row-Torus}(2,2n+1)$ 的哈密尔顿连通性.

引理 2.2.2[121] $\text{Row-Torus}(2,2n+1)$ 是哈密尔顿连通的, 其中 $n\geqslant 1$. 进一步, 对每一对不同的顶点 s,t, 存在一条经过边 $(v_{1,2n+1},v_{1,2n})$ 或边 $(v_{1,2n+1},v_{1,1})$ 的从 s 到 t 的哈密尔顿路.

由对称性, 这一引理可以重新表述如下.

引理 2.2.2' $\text{Row-Torus}(2,2n+1)$ 是哈密尔顿连通的, 其中 $n\geqslant 1$. 进一步, 对每一对不同的顶点 s,t 和任意一个点 $w=v_{a,b}$, 存在一条经过边 $(v_{a,b},v_{a,b+1})$ 或边 $(v_{a,b},v_{a,b-1})$ 的从 s 到 t 的哈密尔顿路.

注意到在 $\text{Row-Torus}(2,2n+1)$ 中没有长为 $2n$ 的从 $v_{1,1}$ 到 $v_{2,1}$ 的路. 下面的引理证明 $\text{Row-Torus}(2,2n+1)$ 是 $(2n+1)$- 泛连通的. 对 $\text{Row-Torus}(m,2n+1)$ 的两个顶点 $x=v_{a,b}$ 和 $y=v_{a',b'}$, 若 $b=b'$ 且 $|a-a'|=m-1$, 则称这两个顶点是列极大的.

引理 2.2.3　令 $n \geqslant 1$ 是一个整数且 s, t 是 Row-Torus$(2, 2n+1)$ 的两个不同的顶点.

(i) 若 s 和 t 是列极大的, 则存在一条长从 $2n+1$ 到 $4n+1$ 的 (s,t) 路.

(ii) 若 s 和 t 不是列极大的, 则存在一条长从 $2n$ 到 $4n+1$ 的 (s,t) 路.

(iii) 对 Row-Torus$(2, 2n+1)$ 中任一个顶点 $w = v_{a,b}$, 存在一条经过边 $(v_{a,b}, v_{a,b+1})$ 或边 $(v_{a,b}, v_{a,b-1})$ 的长为 $4n$ 的 (s,t) 路.

证明　不失一般性, 我们可以假设 $s = v_{1,1}$, $t = v_{c,d}$, 其中 $d \leqslant n+1$ 且 $w \neq t$.

情形 1　s 和 t 是列极大的. 即 $t = v_{2,1}$.

由引理 2.2.1 知, 在 Col$(1 : 2n+1)$ 中存在一条长为 $l, l \in \{2n+1, 2n+3, \cdots, 4n+1\}$, 的 (s,t)- 路 P. 另一方面, 再由引理 2.2.1, 在 Col$(2 : 2n+1)$ 中存在一条长为 l_1, $l_1 \in \{2n, 2n+2, \cdots, 4n-2\}$, 的 $(v_{1,2n+1}, v_{2,2})$ 路 P_1. 则

$$P = \langle v_{1,1}, v_{1,2n+1}, P_1, v_{2,2}, v_{2,1} \rangle$$

是一条长 $l = l_1 + 2 \in \{2n+2, 2n+4, \cdots, 4n\}$ 的 (s,t)-路. 因此, 结论 (i) 成立.

下面我们对每一对列极大顶点 s, t 证明结论 (iii) 成立. 假设 $w = s$, 即 $v_{a,b} = v_{1,1}$. 显然, 上文中的长为 $4n$ 的 (s,t)-路 P 经过边 $(v_{1,1}, v_{1,2n+1})$. 设 $w \notin \{s,t\}$. 由引理 2.2.1 知, 可以取长为 $4n-2$ 的路 P_1 使得 P_1 经过除点 $v_{2,2n+1}$ 以外所有点, 由引理 2.2.1 和对称性, 也可以取长为 $4n-2$ 的路 P_1 使得 P_1 仅仅没有经过点 $v_{1,2}$. 因此, 可以构造一条长为 $4n$ 的由边 $(v_{1,1}, v_{1,2n+1})$, 路 P_1 和边 $(v_{2,2}, v_{2,1})$ 组成的 (s,t) 路 P 使得 w 是 P 上的一个内部顶点. 结合事实点 w 的度是 3, 这就推出 P 必然包含边 $(v_{a,b}, v_{a,b-1})$ 或边 $(v_{a,b}, v_{a,b+1})$.

情形 2　$t \neq v_{2,1}$.

若 t 是奇数, 令 $\epsilon = 1$; 否则, 令 $\epsilon = 0$. 容易看到 $d - c \geqslant \epsilon$. 由引理 2.2.1 知, Col$(1 : 2n+1)$ 中存在一条长为 $l, l \in \{c+d-2,\ c+d,\ c+d+2, \cdots,\ 4n+\epsilon\}$, 的 (s,t) 路. 另一方面, 把 Col(1) 看作 Col$(2n+2)$. 则在 Col$(2 : 2n+2)$ 中存在一条长为 $l, l \in \{2n+1+c-d,\ 2n+1+c-d+2,\ 2n+1+c-d+4, \cdots,\ 4n+1-\epsilon\}$, 的 (s,t) 路 P. 注意到 $d \leqslant n+1$ 且 $d - c \geqslant \epsilon$. 因此, 若 t 是奇数, 则

$$c+d-2 \leqslant 2n+1 \quad 且 \quad 2n+1+c-d \leqslant 2n$$

若 t 是偶数, 则

$$c+d-2 \leqslant 2n \quad 且 \quad 2n+1+c-d \leqslant 2n+1$$

因此, 可以构造一条长为 $l, l \in \{2n, 2n+1, 2n+2, \cdots, 4n+1\}$, 的 (s,t) 路.

下面, 我们证明当 t 是奇数时结论 (iii) 成立. 由引理 2.2.1 知, 在 Col$(2 : 2n+2)$ 中存在一条长为 $4n$ 的 (s,t)- 路 P 经过除点 $v_{2,2n+2} = v_{2,1}$ 外所有点. 则边 $(v_{1,2n+2}, v_{1,2n+1}) = (v_{1,1}, v_{1,2n+1})$ 在 P 上且对任意的点 $u \notin \{s, t, v_{2,1}\}$, u 是 P

的一个内部顶点. 注意到 $w \neq t$. 因此, 若 $w \neq v_{2,1}$, 则类似情形 1 中的讨论可知, P 经过边 $(v_{a,b}, v_{a,b-1})$ 或 $(v_{a,b}, v_{a,b+1})$. 此外, 把 $\mathrm{Col}(i)$ 看作 $\mathrm{Col}(2n+1+i)$, 其中 $i = 1, 2, \cdots, d-1$. 则由引理 2.2.1 知, 在 $\mathrm{Col}(d : 2n+d)$ 中存在一条长为 $4n$ 的仅没有经过点 $v_{3-c,d}$ 的 (s,t)- 路 P'. 这就意味着 $v_{2,2n+2} = v_{2,1}$ 是 P' 的一个内部点, 进而 P' 必然经过边 $(v_{2,1}, v_{2,2n+1})$ 或边 $(v_{2,1}, v_{2,2})$. 类似的, 我们可以证明当 t 是偶数时结论 (iii) 成立. □

定理 2.2.1 令 $m \geqslant 2, n \geqslant 1$ 是两个整数且 s, t 是 Row-Torus$(m, 2n+1)$ 中两个不同的顶点.

(i) 若 s 和 t 是列极大的, 则存在一条长从 $2n+m-1$ 到 $m(2n+1)-1$ 的 (s,t) 路.

(ii) 若 s 和 t 不是列极大的, 则存在一条长从 $2n+m-2$ 到 $m(2n+1)-1$ 的 (s,t) 路.

(iii) 对一个任意的顶点 $w = v_{1,b}$, 存在一条长 $l \in \{m(2n+1)-2, m(2n+1)-1\}$ 的 (s,t)- 路包含边 $(v_{1,b}, v_{1,b+1})$ 或边 $(v_{1,b}, v_{1,b-1})$.

证明 对 m 进行数学归纳. 当 $m = 2$ 时, 由引理 2.2.2' 和 2.2.3 知定理成立. 假设定理对 Row-Torus$(m-1, 2n+1)$ 成立, 其中 $m \geqslant 3$. 下面我们将证明定理对 Row-Torus$(m, 2n+1)$ 成立.

情形 1 点 s 和 t 都在 $\mathrm{Row}(1 : m-1)$ 中.

此时, 点 s 和 t 在 Row-Torus$(m, 2n+1)$ 中. 首先证明存在一条长从 $2n+m-2$ 到 $m(2n+1)-1$ 的 (s,t) 路. 由归纳假设知, 在 $\mathrm{Row}(1 : m-1)$ 中存在一条长从 $2n+(m-1)-1$ 到 $(m-1)(2n+1)-1$ 的 (s,t) 路. 进一步, 由归纳假设和 $\mathrm{Row}(1 : m-1)$ 的对称性知, 存在一条包含 $\mathrm{Row}(m-1)$ 上一条边 (x,y) 的长 $l' \in \{(m-1)(2n+1)-2, (m-1)(2n+1)-1\}$ 的 (s,t) 路 P'. 记 $P' = \langle s, P_0', x, y, P_1', t\rangle$ 且令 x', y' 分别是 $\mathrm{Row}(m)$ 上 x, y 的邻点. 则 (x', y') 是 $\mathrm{Row}(m)$ 上的一条边, 进而 $\langle s, P_0', x, x', y', y, P_1', t\rangle$ 是 Row-Torus$(m, 2n+1)$ 中一条长从 $(m-1)(2n+1)$ 到 $(m-1)(2n+1)+1$ 的 (s,t) 路.

因为 $m \geqslant 3$, 我们有

$$(m-2)(2n+1)+2 \geqslant 2n+m-2$$

因此, 由归纳假设, 对每个 $l_1 \in [(m-2)(2n+1)+2, (m-1)(2n+1)-1]$, 若 $l_1 \in \{(m-1)(2n+1)-2, (m-1)(2n+1)-1\}$, 则我们可以在 $\mathrm{Row}(1 : m-1)$ 中找到一条长为 l_1 的 (s,t)- 路 P_1, 使得 P_1 包含边 $(v_{1,b}, v_{1,b+1})$ 和边 $(v_{1,b}, v_{1,b-1})$ 中至少一条. 因为

$$l_1 \geqslant (m-2)(2n+1)+2$$

故 P_1 包含 $\mathrm{Row}(1 : m-1)$ 中至少 $(m-2)(2n+1)+3$ 个顶点. 注意到 $\mathrm{Row}(1 : m-2)$

中顶点数为 $(m-2)(2n+1)$. 因此, 存在一个点 $u \in \text{Row}(m-1)$, 使得 u 是 P_1 的一个内部点. 结合事实 $\text{Row}(1:m-1)$ 中顶点 u 的度为 3, 可见 P_1 必然包含 $\text{Row}(m-1)$ 的一条边 (u,v). 记 P_1 为 $\langle s, P_{11}, u, v, P_{12}, t\rangle$ 且令 u' 和 v' 分别是 $\text{Row}(m)$ 上 u 和 v 的邻点. 则 $\text{Row}(m)$ 中存在一条长为 $l_2 = 2n$ 的 (u', v') 路 P_2 且

$$P = \langle s, P_{11}, u, u', P_2, v', v, P_{12}, t\rangle$$

是 $\text{Row-Torus}(m, 2n+1)$ 中一条长为

$$l = l_1 + l_2 + 1 \in [(m-1)(2n+1)+2,\ m(2n+1)-1]$$

的 (s,t) 路. 由 P_1 的选取不难看出, 前面提到的长 $l \in \{m(2n+1)-2, m(2n+1)-1\}$ 的 (s,t) 路 P 包含边 $(v_{1,b}, v_{1,b+1})$ 和边 $(v_{1,b}, v_{1,b-1})$ 中至少一条且经过 $\text{Row}(m)$ 上除边 (u', v') 以外所有的边.

情形 2　点 s 和 t 同在 $\text{Row}(2:m)$ 中.

类似情形 1, 我们可以构造 $\text{Row-Torus}(m, 2n+1)$ 中一条长从 $2n+m-2$ 到 $m(2n+1)-1$ 的 (s,t)- 路. 进一步, 在 $\text{Row-Torus}(m, 2n+1)$ 中存在一条长从 $m(2n+1)-2$ 到 $m(2n+1)-1$ 的 (s,t)- 路 P, 使得这条路包含 $\text{Row}(1)$ 上除一条边外所有的边. 这就意味着 P 包含边 $(v_{1,b}, v_{1,b+1})$ 和边 $(v_{1,b}, v_{1,b-1})$ 中至少一条.

情形 3　点 s 在 $\text{Row}(1)$ 中且点 t 在 $\text{Row}(m)$ 中.

令 t' 是 $\text{Row}(m-1)$ 中 t 的邻点. 显然, s 和 t' 在 $\text{Row}(1:m-1)$ 中是列极大的当且仅当 s 和 t 在 $\text{Row-Torus}(m, 2n+1)$ 中是列极大的. 令

$$\epsilon = \begin{cases} 1, & \text{若 } s \text{ 和 } t \text{ 是列极大的}, \\ 2, & \text{否则} \end{cases}$$

则由归纳假设知, 在 $\text{Row}(1:m-1)$ 中存在一条长从 $2n+(m-1)-\epsilon$ 到 $(m-1)(2n+1)-1$ 的 (s,t') 路 P_1. 这就推出 $\langle s, P_1, t', t\rangle$ 是一条长从 $2n+m-\epsilon$ 到 $(m-1)(2n+1)$ 的 (s,t) 路.

令 u 是 $\text{Row}(m)$ 上 t 的一个邻点且令 u' 是 $\text{Row}(m-1)$ 上 u 的邻点. 则 $\text{Row}(m)$ 上存在一条长 $l_2 = 2n$ 的 (u,t) 路 P_2. 由归纳假设, 对每个 $l_3 \in [2n+m-2, (m-1)(2n+1)-1]$, 若

$$l_3 \in \{(m-1)(2n+1)-2, (m-1)(2n+1)-1\}$$

则在 $\text{Row}(1:m-1)$ 中可以找到一条长为 l_3 的 (s,u') 路 P_3, 使得 P_3 包含边 $(v_{1,b}, v_{1,b+1})$ 和边 $(v_{1,b}, v_{1,b-1})$ 中至少一条. 此时 $P = \langle s, P_3, u', u, P_2, t\rangle$ 是一条 (s,t)-路, 长为

$$l = l_2 + l_3 + 1 \in [4n+m-1, m(2n+1)-1]$$

因为 $m \geqslant 3$, 故

$$(m-1)(2n+1)+1 \geqslant 4n+m-1$$

因此, 我们可以构造一条长从 $(m-1)(2n+1)+1$ 到 $m(2n+1)-1$ 的 (s,t)- 路. 此外, 由 P_3 的选取, 长 $l \in \{m(2n+1)-2, m(2n+1)-1\}$ 的 (s,t)- 路 P 包含边 $(v_{1,b}, v_{1,b+1})$ 和 $(v_{1,b}, v_{1,b-1})$ 中至少一条. □

引理 2.2.4 Torus$(m, 2n+1)$ 是 $(2n+m-2)$-泛连通的, 其中 $m \geqslant 3$ 且 $n \geqslant 1$.

证明 对任意 $i \in \{1, 2\cdots, m\}$, 令

$$E_i = \{(v_{i,j}, v_{i+1,j}) : j = 1, 2, \cdots, 2n+1\}$$

显然, 对任意 $i \in \{1, 2, \cdots, m\}$, Torus$(m, 2n+1) - E_i$ 与 Row-Torus$(m, 2n+1)$ 是同构的, 且对任一对顶点 s, t, 存在一个整数 $i^* \in \{1, 2, \cdots, m\}$ 满足 s, t 在 Torus$(m, 2n+1) - E_{i^*}$ 中不是列极大的. 由定理 2.2.1 知引理成立. □

引理 2.2.5 给定两个整数 $m \geqslant 4$ 和 $n \geqslant 1$, 令 G 是具有一个故障点的 Torus$(m, 2n+1)$. 则 G 是 $(2n+m-2)$-泛连通的.

证明 因为环形网络是点传递的, 不失一般性, 可设故障点是 $v_{1,1}$. 我们将证明对 Torus$(m, 2n+1) - v_{1,1}$ 中任意两个顶点 s, t, Torus$(m, 2n+1) - v_{1,1}$ 中存在一条长从 $2n+m-2$ 到 $m(2n+1)-2$ 的 (s,t)-路. 显然,

$$C = \langle v_{2,1}, v_{2,2}, v_{1,2}, v_{1,3}, v_{2,3}, v_{2,4}, v_{1,4}, v_{1,5}, v_{2,5}, \cdots, v_{2,2n}, v_{1,2n}, v_{1,2n+1}, v_{2,2n+1}, v_{2,1}\rangle$$

是 Row$(1:2) - v_{1,1}$ 的一个哈密尔顿圈.

情形 1 点 s 和 t 同在 Row$(1:2) - v_{1,1}$ 中.

令 s' 和 t' 分别是 Row$(3:m)$ 上 s 和 t 的邻点. 显然, s' 和 t' 在 Row$(3:m)$ 中是列极大的, 当且仅当 s 和 t 是 Row-Torus$(1,2)$ 中列极大的. 令

$$\epsilon = \begin{cases} 1, & \text{若 } s \text{ 和 } t \text{ 是列极大的,} \\ 2, & \text{否则} \end{cases}$$

由定理 2.2.1 知, Row$(3:m)$ 中存在一条长从 $2n+(m-2)-\epsilon$ 到 $(m-2)(2n+1)-1$ 的 (s', t') 路 P'. 则 $\langle s, s', P', t', t\rangle$ 是 Torus$(m, 2n+1) - v_{1,1}$ 的一条长从 $2n+m-\epsilon$ 到 $(m-2)(2n+1)+1$ 的 (s,t) 路.

假设 s 和 t 在 Row$(1:2)$ 中是列极大的. 不失一般性, 设 $s = v_{1,j}$, $t = v_{2,j}$, 其中 $j \leqslant n+1$. 若 m 是奇数, 则

$$\langle v_{1,j}, v_{1,j+1}, \cdots, v_{1,j+n}, v_{2,j+n}, v_{3,j+n}, \cdots, v_{\lfloor \frac{m}{2} \rfloor+1,j+n}, v_{\lfloor \frac{m}{2} \rfloor+1,j+n-1}, \cdots,$$

$$v_{\lfloor \frac{m}{2} \rfloor+1,j}, v_{\lfloor \frac{m}{2} \rfloor,j}, \cdots, v_{2,j}\rangle$$

是长为 $2n+m-2$ 的 (s,t) 路. 若 m 是偶数, 则

$$\langle v_{1,j}, v_{1,j+1}, \cdots, v_{1,2n+1}, v_{2,2n+1}, v_{3,2n+1}, \cdots, v_{\frac{m}{2},2n+1}, v_{\frac{m}{2},1},$$

$$v_{\frac{m}{2},2}, \cdots, v_{\frac{m}{2},j}, v_{\frac{m}{2}-1,j}, \cdots, v_{2,j}\rangle$$

是长为 $2n+m-2$ 的 (s,t) 路. 因此, 下面我们只需构造 $\text{Torus}(m,2n+1)-v_{1,1}$ 中一条长从 $(m-2)(2n+1)+2$ 到 $m(2n+1)-2$ 的 (s,t) 路即可.

记 $C=\langle s,P_1,t_p,t,P_2,s_p,s\rangle$ 且用 $\overleftarrow{P_2}$ 表示把 P_2 中所有边反向得到的 (s_p,t) 路. 则对每个 $l'\in[0,4n-1]$, 存在点 $x\in V(P_1)$ 和 $y\in V(P_2)$, 使得

$$|E(P_1')|+|E(\overleftarrow{P_2'})|=l'$$

其中, P_1' 是 P_1 的 s-x 节; $\overleftarrow{P_2'}$ 是 $\overleftarrow{P_2}$ 的 y-t 节. 令 x' 和 y' 分别是 x 和 y 在 $\text{Row}(3:m)$ 上的邻点. 由定理 2.2.1 知, $\text{Row}(3:m)$ 中存在一条长从 $2n+m-3$ 到 $(m-2)(2n+1)-1$ 的 (x',y') 路 P_3. 则

$$\langle s,P_1',x,x',P_3,y',y,\overleftarrow{P_2'},t\rangle$$

是 $\text{Torus}(m,2n+1)-v_{1,1}$ 中一条长从 $2n+m-3+2$ 到 $(m-2)(2n+1)-1+4n-1+2=m(2n+1)-2$ 的 (s,t) 路. 因为 $m\geqslant 4$, 故

$$(m-2)(2n+1)+2\geqslant 2n+m-3+2$$

因此, 我们可以构造 $\text{Torus}(m,2n+1)-v_{1,1}$ 中一条长从 $(m-1)(2n+1)+2$ 到 $m(2n+1)-2$ 的 (s,t) 路.

情形 2　点 s 在 $\text{Row}(1:2)-v_{1,1}$ 中且 t 在 $\text{Row}(3:m)$ 中.

对每个 $l_0\in[1,n]\cup[3n+1,4n]$, C 上存在两个顶点 s_1 和 s_2, 使得 C 上 $s-s_i$ 节 P_0^i 的长为 l_0, 其中 $i=1,2$. 令 s_1' 和 s_2' 分别是点 s_1 和 s_2 在 $\text{Row}(3:m)$ 上的两个邻点. 因为 $l_0\in[1,n]\cup[3n+1,4n]$, 由 C 的构造知 s_1 和 s_2 在 $\text{Row}(1:2)$ 中不是列极大的. 这就意味着 s_1' 和 s_2' 在 $\text{Row}(3:m)$ 中不是列极大的. 因此, 不失一般性, 我们可以假设 $s_1'\neq t$ 且 s_1' 和 t 在 $\text{Row}(3:m)$ 中不是列极大的. 由定理 2.2.1, 在 $\text{Row}(3:m)$ 中存在一条长 $l'\in[2n+m-4,(m-2)(2n+1)-1]$ 的 (s_1',t) 路 P'. 则 $\langle s,P_0^1,s_1,s_1',P',t\rangle$ 是一条长

$$l=l_0+l'+1\in[2n+m-2,(m-2)(2n+1)+n]\cup[5n+m-2,m(2n+1)-2]$$

的 (s,t) 路. 因为 $m\geqslant 4$, 有

$$(m-2)(2n+1)+n\geqslant 5n+m-3$$

因此, 我们可以构造 $\text{Torus}(m,2n+1)-v_{1,1}$ 中一条长从 $2n+m-2$ 到 $m(2n+1)-2$ 的 (s,t) 路.

情形 3　点 s 和 t 同在 $\text{Row}(3:m)$ 中.

由定理 2.2.1 知, $\text{Row}(2:m)$ 中存在一条长从 $2n+m-2$ 到 $(m-1)(2n+1)-1$ 的 (s,t)- 路, 因此 $\text{Torus}(m,2n+1)-v_{1,1}$ 中也存在这样一条路.

再由定理 2.2.1 知, Row$(3:m)$ 中存在一条长

$$l_1 \in [(m-2)(2n+1)-2,(m-2)(2n+1)-1]$$

的包含边 $(v_{3,1},v_{3,2})$ 和边 $(v_{3,1},v_{3,2n+1})$ 中至少一条的 (s,t)- 路 P_1. 不失一般性, 假设 P_1 包含边 $(v_{3,1},v_{3,2})$. 记

$$P_1=\langle s,P_{11},v_{3,1},v_{3,2},P_{12},t\rangle$$

由引理 2.2.1 知, Row$(1:2)-\{v_{1,1},v_{2,1}\}$ 中存在一条长 $l_2\in\{2n-1,2n+1,\cdots,4n-1\}$ 的 $(v_{2,2n+1},v_{2,2})$ 路 P_2. 则

$$\langle s,P_{11},v_{3,1},v_{2,1},v_{2,2n+1},P_2,v_{2,2},v_{3,2},P_{12},t\rangle$$

是 Torus$(m,2n+1)-v_{1,1}$ 中一条长为

$$l=l_1+l_2+2\in[(m-1)(2n+1)-2,m(2n+1)-2]$$

的 (s,t) 路. □

引理 2.2.6 给定两个整数 $m\geqslant 3$ 和 $n\geqslant 1$, 令 G 是具有一个故障点的 Torus$(m,2n+1)$, 则 G 是 $(2n+m-2)$- 泛连通的.

证明 若 $m\geqslant 4$ 和 $n\geqslant 1$, 由引理 2.2.5 知引理成立. 若 $m=3$ 且 $n>1$, 则我们可以交换行和列的表示, 由引理 2.2.5 知引理成立. 假设 $m=3$ 且 $n=1$. 因为 Torus$(3,3)$ 是点传递的, 不失一般性, 可设故障点是 $v_{2,2}$. 由对称性, 我们仅需考虑 6 种情形. 表 2.1 中给出了每种情况中所有长从 3 到 7 的 (s,t) 路 (其中点 $v_{a,b}$ 用 ab 表示). 因此, 引理成立. □

表 2.1 Torus$(3,3)-\{22\}$ 中长从 3 到 7 的 (s,t) 路

情形	长为 l 的 u-v 路				
	$l=3$	$l=4$	$l=5$	$l=6$	$l=7$
$s=11$, $t=12$	$\langle 11,31,32,12\rangle$	$\langle 11,21,31,32,12\rangle$	$\langle 11,21,31,33,13,12\rangle$	$\langle 11,21,31,33,23,13,12\rangle$	$\langle 11,21,31,32,33,23,13,12\rangle$
$s=11$, $t=13$,	$\langle 11,31,33,13\rangle$	$\langle 11,21,31,33,13\rangle$	$\langle 11,21,31,33,23,13\rangle$	$\langle 11,21,31,32,33,23,13\rangle$	$\langle 11,12,32,33,31,21,23,13\rangle$
$s=11$, $t=23$	$\langle 11,12,13,23\rangle$	$\langle 11,21,31,33,23\rangle$	$\langle 11,21,31,32,33,23\rangle$	$\langle 11,21,31,32,12,13,23\rangle$	$\langle 11,21,31,32,12,13,33,23\rangle$
$s=11$, $t=33$	$\langle 11,21,31,33\rangle$	$\langle 11,21,31,32,33\rangle$	$\langle 11,13,23,21,31,33\rangle$	$\langle 11,21,31,32,12,13,33\rangle$	$\langle 11,21,31,32,12,13,23,33\rangle$
$s=21$, $t=12$	$\langle 21,23,13,12\rangle$	$\langle 21,31,33,13,12\rangle$	$\langle 21,31,32,33,13,12\rangle$	$\langle 21,31,32,33,23,13,12\rangle$	$\langle 21,11,31,32,33,23,13,12\rangle$
$s=21$, $t=23$	$\langle 21,31,33,23\rangle$	$\langle 21,31,32,33,23\rangle$	$\langle 21,31,32,12,13,23\rangle$	$\langle 21,11,31,32,12,13,23\rangle$	$\langle 21,11,31,32,12,13,33,23\rangle$

引理 2.2.7 给定两个整数 $m \geqslant 3$ 和 $n \geqslant 1$, 令 G 是具有一条故障边的 $\text{Torus}(m, 2n+1)$, 则 G 是 $(2n+m-2)$-泛连通的.

证明 令 $e=(x,y)$ 是一条故障边. 首先, 由引理 2.2.6 知, $\text{Torus}(m,2n+1)-x$ 和 $\text{Torus}(m,2n+1)-y$ 是 $(2n+m-2)$- 泛连通的. 注意到 $\text{Torus}(m,2n+1)-x$ 和 $\text{Torus}(m,2n+1)-y$ 都是 $\text{Torus}(m,2n+1)-e$ 的子图. 因此, 对任意两个不同的顶点 s,t, 若 $\{s,t\} \neq \{x,y\}$, 则存在一条长从 $2n+m-2$ 到 $m(2n+1)-2$ 的 (s,t) 路. 其次, 由定理 2.1.1 知, $\text{Torus}(m,2n+1)-e$ 中存在一条长为 $m(2n+1)-1$ 的 (s,t) 路. 最后, 由引理 2.2.4 知, $\text{Torus}(m,2n+1)$ 中存在一条长从 $2n+m-2$ 到 $m(2n+1)-1$ 的 (x,y) 路. 显然, 这条路没有经过边 $e=(x,y)$. 因此, $\text{Torus}(m,2n+1)-e$ 中存在一条长从 $2n+m-2$ 到 $m(2n+1)-1$ 的 (x,y) 路. 证毕. □

由引理 2.2.4, 2.2.6 和 2.2.7, 可得出如下定理.

定理 2.2.2 $\text{Torus}(m,2n+1)$ 是 1-故障 $(2n+m-2)$-泛连通的, 其中 $m \geqslant 3$ 且 $n \geqslant 1$.

2.3 k-元 n-立方的容错泛连通性

沿着某一维将 Q_n^k 划分为 $Q[1]$, $Q[2], \cdots$, $Q[k-1]$. 令 $F \subseteq V(Q_n^k) \cup E(Q_n^k)$ 是 Q_n^k 上故障元集合. 记

$$F_v = F \cap V(Q_n^k),\ F_e = F \cap E(Q_n^k)$$

进一步, $F^{p:q}$ 是 $Q[p:q]$ 上故障元集合. 若 $p=q$, 我们用 F^p 来代替 $F^{p:p}$. 类似定义 $F_v^{p:q}$, $F_e^{p:q}$, F_v^p 和 F_e^p.

引理 2.3.1 给定一个整数 $n \geqslant 3$ 和一个奇整数 $k \geqslant 3$, 令 $p,q \in [0,k-1]$, 且令 $F \subseteq V(Q[p:q]) \cup E(Q[p:q])$ 是一个故障集合满足 $|F| \leqslant 2n-3$. 若 $|F^i| \leqslant 2n-5$ 且对任意 $i=p,p+1,\cdots,q$, $Q[i]-F^i$ 是 $(n-1)(k-1)-1$- 泛连通的, 则对任意两个不同的顶点 $s,t \in V(Q[p]-F^p)$, $Q[p:q]-F$ 中存在一条长 l 从 $(n-1)(k-1)-1$ 到 $(q-p+1) \times k^{n-1} - |F_v| - 1$ 的 (s,t)-路.

证明 对 $q-p$ 进行数学归纳. 若 $q-p=0$, 则由我们的假设可知结论成立. 下面设 $q-p>0$.

不失一般性, 设 $p=0$. 因为 $Q[0]-F^0$ 是 $((k-1)(n-1)-1)$-泛连通的, $Q[0]-F^0$ 包含一条长从 $(k-1)(n-1)-1$ 到 $k^{n-1}-|F_v^0|-1$ 的 (s,t)-路. 因此, 只需证明存在一条长从 $k^{n-1}-|F_v^0|$ 到 $(q+1) \times k^{n-1} - |F_v| - 1$ 的 (s,t)-路.

因为 $n \geqslant 3$ 且 $k \geqslant 3$, 有

$$(k+1)n-5 \geqslant (k-1)(n-1)-1$$

由假设, 在 $Q[0]-F^0$ 中存在一条长 $l_0\in[(k+1)n-5,k^{n-1}-|F_v^0|-1]$ 的 (s,t)- 路 P_0. 我们断言在 P_0 上存在一条边 (x^0,y^0) 使得边 (x^0,x^1) 和 (y^0,y^1) 都是非故障边. 事实上, P_0 上共有 l_0 条候选边且至多有 $2n-3$ 个故障元在 $Q[0]$ 外. 进一步, 一个故障元至多锁定两条候选边且

$$l_0\geqslant(k+1)n-5\geqslant 2(2n-3)+1$$

因此, 断言成立.

记 P_0 为 $\langle s,P_{01},x^0,y^0,P_{02},t\rangle$. 由归纳假设知, $Q[1:q]-F^{1:q}$ 包含一条长为

$$l_1\in[(k-1)(n-1)-1,q\times k^{n-1}-|F_v^{1:q}|-1]$$

的 $(n^1(x^0),n^1(y^0))$ 路 P_1 . 通过把 P_1 插入到 P_0 中, 可以得到一条长为

$$l=l_0+l_1+1\in[2kn-k-4,(q+1)\times k^{n-1}-|F_v|-1]$$

的 (s,t) 路 $\langle s,P_{01},x^0,x^1,P_1,y^1,y^0,P_{02},t\rangle$.

设 $n\neq 3$ 或 $k\neq 3$. 注意到 $k\geqslant 3$ 是奇整数且 $n\geqslant 3$, 有

$$k^{n-1}-|F_v^0|\geqslant k^{n-1}-(2n-5)\geqslant 2kn-k-4$$

因此, 可以构造出一条长为

$$l\in[k^{n-1}-|F_v^0|,(q+1)\times k^{n-1}-|F_v|-1]$$

的 (s,t) 路.

下面设 $n=3$ 且 $k=3$. 则

$$k^{n-1}-|F_v^0|=9-|F_v^0| \text{ 且 } 2kn-k-5=10$$

因此, 只需构造一条长从 $9-|F_v^0|$ 到 10 的 (s,t) 路. 分三种情形证明.

情形 1 (s,s^1) 和 (t,t^1) 同为故障边.

由假设, $|F^0|\leqslant 2n-5=1$. 若 $|F^0|=0$, 则 $|F_v^0|=0$. 类似上面的讨论, 可以在 $Q[0]-F^0$ 中找到一条长 $l'_0\in[5,8]$ 的 (s,t) 路 P'_0 使得它经过一条边 (x^0,y^0) 且满足 $(x^0,x^1),(y^0,y^1)$ 都是健康边. 由假设, $Q[1]-F^1$ 中存在一条长为 3 的 (x^1,y^1) 路 P'_1. 因此, 通过把路 P'_1 插入路 P'_0, 可以得到一条长分别为 9 和 10 的 (s,t) 路.

若 $|F^0|=1$, 则 $|F_v^0|\leqslant 1$. 类似上面的讨论, 我们可以在 $Q[0]-F^0$ 中找到一条长 $l'_0\in[3,8-|F_v^0|]$ 的 (s,t)- 路 P'_0 使得它包含边 (x^0,y^0) 且满足 $(x^0,x^1),(y^0,y^1)$ 是一对健康边. 由假设, $Q[1]-F^1$ 中存在一条长为 3 的 (x^1,y^1) 路 P'_1. 因此, 通过把路 P'_1 插入 P'_0, 可以获得一条长从 $9-|F_v^0|$ 到 10 的 (s,t) 路.

情形 2 边 (s,s^1) 和 (t,t^1) 中恰有一条是健康边.

不失一般性, 设 (s,s^1) 是健康边且 (t,t^1) 是故障边. 因为 $|F|\leqslant 2n-3=3$, (t,t^1) 是故障边且 $Q[0]$ 中 t 有 4 个邻点, 故 $Q[0]$ 中存在一条健康边 (t,u^0) 使得

$u^0 \neq s$ 且 (u^0, u^1) 是健康边, 则 $\langle s, s^1, P_1', u^1, u^0, t\rangle$ 是一条长从 $9 - |F_v^0|$ 到 10 的 (s,t)-路, 其中 P_1' 是一条长 $l_1' \in [6 - |F_v^0|, 7]$ 的 (s^1, t^1) 路.

情形 3 边 (s, s^1) 和 (t, t^1) 同为健康边.

此时 $\langle s, s^1, P_1', t^1, t\rangle$ 是一条长从 $9 - |F_v^0|$ 到 10 的 (s,t) 路, 其中 P_1' 是一条长为 $l_1' \in [7 - |F_v^0|, 8]$ 的 (s^1, t^1) 路. 证毕. □

引理 2.3.2 给定整数 $n \geqslant 3$ 和一个奇整数 $k \geqslant 3$, 令 p, $q \in [0, k-1]$, 且令 $F \subseteq V(Q[p:q]) \cup E(Q[p:q])$ 是一个故障集, 满足 $|F| \leqslant 2n-3$. 若 $|F^i| \leqslant 2n-5$ 且对任意的 $i = p, p+1, \cdots, q$, $Q[i] - F^i$ 是 $[(n-1)(k-1)-1]$-泛连通的, 则对任意两个不同的顶点 $s \in V(Q[p] - F^p)$ 和 $t \in V(Q[r] - F^r)$, 在 $Q[p:q] - F$ 中存在一条长从 $(n-1)(k-1) - 1 + 2(r-p)$ 到 $(q-p+1) \times k^{n-1} - |F_v| - 1$ 的 (s,t)- 路, 其中 $p \leqslant r \leqslant q$.

证明 不失一般性, 设 $p = 0$. 对 r 进行数学归纳. 由引理 2.3.1 知, 当 $r = 0$ 时引理成立. 下面设 $r \geqslant 1$.

显然, $Q[0]$ 中存在一个健康点 $v^0 \neq s$ 使得 (v^0, v^1) 是一条健康边且 $t \neq v^1$. 由归纳假设知, $Q[1:q] - F^{1:q}$ 中存在一条长为

$$l_1 \in [(n-1)(k-1) - 1 + 2(r-1), q \times k^{n-1} - |F_v^{1:q}| - 1]$$

的 (v^1, t) 路 P_1. 由假设, $Q[0] - F^0$ 中存在一条长为

$$l_0 \in [(n-1)(k-1) - 1, k^{n-1} - |F_v^0| - 1]$$

的 (s, v^0) 路 P_0. 则 $\langle s, P_0, v^0, v^1, P_1, t\rangle$ 是 $Q[0:q] - F$ 中一条长为

$$l = l_0 + l_1 + 1 \in [2(n-1)(k-1) + 2r - 3, (q+1) \times k^{n-1} - |F_v| - 1]$$

的 (s,t) 路. 因此, 只需证明 $Q[0:q] - F$ 中存在一条长从 $(n-1)(k-1) + 2r - 1$ 到 $2(n-1)(k-1) + 2r - 4$ 的 (s,t) 路.

令 $N^0(s)$ 是点 s 在 $Q[0]$ 中的邻集, 令 $N^0[s] = N^0(s) \cup \{s\}$. 我们断言存在一条健康边 (u^0, u^1) 使得 $t \neq u^1$, 其中 $u^0 \in N^0[s]$ 且如果 $u^0 \neq s$ 则边 (s, u^0) 是健康边. 事实上, 共有 $|N^0[s]|$ 条候选边且 $F \cup \{t\}$ 中一个元素至多锁定一条候选边. 结合

$$|N^0[s]| = 2n - 1 > 2n - 2 \geqslant |F \cup \{t\}|$$

可见断言成立. 令 (u^0, u^1) 恰是这样一条边.

由归纳假设知, $Q[1:q] - F^{1:q}$ 中存在一条长从 $(n-1)(k-1) - 1 + 2(r-1)$ 到 $q \times k^{n-1} - |F_v^{1:q}| - 1$ 的 (u^1, t) 路 P_2. 因此, 如果 $u^0 = s$, 则 $\langle s, s^1, P_2, t\rangle$ 是 $Q[0:q] - F$ 中一条长从 $(n-1)(k-1) + 2r - 2$ 到 $q \times k^{n-1} - |F_v^{1:q}|$ 的 (s,t)- 路; 否则, $\langle s, u^0, u^1, P_2, t\rangle$ 是 $Q[0:q] - F$ 中一条长从 $(n-1)(k-1) + 2r - 1$ 到 $q \times k^{n-1} - |F_v^{1:q}| + 1$ 的 (s,t)- 路. 显然,

$$q \times k^{n-1} - |F_v^{1:q}| \geqslant 2(n-1)(k-1) + 2r - 4$$

因此, 我们可以构造出长从 $(n-1)(k-1)+2r-1$ 到 $2(n-1)(k-1)+2r-4$ 的 (s,t)-路. □

定理 2.3.1 k-元 n-立方 Q_n^k 是 $(2n-3)$- 故障 $((k-1)n-1)$- 泛连通的, 其中 $n\geqslant 2$ 且奇整数 $k\geqslant 3$.

证明 用数学归纳法对 n 进行归纳. 由定理 2.2.2 知, 当 $n=2$ 时定理成立. 假设 $n\geqslant 3$ 且 Q_{n-1}^k 是 $(2n-5)$- 故障 $[(k-1)(n-1)-1]$-泛连通的. 令 s 和 t 是 Q_n^k 中两个不同的健康点. 则我们可以沿某维把 Q_n^k 划分成 $Q[0],Q[1],\cdots,Q[k-1]$ 使得 s 和 t 在不同的子立方中. 进一步, 不失一般性, 我们可以假设对每个 $0\leqslant i\leqslant k-1$ 有 $|F^0|\geqslant|F^i|$ 且 $s\in Q[p]-F^p$, $t\in Q[q]-F^q$, 其中 $0<q-p\leqslant k+p-q$. 结合事实 k 是奇数, 有 $2(q-p)\leqslant k-1$. 将分三种情形分别构造长从 $(k-1)n-1$ 到 $k^n-|F_v|-1$ 的 (s,t) 路.

情形 1 $|F^0|=2n-3$.

由定理 2.1.2 知, Q_{n-1}^k 是 $(2n-4)$- 故障哈密尔顿的. 因此 $Q[0]-F^0$ 中存在一条长 $l_0=k^{n-1}-|F_v^0|-1$ 的路 P_0. 令 x^0,y^0 是路 P_0 的两个端点. 因为 $Q[0]$ 外没有故障元, 故由归纳假设可推出对每个 $1\leqslant i\leqslant k-1$, $Q[i]$ 是 $[(k-1)(n-1)-1]$-泛连通的. 我们把情形 1 分为两个更详细的子情形来进行讨论.

情形 1.1 $p=0$.

显然, 要么 $s^1\neq t$ 或在 $Q[0]-F^0$ 中存在一条边 (s,u^0) 使得 $u^1\neq t$. 令

$$u=\begin{cases}s^1, & 若\ s^1\neq t,\\ u^1, & 否则\end{cases}$$

由引理 2.3.2 知, $Q[1:k-1]$ 中存在一条长为

$$l_1\in[(n-1)(k-1)-1+2(q-1),(k-1)\times k^{n-1}-1]$$

的 (u,t) 路 P_1. 则 $\langle s,u,P_1,t\rangle$ 或 $\langle s,u^0,u,P_1,t\rangle$ 是 Q_n^k-F 中一条长为

$$l\in[(n-1)(k-1)-1+2q,(k-1)\times k^{n-1}]$$

的 (s,t) 路. 因为 $2q\leqslant k-1$, 有

$$(n-1)(k-1)-1+2q\leqslant n(k-1)-1$$

因此, 可以构造 Q_n^k-F 中一条长 $l\in[n(k-1)-1,(k-1)\times k^{n-1}]$ 的 (s,t)-路. 下面将构造一条长从 $(k-1)\times k^{n-1}+1$ 到 $k^n-|F_v|-1$ 的 (s,t) 路.

假设在 P_0 上从 s 到 x^0 的距离至少同从 s 到 y^0 的距离一样. 记 P_0 为 $\langle x^0,P_{01},w^0,s,P_{02},y^0\rangle$. 因为 $n\geqslant 3$ 且 $k\geqslant 3$, 有

$$|V(P_0)|\geqslant k^{n-1}-(2n-3)\geqslant 3^2-3=6$$

进而 $w^0 \neq x^0, w^0 \neq s$. 因为 $2q \leqslant k-1$ 且 $k \geqslant 3$, 故 $q \neq k-1$.

首先, 考虑 $t \neq x^1$ 的情形. 由引理 2.3.1 知, $Q[q+1:k-1]$ 中存在一条长为

$$l_1 \in [(n-1)(k-1)-1, (k-q-1) \times k^{n-1}-1]$$

的 (y^{k-1}, w^{k-1}) 路 P_1. 由引理 2.3.2 知, $Q[1:q]$ 中存在一条长为

$$l_2 \in [(n-1)(k-1)-1+2(q-1), q \times k^{n-1}-1]$$

的 (x^1, t)- 路 P_2. 因此,

$$\langle s, P_{02}, y_0, y^{k-1}, P_1, w^{k-1}, w^0, P_{01}, x^0, x^1, P_2, t\rangle$$

是 $Q_n^k - F$ 中一条长为

$$\begin{aligned} l = & l_0 + l_1 + l_2 + 2 \\ & \in [k^{n-1} + 2(n-1)(k-1) + 2q - |F_v| - 3, k^n - |F_v| - 1] \end{aligned}$$

的 (s,t) 路. 显然,

$$(k-1) \times k^{n-1} + 1 \geqslant k^{n-1} + 2(n-1)(k-1) + 2q - |F_v| - 3$$

因此, 我们构造出一条所需的 (s,t) 路. 接下来, 考虑情形 $t = x^1$. 因为 $n \geqslant 3$, 由引理 2.3.1 知, $Q[1:k-1]-t$ 中存在一条长为

$$l_3 \in [(n-1)(k-1)-1, (k-1) \times k^{n-1}-2]$$

的 (y^{k-1}, w^{k-1}) 路 P_3. 那么,

$$\langle s, P_{02}, y^0, y^{k-1}, P_3, w^{k-1}, w^0, P_{01}, x^0, t\rangle$$

是 $Q_n^k - F$ 中长为

$$\begin{aligned} l = & l_0 + l_3 + 2 \\ & \in [k^{n-1} + (n-1)(k-1) - |F_v|, k^n - |F_v| - 1] \end{aligned}$$

的 (s,t) 路. 容易看到,

$$(k-1) \times k^{n-1} + 1 \geqslant k^{n-1} + (n-1)(k-1) - |F_v|$$

因此, 我们可以构造一条指定长的 (s,t)-路.

情形 1.2 $p > 0$.

由引理 2.3.2 知, $Q[p:k-1]$ 中存在一条长从 $(k-1)(n-1)-1+2(q-p)$ 到 $(k-p) \times k^{n-1}-1$ 的 (s,t)- 路, 从而在 $Q_n^k - F$ 中存在这样一条路. 注意到

$2(q-p) \leqslant k-1$. 因此, 我们可以构造一条长从 $(k-1)n-1$ 到 $(k-p) \times k^{n-1}-1$ 的 (s,t) 路.

显然, $Q[p]$ 中存在的一条边 (s,u_p) 使得 $u^{p+1} \neq t$. 由引理 2.3.2 知, $Q[1:p]$ 中存在一条长为

$$l' \in [(k-1)(n-1)-1, p \times k^{n-1}-1]$$

的 (s,u_p) 路 P', 在 $Q[p+1:k-1]$ 中存在一条长为

$$l'' \in [(k-1)(n-1)-1+2(q-p-1), (k-p-1) \times k^{n-1}-1]$$

的 (u^{p+1},t) 路 P'', 则

$$\langle s, P', u_p, u^{p+1}, P'', t \rangle$$

是一条长从 $2(k-1)(n-1)+2(q-p)-3$ 到 $(k-1) \times k^{n-1}-1$ 的 (s,t)- 路. 因为 $k \geqslant 3$, $n \geqslant 3$, $p < q \leqslant k-1$ 以及 $2(q-p) \leqslant k-1$, 有

$$(k-p) \times k^{n-1} \geqslant 2(k-1)(n-1)+2(q-p)-3$$

因此, 只需证明 $Q_n^k - F$ 中存在一条长从 $(k-1) \times k^{n-1}$ 到 $k^n - |F_v| - 1$ 的 (s,t) 路.

设点 s 和 t 同为点 x^0 的邻点 (或点 y^0 的邻点), 则

$$s \in V(Q[1]) \text{ 且 } t \in V(Q[k-1])$$

因为 $Q[k-1]$ 中无故障点, 由引理 2.3.1 知 $Q[k-1]$ 中存在一条长

$$l_1 \in [(n-1)(k-1)-1, k^{n-1}-1]$$

的 (y^{k-1},t) 路 P_1. 令 w^0 和 z^0 是 P_0 上两个连续的顶点. 由引理 2.3.1 知, 在 $Q[1:k-2]-s$ 中存在一条长为

$$l_2 \in [(n-1)(k-1)-1, (k-2) \times k^{n-1}-2]$$

的 (w^1,z^1) 路 P_2. 记 P_0 为 $\langle x^0, P_{01}, w^0, z^0, P_{02}, y^0 \rangle$, 则

$$\langle s, x^0, P_{01}, w^0, w^1, P_2, z^1, z^0, P_{02}, y^0, y^{k-1}, P_1, t \rangle$$

是 $Q_n^k - F$ 中一条长为

$$\begin{aligned} l &= l_0 + 1_1 + l_2 + 3 \\ &\in [k^{n-1} - |F_v| + 2(n-1)(k-1), k^n - |F_v| - 1] \end{aligned}$$

的 (s,t) 路.

下面设点 s 或点 t 不是 x^0 的邻点 (或点 y^0 的邻点). 不失一般性, 假设 $x^1 \neq s$ 且 $y^{k-1} \neq t$. 由引理 2.3.2 知, $Q[1:q-1]$ 中存在一条长为

$$l_1 \in [(n-1)(k-1)-1+2(p-1), (q-1)\times k^{n-1}-1]$$

的 (s, x^1) 路 P_1, 在 $Q[q:k-1]$ 中存在一条长为

$$l_2 \in [(n-1)(k-1)-1+2(k-1-q), (k-q)\times k^{n-1}-1]$$

的 (y^{k-1}, t) 路 P_2, 则 $\langle s, P_1, x^1, x^0, P_0, y^0, y^{k-1}, P_2, t\rangle$ 是 $Q_n^k - F$ 中一条长为

$$\begin{aligned} l = & l_0 + 1_1 + l_2 + 2 \\ & \in [k^{n-1} - |F_v| + 2(n-1)(k-1) + 2(k+p-q-2) - 1, k^n - |F_v| - 1] \end{aligned}$$

的 (s, t) 路.

显然,

$$(k-1)\times k^{n-1} \geqslant k^{n-1} - |F_v| + 2(n-1)(k-1)$$

且

$$(k-1)\times k^{n-1} \geqslant k^{n-1} - |F_v| + 2(n-1)(k-1) + 2(k+p-q-2) - 1$$

因此, 我们可以得到所需的 (s, t) 路.

情形 2 $|F^0| = 2n-4$.

由定理 2.1.2 知, Q_{n-1}^k 是 $(2n-4)$-故障哈密尔顿的. 所以 $Q[0]-F^0$ 中存在一个哈密尔顿圈 C_0. 注意到 $Q[0]$ 外至多有一个故障元. 因此, $|F^i| \leqslant 2n-5$ 且由归纳假设知, 对每个 $1 \leqslant i \leqslant k-1$, $Q[i]-F^i$ 是 $[(n-1)(k-1)-1]$-泛连通的. 我们把情形 2 再细分为两种子情形进行讨论.

情形 2.1 $p = 0$.

显然, 要么点 s 在 C_0 上有一个邻点 u^0 使得 (u^0, u^1) 是一条健康边且 $u^1 \neq t$, 要么 (s, s^1) 是一条健康边且 $s^1 \neq t$. 若前者成立, 令 $u = u^1$; 否则, 令 $u = s^1$. 由引理 2.3.2 知, $Q[1:k-1]$ 中存在一条长为

$$l_1 \in [(n-1)(k-1)-1+2(q-1), (k-1)\times k^{n-1} - |F_v^{1:k-1}| - 1]$$

的 (u, t)-路 P_1. 则 $\langle s, u^0, u, P_1, t\rangle$ 或 $\langle s, u, P_1, t\rangle$ 是 $Q_n^k - F$ 中长为

$$l \in [(n-1)(k-1)-1+2q, (k-1)\times k^{n-1} - |F_v^{1:k-1}|]$$

的 (s, t) 路. 注意到 $2(q-p) \leqslant k-1$ 且 $p=0$. 因此, 我们可以构造一条长为

$$l \in [n(k-1)-1, (k-1)\times k^{n-1} - |F_v^{1:k-1}|]$$

的 (s,t) 路.

令 u^0 是 C_0 上 s 的一个邻点. 则 $P_0 = C_0 - (s,u^0)$ 是 $Q[0]$ 中一条长 $l_0 = k^{n-1} - |F_v^0| - 1$ 的 (s,u^0) 路. 因为 $k \geqslant 3$ 且 $2q \leqslant k-1$, 我们有 $u^{k-1} \neq t$. 由引理 2.3.2 知, $Q[1:k-1]$ 中存在一条长为

$$l_2 \in [(n-1)(k-1) - 1 + 2(k-1-q), (k-1) \times k^{n-1} - |F_v^{1:k-1}| - 1]$$

的 (u^{k-1},t) 路 P_2. 则 $\langle s, P_0, u^0, u^{k-1}, P_2, t\rangle$ 是一条长为

$$\begin{aligned} l &= l_0 + l_2 + 1 \\ &\in [k^{n-1} + (n-1)(k-1) + 2(k-1-q) - |F_v^0| - 1, k^n - |F_v| - 1] \end{aligned}$$

的 (s,t) 路. 因为 $k \geqslant 3$, $n \geqslant 3$, $q \geqslant 1$ 且 $|F_v^{1:k-1}| \leqslant 1$, 有

$$k^{n-1} + (n-1)(k-1) + 2(k-1-q) - |F_v^0| - 1 \leqslant (k-1) \times k^{n-1} - |F_v^{1:k-1}| + 1$$

因此, 我们可以构造一条长 $l \in [(k-1) \times k^{n-1} - |F_v^{1:k-1}| + 1, k^n - |F_v| - 1]$ 的 (s,t) 路.

情形 2.2 $p > 0$.

由引理 2.3.2 知, $Q[p:q] - F^{p:q}$ 中存在一条长从 $(n-1)(k-1) - 1 + 2(q-p)$ 到 $(q-p+1) \times k^{n-1} - |F_v^{p:q}| - 1$ 的 (s,t)- 路. 注意到 $2(q-p) \leqslant k-1$. 因此, 我们可以构造一条长 $l \in [n(k-1) - 1, (q-p+1) \times k^{n-1} - |F_v^{p:q}| - 1]$ 的 (s,t)- 路.

因为 $Q[0]$ 外至多有一个故障元, 我们可以在 C_0 上取两个相邻的顶点, 不妨设为 u^0 和 v^0, 使得 (u^0,u^1) 和 (v^0,v^{k-1}) 都是健康边, $u_1 \neq s$ 且 $v_{k-1} \neq t$. 那么在 $Q[0] - F^0$ 中存在一条长 $l_0 \in \{1, k^{n-1} - |F_v^0| - 1\}$ 的 (u^0,v^0) 路 P_0. 由引理 2.3.2 知, $Q[1:q-1] - F^{1:q-1}$ 中存在一条长为

$$l_1 \in [(n-1)(k-1) - 1 + 2(p-1), (q-1) \times k^{n-1} - |F_v^{1:q-1}| - 1]$$

的 (s,u^1) 路 P_1, 和 $Q[q:k-1] - F^{q:k-1}$ 中一条长为

$$l_2 \in [(n-1)(k-1) - 1 + 2(k-1-q), (k-q) \times k^{n-1} - |F_v^{q:k-1}| - 1]$$

的 (v^{k-1},t) 路 P_2. 此时 $\langle s, P_1, u^1, u^0, P_0, v^0, v^{k-1}, P_2, t\rangle$ 是 $Q_n^k - F$ 中一条长为

$$\begin{aligned} l &= l_0 + l_1 + l_2 + 2 \\ &\in [k^{n-1} + 2n(k-1) - |F_v^0| - 2(q-p) - 3, k^n - |F_v| - 1] \end{aligned}$$

的 (s,t) 路. 因为 $n \geqslant 3$, $k \geqslant 3$, $q-p \geqslant 1$ 以及 $|F_v^{p:q}| \leqslant 1$, 有

$$(q-p+1) \times k^{n-1} - |F_v^{p:q}| \geqslant k^{n-1} + 2n(k-1) - |F_v^0| - 2(q-p) - 3.$$

因此, 我们可以构造一条长 $l \in [(q-p+1) \times k^{n-1} - |F_v^{p:q}|, k^n - |F_v| - 1]$ 的 (s,t) 路.

情形 3　$|F^0| \leqslant 2n-5$.

由引理 2.3.2 知, $Q[p:p-1]-F$ 中存在一条长从 $(n-1)(k-1)-1+2(q-p)$ 到 $k^n-|F_v|-1$ 的 (s,t) 路, 从而 Q_n^k-F 中也存在这样一条路. 注意到 $2(q-p) \leqslant k-1$. 因此, 我们可以构造一条长 $l \in [n(k-1)-1, k^n-|F_v|-1]$ 的 (s,t) 路.

定理证毕. □

下面的结果是定理 2.3.1 的一个推论.

定理 2.3.2　给定一个整数 $n \geqslant 2$ 和一个奇整数 $k \geqslant 3$, 令 $Q = Q_n^k$ 是一个具有 f_v 个故障点和 f_e 条故障边的 k-元 n-立方. 如果 $f_v + f_e \leqslant 2n-3$, 则对任一条边 (x,y) 和任一个整数 l, $n(k-1) \leqslant l \leqslant k^n - f_v$, 存在一个长为 l 的圈 C 使得边 (x,y) 在圈 C 上.

2.4　一 些 说 明

在本章中, 我们对当 k 是奇数时 k-元 n-立方 Q_n^k 的泛连通性和泛圈性进行了研究, 并证明了 k 是奇数时 Q_n^k 是 $(2n-3)$-故障 $[n(k-1)-1]$-泛连通的且是 $(2n-3)$-故障 $n(k-1)$- 边泛圈的, 也就是说, 若故障元的数目至多为 $2n-3$ 时, 每一对健康点之间存在长从 $n(k-1)-1$ 到 k^n-f_v-1 的路连接它们且每一条健康边包含在长从 $n(k-1)$ 到 k^n-f_v 的无故障圈中, 其中 f_v 是故障点的数目.

这一结果是最优的, 原因如下:

(1) 如果 $n=2$ 且 Q_2^3 包含 $2n-3=1$ 个故障点 $u=11$, 则 Q_2^3 中没有长为 $2n-2=2$ 的无故障路连接两个健康点 10 和 12. 因此, 路的长度下界 $(k-1)n-1$ 不能够被改进.

(2) 假设存在 $f=2n-2$ 个故障点同点 x 相邻. 令 y 和 z 是 Q_n^k 中同点 x 相邻的两个健康点. 则不存在长为 k^n-f-1 的路连接点 y 和 z. 因此, 故障元数目的上界 $2n-3$ 不能被改进.

第 3 章　容错边偶泛圈性

本章通过对具有至多 $2n-3$ 个故障点和 (或) 边的 k-元 n-立方性质的研究, 证明了当 $k \geqslant 3$ 是奇数时, 故障 k-元 n-立方是边偶泛圈的; 当 $k \geqslant 4$ 是偶数时, 故障 k-元 n-立方是几乎边偶泛圈的. 这一结果回答了 Iain A. Stewart 等在文献 [62] 中提出的问题.

3.1　相关概念和结果

泛圈性和偶泛圈性都是判断一个网络拓扑是否适合将不同长度的圈映射到其上的重要测量值. 因此, 如何将不同长度的圈嵌到不同的互连网络中是研究的一个热点[65,68,122−124]. k-元 n-立方 Q_n^k 的泛圈性和边泛圈性性质已经得到了一些学者的研究. 具有代表性的两个结论如下.

引理 3.1.1[61]　3-元 n-立方体是边泛圈的, 其中 $n \geqslant 2$ 是整数.

引理 3.1.2[62]　k-元 n-立方是边偶泛圈的, 其中 $n \geqslant 2$, $k \geqslant 3$ 是两个整数.

随着现代大型并行计算系统规模的扩大, 通信元出现故障的可能性也大大增加. 因此, 互连网络在故障假设下的路和圈的嵌入问题近年来得到学者广泛的关注.

2007 年, Ming-Chien Yang 等对 k 取奇数时的故障 k-元 n-立方进行了研究并给出下面的结果.

引理 3.1.3[66]　给定一个整数 $n \geqslant 2$ 和一个奇整数 $k \geqslant 3$, 设 Q_n^k 具有 f_v 个故障点和 f_e 条故障边:

(i) 若 $0 \leqslant f_v + f_e \leqslant 2n-3$, 则故障 Q_n^k 是哈密尔顿连通的.

(ii) 若 $0 \leqslant f_v + f_e \leqslant 2n-2$, 则故障 Q_n^k 是哈密尔顿的.

2008 年, Iain A. Stewart 等对 k 取偶数时的故障 k-元 n-立方进行了研究并给出下面的结果.

引理 3.1.4[78]　给定一个整数 $n \geqslant 2$ 和一个偶整数 $k \geqslant 4$, 设 Q_n^k 具有 f_v 个故障点和 f_e 条故障边, 其中 $0 \leqslant f_v + f_e \leqslant 2n-2$. 则对任意两个位于不同部的健康点, 存在一条长为 $k^n - 2f_v - 1$ 的路连接这两个点.

在泛圈性方面, 林上为和王世英对 k 取奇数时, 至多具有 $2n-3$ 个故障点和 (或) 边的 k-元 n-立方上不同长度的路嵌入问题进行了研究并得到如下的结论.

引理 3.1.5[81]　给定一个整数 $n \geqslant 2$ 和一个奇整数 $k \geqslant 3$, 令 e 是具有 f_v 个故障点和 f_e 条故障边的 Q_n^k 上一条健康边. 若 $f_v + f_e \leqslant 2n-3$, 则 e 在长从 $n(k-1)$

到 $k^n - f_v$ 的圈上.

在文献 [62] 中, Iain A. Stewart 等提出这样一个问题: 具有故障点和 (或) 边的 Q_n^k 能否保证泛圈性和边泛圈性? 本章对这一问题作了回答.

首先给出一些本章将用到的定义. 令 G 是一个 Q_2^k (图 3.1 显示了一个 Q_2^4 的例子). 则 G 是两个长为 k 的圈的笛卡儿乘积. 对 $0 \leqslant i \leqslant j \leqslant k-1$, 记 $\mathrm{Row}(i:j)$ 是由

$$\{\, u = u_1u_0:\ i \leqslant u_1 \leqslant j,\ 0 \leqslant u_0 \leqslant k-1 \,\}$$

导出的子图, $\mathrm{Col}(i:j)$ 是由

$$\{\, u = u_1u_0:\ 0 \leqslant u_1 \leqslant k-1,\ i \leqslant b \leqslant j \,\}$$

导出的子图. 图 3.2 (a) 和 (b) 分别给出了 $\mathrm{Row}(0:2)$ 和 $\mathrm{Col}(0:2)$. 注意到 $\mathrm{Row}(0:2)$ 和 $\mathrm{Col}(0:2)$ 是同构的. 特别地, $\mathrm{Row}(i:i)$ 和 $\mathrm{Col}(j:j)$ 分别被记为 $\mathrm{Row}(i)$ 和 $\mathrm{Col}(j)$.

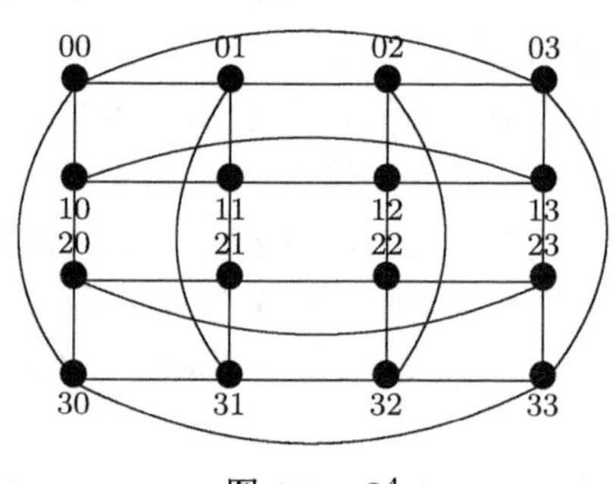

图 3.1　Q_2^4

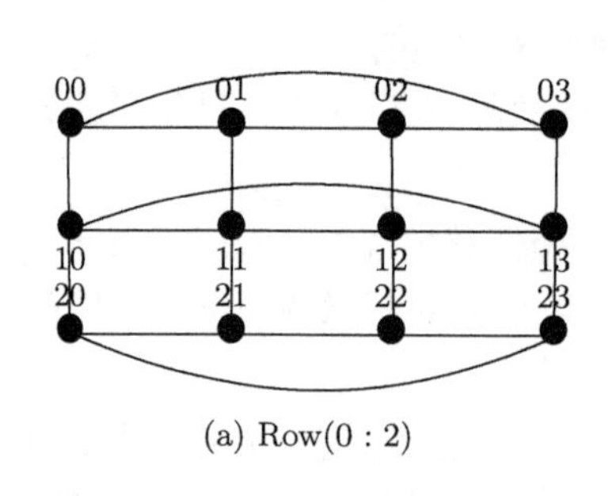

(a) Row(0 : 2)

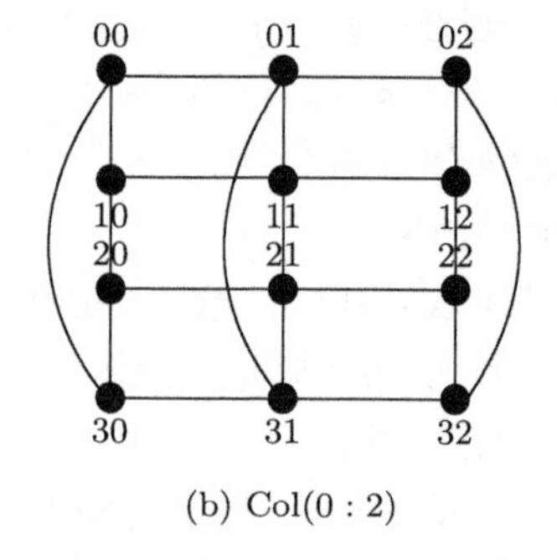

(b) Col(0 : 2)

图 3.2

在本章剩余的部分, 一个圈指的是一个无故障圈, 即一个没有故障点和边的圈.

3.2 容错奇元 n-立方的边偶泛圈性

本节将证明当 k ($\geqslant 3$) 是奇数时, 具有至多 $2n-3$ 个故障点和 (或) 边的 Q_n^k 是边偶泛圈的, 也就是说, 故障 Q_n^k 的每条健康边在长从 4 到 $k^n - f_v$ 的偶圈上.

因为 k 是奇数, 故 $n(k-1)$ 是偶数. 由引理 3.1.5 可知, 我们只需证明每条健康边在长从 4 到 $n(k-1)-2$ 的偶圈上, 其中 f_v 是故障点的数目. 先考虑 $n=2$ 的情形. 从图 3.3 上不难验证下面的性质成立.

性质 3.2.1 设 $k \geqslant 3$ 是一个奇整数, 则无故障 Row$(0:1)$ 上任一条边在 Row$(0:1)$ 的长从 4 到 $2(k-1)-2$ 的偶圈上.

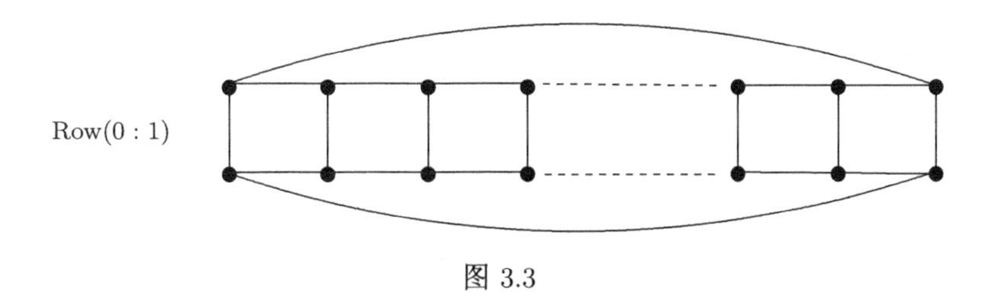

图 3.3

引理 3.2.1 设 $k \geqslant 3$ 是一个奇整数, 则具有一个故障点或一条故障边的 Q_2^k 上的任一条健康边在故障 Q_2^k 上长从 4 到 $2(k-1)-2$ 的偶圈上.

证明 令 f^* 是题设中的故障元 (点或边), 令 e 是 $Q_2^k - f^*$ 的任一条边. 因为 Q_2^k 既是点传递的又是边传递的, 所以不失一般性可设

$$f^* = 00 \text{ 或 } f^* = (00, 0(k-1))$$

若 e 在 Row$(1:k-1)$ 中, 则 e 是某个无故障 Row$(i:i+1)$ 上的一条边, 其中 $1 \leqslant i \leqslant k-2$. 由性质 3.2.1 知结论成立. 若 e 不在 Row$(1:k-1)$ 上, 则可观察到此时 e 必然是某个无故障 Col$(i:i+1)$ 上的一条边, 其中 $0 \leqslant i \leqslant k-2$. 因为无故障 Col$(i:i+1)$ 与无故障 Row$(0:1)$ 是同构的, 故由性质 3.2.1 可知, e 在长从 4 到 $2(k-1)-2$ 的偶圈上. □

在本章中, 若 u 是 $Q[i]$ 的一个顶点, 则记为 u^i, 且它在 $Q[i-1]$ 和 $Q[i+1]$ 中对应的顶点分别记为 u^{i-1} 和 u^{i+1}.

引理 3.2.2 给定一个整数 $n \geqslant 2$ 和一个奇整数 $k \geqslant 3$, 令 e 是具有 f_v 个故障点和 f_e 条故障边的 Q_n^k 上的一条健康边. 若 $f_v + f_e \leqslant 2n-3$, 则 e 在长从 4 到 $n(k-1)-2$ 的偶圈上.

证明 对 n 进行归纳. 当 $n=2$ 时由引理 3.2.1 知结论成立. 设 $n \geqslant 3$, 且结论对所有 Q_m^k 成立, 其中 $m < n$. 沿着某一维将 Q_n^k 划分为 $Q[0]$, $Q[1], \cdots$, $Q[k-1]$

使得边 e 在某个子立方体中. 不妨设包含 e 的子立方体为 $Q[p]$, $0 \leqslant p \leqslant k-1$. 对所有的 $0 \leqslant i \leqslant k-1$, 令 F^i 是 $Q[i]$ 中的故障元. 记 $F_v^i = F^i \cap V(Q_n^k)$.

若 $|F^p| \leqslant 2n-5$, 则由归纳假设, e 在 $Q[p]$ 的长从 4 到 $(n-1)\times(k-1)-2$ 的偶圈上. 由引理 3.1.5, e 也在 $Q[p]$ 的长从 $(n-1)\times(k-1)$ 到 $k^{n-1}-|F_v^p|$ 的偶圈上. 当 $n \geqslant 3$ 和 $k \geqslant 3$ 时, 有

$$k^{n-1}-|F_v^p| \geqslant k^{n-1}-(2n-5) > n(k-1)-2$$

故结论成立.

设 $|F^p| \geqslant 2n-4$. 令 $e=(x^p, y^p)$. 因为 $f_v+f_e \leqslant 2n-3$, 所以在 $Q[p]$ 以外至多有一个故障元, 这就意味着

$$\langle x^p, y^p, y^{p+1}, x^{p+1}, x^p\rangle \text{ 或 } \langle x^p, y^p, y^{p-1}, x^{p-1}, x^p\rangle$$

是一个无故障 4- 圈. 不失一般性, 假设 $C=\langle x^p, y^p, y^{p+1}, x^{p+1}, x^p\rangle$ 是一个无故障 4- 圈. 显然, C 包含边 $(x^p, y^p)=e$ 和边 (x^{p+1}, y^{p+1}). 由归纳假设和引理 3.1.1, 边 (x^{p+1}, y^{p+1}) 在 $Q[p+1]$ 的长为 4 到 $k^{n-1}-|F_v^{p+1}|$ 的偶圈 C' 上. 因此 $C \triangle C'$ 是一个长从 6 到 $k^{n-1}-|F_v^{p+1}|+2$ 的偶圈且包含边 e. 因为

$$k^{n-1}-|F_v^{p+1}|+2 \geqslant k^{n-1}+1 > n(k-1)-2$$

引理成立. □

结合引理 3.1.5 和引理 3.2.2, 我们有下面的定理.

定理 3.2.1 给定一个整数 $n \geqslant 2$ 和一个奇整数 $k \geqslant 3$, 设 Q_n^k 是具有 f_v 个故障点和 f_e 条故障边的 k-元 n-立方. 若 $f_v+f_e \leqslant 2n-3$, 则故障 Q_n^k 是边偶泛圈的.

3.3 容错偶元 n-立方的边偶泛圈性

本节考虑当 $k \geqslant 4$ 是偶数的情形, 并证明在具有至多 $2n-3$ 个故障点和 (或) 边的 Q_n^k 中, 每条健康边都在长从 4 到 k^n-2f_v 的偶圈上, 其中 f_v 是故障点的数目. 首先考虑 $n=2$ 的情形. 令 m 是一个整数满足 $1 \leqslant m \leqslant k-2$. 下面给出关于 $\mathrm{Row}(0:m)$ 的一些有用的性质.

注意到 $\mathrm{Row}(a)$ 是一个偶圈, 其中 $0 \leqslant a \leqslant m$. 令 M 是一个由 $\mathrm{Row}(a)$ 上两两不相邻的边组成的集合, 令 $(ab, a(b+1))$ 是 M 中一条边. 对每一个 $r \in \{a-1, a+1\}$, 存在一个 4- 圈 $C_{ab}^r=\langle ab, a(b+1), r(b+1), rb, ab\rangle$ 包含边 $(ab, a(b+1))$. 如图 3.4 所示. 记

$$\mathcal{C}(M, r)=\{\ C_{ab}^r : (ab, a(b+1)) \in M\ \}$$

显然, $\mathcal{C}(M, r)$ 是一个由 $|M|$ 个不相交的 4-圈组成的图.

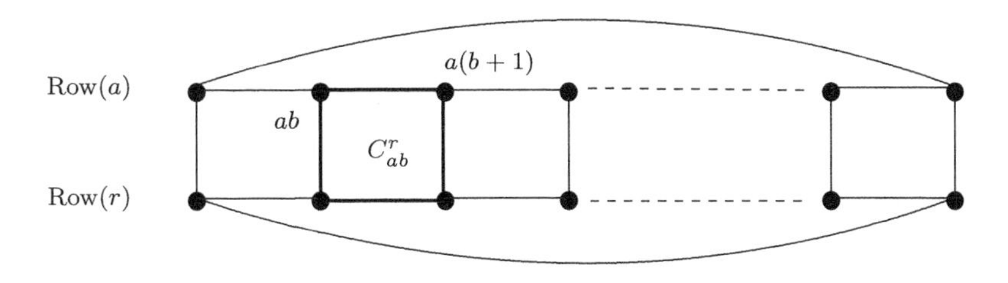

图 3.4

在 Row(a) 上, 令

$$M_0^a=\{\ (ab,a(b+1)):\ b=0,2,\cdots,k-2\}$$

且

$$M_1^a=\{\ (ab,a(b+1)):\ b=1,3,\cdots,k-1\ \}$$

那么 M_0^a 和 M_1^a 是 Row(a) 上的两个边集. 进一步,

$$M_0^a\cap M_1^a=\varnothing \quad 且 \quad M_0^a\cup M_1^a=E(\mathrm{Row}(a))$$

引理 3.3.1 令 e 是无故障 Row($0:m$) 上一条边. 则下面的结论成立.

(i) Row($0:m$) 有两个不同的经过边 e 的哈密尔顿圈, 满足一个包含 M_α^0 和 M_β^m, 另一个包含 $M_{1-\alpha}^0$ 和 $M_{1-\beta}^m$, 其中 $\alpha,\beta\in\{0,1\}$.

(ii) e 在长从 4 到 $(m+1)k$ 的偶圈上.

证明 两个结论的证明都是对 m 进行归纳. 当 $m=1$ 时, e 是无故障 Row($0:1$) 上一条边. 由对称性可设 $e=(00,01)$ 或 $e=(00,10)$. 从图 3.3 上不难验证结论 (i) 和 (ii) 都成立. 假设当 $m\geqslant 2$ 时, 两个结论对 Row($0:m-1$) 都成立. 我们将证明引理对 Row($0:m$) 成立. 由对称性, 不妨设

$$e\in E(\mathrm{Row}(0:m-1))$$

(i) 由归纳假设, Row($0:m-1$) 有两个不同的经过边 e 的哈密尔顿圈 C_1, C_2, 使得 C_1 包含 M_α^0 和 M_β^{m-1}, C_2 包含 $M_{1-\alpha}^0$ 和 $M_{1-\beta}^{m-1}$, 其中 $\alpha,\beta\in\{0,1\}$.

若 e 不在 Row($m-1$) 上, 则

$$e\notin M_\beta^{m-1} \quad 且 \quad e\notin M_{1-\beta}^{m-1}$$

容易验证 $C_1\triangle\mathcal{C}(M_\beta^{m-1},m)$ 是 Row($0:m$) 上包含边 e, M_α^0 和 M_β^m 的哈密尔顿圈; $C_2\triangle\mathcal{C}(M_{1-\beta}^{m-1},m)$ 是包含边 e, $M_{1-\alpha}^0$ 和 $M_{1-\beta}^m$ 的哈密尔顿圈.

下面设 e 在 Row($m-1$) 上. 若 $m\geqslant 3$, 则

$$m-1\neq 1 \quad 且 \quad e\notin E(\mathrm{Row}(1))$$

注意到 $e \in E(\mathrm{Row}(1:m))$ 且 $\mathrm{Row}(1:m)$ 与 $\mathrm{Row}(0:m-1)$ 同构, 我们可以用与上一段类似的方法找到两个满足要求的哈密尔顿圈. 若 $m=2$, 则

$$e \in E(\mathrm{Row}(1))$$

不失一般性, 假设 $e=(10,11)$. 容易验证圈

$$C_1' = \langle 10, 11, \cdots, 1(k-2), 2(k-2), 2(k-3), \cdots, 20,$$

$$2(k-1), 1(k-1), 0(k-1), 0(k-2), \cdots, 00, 10\rangle$$

包含边 e, M_0^0 和 M_1^2; 另一个圈

$$C_2' = \langle 10, 11, \cdots, 1(k-2), 0(k-2), 0(k-3), \cdots, 00,$$

$$0(k-1), 1(k-1), 2(k-1), 2(k-2), \cdots, 20, 10\rangle$$

包含边 e, M_1^0 和 M_0^2. 因此, C_1' 和 C_2' 为所求. (i) 证毕.

(ii) 由归纳假设, e 在 $\mathrm{Row}(0:m-1)$ 的长为 l_0 的偶圈上, 其中

$$4 \leqslant l_0 \leqslant mk$$

下面证明 e 在长从 $mk+2$ 到 $(m+1)k$ 的偶圈上. 注意到

$$e \notin M_\alpha^{m-1} \quad 或 \quad e \notin M_\beta^{m-1}$$

不失一般性, 假设 $e \notin M_\beta^{m-1}$. 由 (i) 可知, $\mathrm{Row}(0:m-1)$ 上存在一个哈密尔顿圈 C 包含 e 和 M_β^{m-1}. 因为

$$|M_\beta^{m-1}| = \frac{k}{2}$$

故对每个 $1 \leqslant l \leqslant \dfrac{k}{2}$, 存在 M_β^{m-1} 的一个子集 M 使得 $|M|=l$. 注意到圈 C 的长度为 mk. 因此 $C \triangle \mathcal{C}(M,m)$ 是长为 l_1 的包含 e 的偶圈, 其中

$$\begin{aligned} mk+2 \leqslant l_1 &= mk+2l \\ &\leqslant mk+k=(m+1)k \end{aligned}$$

(ii) 得证. □

为叙述方便, 我们称一个具有故障元的二部图 G 是几乎边偶泛圈的若 G 的每条健康边在长从 4 到 $|V(G)|-2f_v$ 的偶圈上, 其中 f_v 是故障点的数目. 因为 G 是二部图, 当所有的故障顶点都在同一部中时, G 上不存在长超过 $|V(G)|-2f_v$ 的圈. 注意到当 $k \geqslant 4$ 是偶数时 $\mathrm{Row}(0:m)$ 恰为一个二部图.

引理 3.3.2　令 v^* 是 $\mathrm{Row}(0)$ 上一个故障点. 若 $m \geqslant 2$, 则 $\mathrm{Row}(0:m)-v^*$ 是几乎边偶泛圈的.

证明　不失一般性, 假设 $v^*=00$. 令 e 是 $\mathrm{Row}(0:m)-v^*$ 的任一条边. 我们将证明 e 在长从 4 到 $(m+1)k-2$ 的偶圈上.

首先考虑 $e\in E(\mathrm{Row}(1:m))$. 因为 $\mathrm{Row}(1:m)$ 与一个无故障 $\mathrm{Row}(0:m-1)$ 同构, 由引理 3.3.1(ii) 知, e 在 $\mathrm{Row}(1:m)$ 的长为 l_1 的偶圈上, 其中

$$4\leqslant l_1\leqslant mk$$

注意到

$$e\notin M_0^1 \text{ 或 } e\notin M_1^1$$

不失一般性, 假设 $e\notin M_0^1$. 由引理 3.3.1(i), $\mathrm{Row}(1:m)$ 上存在一个哈密尔顿圈 C 包含边 e 和 M_0^1. 因为

$$|M_0^1\backslash\{(10,11)\}|=\frac{k}{2}-1 \quad \text{且} \quad k\geqslant 4$$

故对每个 $1\leqslant l\leqslant \dfrac{k}{2}-1$, 存在 $M_0^1\backslash\{(10,11)\}$ 的一个子集 M 使得 $|M|=l$. 容易验证 $C\bigtriangleup\mathcal{C}(M,0)$ 是一个包含 e 的长为 l_2 的偶圈, 其中

$$\begin{aligned}mk+2\leqslant l_2&=mk+2l\\&\leqslant mk+2\left(\frac{k}{2}-1\right)\\&=(m+1)k-2\end{aligned}$$

接下来考虑 $e\notin E(\mathrm{Row}(1:m))$. 此时 e 是 $\mathrm{Row}(0)$ 上的边或者是介于 $\mathrm{Row}(0)$ 和 $\mathrm{Row}(1)$ 之间的边. 观察到

$$e \text{ 必然在一个 4- 圈 } C \text{ 上}$$

这个 4-圈包含 $\mathrm{Row}(0)$ 的一条边, $\mathrm{Row}(1)$ 的一条边和介于 $\mathrm{Row}(0)$ 和 $\mathrm{Row}(1)$ 之间的两条边. 令

$$e_1\in E(C)\cap E(\mathrm{Row}(1))$$

显然, $e_1\neq e$. 由引理 3.3.1(ii), e_1 在 $\mathrm{Row}(1:m)$ 的长从 4 到 mk 的偶圈 C' 上. 因此 $C\bigtriangleup C'$ 是一个经过边 e 的长为 l_1 的偶圈, 其中

$$6\leqslant l_1\leqslant mk+2$$

不失一般性, 假设 $e_1\in M_0^1$. 由引理 3.3.1(i), 可得到 $\mathrm{Row}(1:m)$ 的一个包含 M_0^1 的哈密尔顿圈 C^*. 因为

$$|M_0^1\backslash\{e_1,(10,11)\}|=\frac{k}{2}-2$$

故对每个 $0\leqslant l\leqslant\dfrac{k}{2}-2$, 存在 $M_0^1\backslash\{e_1,(10,11)\}$ 的一个子集 M 使得 $|M|=l$. 容易

验证 $C^* \triangle C \triangle \mathcal{C}(M,0)$ 是一个长为 l_2 的过边 e 的偶圈, 其中,

$$\begin{aligned} mk+2 \leqslant l_2 &= mk+2+2l \\ &\leqslant mk+2+2\left(\frac{k}{2}-2\right) \\ &=(m+1)k-2 \end{aligned}$$

引理得证. □

由上一引理可得到下面的推论.

推论 3.3.1 令 $k \geqslant 4$ 是一个偶数, 则具有一个故障点的 Q_2^k 是几乎边偶泛圈的.

引理 3.3.3 令 e^* 是 Row(0) 上一条故障边. 若 $m \geqslant 2$, 则 $\mathrm{Row}(0:m)-e^*$ 是边偶泛圈的.

证明 由对称性, 可设

$$e^* = (00, 0(k-1))$$

令 e 是 $\mathrm{Row}(0:m)-e^*$ 上任一条边. 下面将证明 e 在长从 4 到 $(m+1)k$ 的偶圈上.

注意到 e 是 $\mathrm{Row}(0:m)-00$ 或 $\mathrm{Row}(0:m)-0(k-1)$ 上一条边. 由引理 3.3.2 知, 存在一个经过边 e 的长为 l 的圈, 其中,

$$4 \leqslant l \leqslant (m+1)k-2$$

因此, 只需要再找到一个 $\mathrm{Row}(0:m)-e^*$ 的包含边 e 的哈密尔顿圈 (长为 $(m+1)k$) 即可.

首先考虑 $e \in E(\mathrm{Row}(1:m))$ 且 $e \notin M_0^1$ 的情形. 由引理 3.3.1(i) 知, $\mathrm{Row}(1:m)$ 上存在一个包含 e 和 M_0^1 的长为 mk 的圈 C. 此时, $C \triangle \mathcal{C}(M_0^1, 0)$ 即为所求的 $\mathrm{Row}(0:m)-e^*$ 的包含边 e 的哈密尔顿圈. 注意到这个圈包含了所有的介于 Row(0) 和 Row(1) 之间的边. 因此, 我们最后只需考虑情形

$$e \in E(\mathrm{Row}(0)) \quad 或 \quad e \in M_0^1$$

记

$$C' = \langle 00, 01, \cdots, 0(k-1), 1(k-1), 1(k-2), \cdots, 10, 00\rangle$$

则 $e \in E(C')$. 因为

$$|M_0^1| = \frac{k}{2} \geqslant 2$$

故存在一条边 $(1i, 1(i+1)) \in M_0^1 \setminus \{e\}$. 因为 $m \geqslant 2$, 由引理 3.3.1 知边 $(2i, 2(i+1))$ 在 $\mathrm{Row}(2:m)$ 的长为 $(m-1)k$ 的圈 C'' 上. 令

$$C^* = \langle 1i, 1(i+1), 2(i+1), 2i, 1i\rangle.$$

则 $C' \triangle C^* \triangle C''$ 是 $\mathrm{Row}(0:m)-e^*$ 的一个经过 e 的哈密尔顿圈. □

由上一引理可得到下面的推论.

推论 3.3.2 令 $k \geqslant 4$ 是一个偶数, 则具有一条故障边的 Q_2^k 是边偶泛圈的.

由推论 3.3.1 和推论 3.3.2 得到下面的定理.

定理 3.3.1 设 $k \geqslant 4$ 是一个偶整数, 则至多具有一个故障点或一条故障边的 k-元 2-立方体 Q_2^k 是几乎边偶泛圈的.

下面考虑 $n \geqslant 3$ 的情形. 此时, Q_n^k 中的故障元数目至多为 $2n-3$.

沿着某一维将 Q_n^k 划分为 $Q[1]$, $Q[2], \cdots$, $Q[k-1]$. 令 $F \subseteq V(Q_n^k) \cup E(Q_n^k)$ 是 Q_n^k 上故障元集合. 记

$$F_v = F \cap V(Q_n^k)$$

和

$$F_e = F \cap E(Q_n^k)$$

进一步, $F^{p:q}$ 是 $Q[p:q]$ 上故障元集合. 若 $p = q$, 我们用 F^p 来代替 $F^{p:p}$. 类似定义 $F_v^{p:q}$, $F_e^{p:q}$, F_v^p 和 F_e^p.

引理 3.3.4 设 P 是 $Q[i]$, $0 \leqslant i \leqslant k-1$, 上一条无故障路或圈, e 是 P 上一条边. 若 $|E(P)| \geqslant k^{n-1} - 2|F_v^i| - 1$, 则存在一条边 $(u^i, v^i) \in E(P) \backslash \{e\}$ 使得 $\langle u^i, v^i, v^{i+1}, u^{i+1}, u^i \rangle$ 是一个无故障 4-圈.

证明 因为

$$|E(P)| \geqslant k^{n-1} - 2|F_v^i| - 1$$

故 P 上共有 $k^{n-1} - 2|F_v^i| - 2$ 条候选边. 注意到至多有 $2n - 3 - |F^i|$ 各故障元在 $Q[i]$ 以外且每个故障元至多使得两条候选边不成立. 由

$$\begin{aligned}
&(k^{n-1} - 2|F_v^i| - 2) - 2(2n - 3 - |F^i|) \\
\geqslant &k^{n-1} - 4n + 4 \\
\geqslant &4^2 - 12 + 4 > 0
\end{aligned}$$

知引理成立. □

引理 3.3.5 设 $0 \leqslant p \leqslant q \leqslant k-1$. 对任意的 $i = p, p+1, \cdots, q$, 若 $|F^i| \leqslant 2n-5$ 且 $Q[i] - F^i$ 是几乎边偶泛圈的, 则 $Q[p:q] - F^{p:q}$ 是几乎边偶泛圈的.

证明 令 e 是 $Q[p:q] - F^{p:q}$ 的一条边. 下面将证明存在长从 4 到 $(q-p+1) \times k^{n-1} - 2|F_v^{p:q}|$ 的包含边 e 的偶圈. 根据 e 的分布分三种情况讨论.

情形 1 e 是 $Q[p]$ 上一条边.

对 $q-p$ 进行归纳. 若 $q-p=0$, 由假设知结论成立. 下面设 $q-p>0$.

因为 $Q[p] - F^p$ 是几乎边偶泛圈的, 故 $Q[p] - F^p$ 上存在所求的长从 4 到 $l_1 = k^{n-1} - 2|F_v^p|$ 的偶圈. 令 C_1 是长为 l_1 的圈. 见图 3.5 (a). 由引理 3.3.4 知, C_1 上存在一条边 $(u^p, v^p) \neq e$ 使得

$$C' = \langle u^p, v^p, v^{p+1}, u^{p+1}, u^p \rangle$$

是一个无故障 4- 圈. 因此 $C^* = C_1 \triangle C'$ 是过边 e 的长为 $l_1 + 2$ 的圈. 由归纳假设, 边 (u^{p+1}, v^{p+1}) 在 $Q[p+1:q]$ 的长从 4 到 $l_2 = (q-p) \times k^{n-1} - 2|F_v^{p+1:q}|$ 的偶圈 C_2 上. 因此, $C^* \triangle C_2$ 是过边 e 的偶 l- 圈, 其中

$$l = l_1 + 4, l_1 + 6, \cdots, l_1 + l_2 = (q-p+1) \times k^{n-1} - 2|F_v|$$

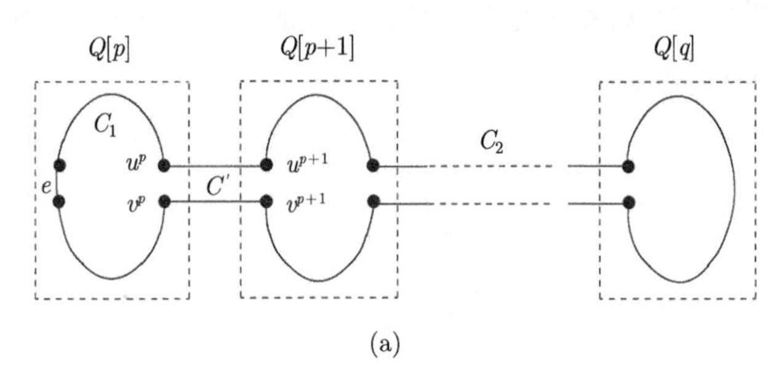

(a)

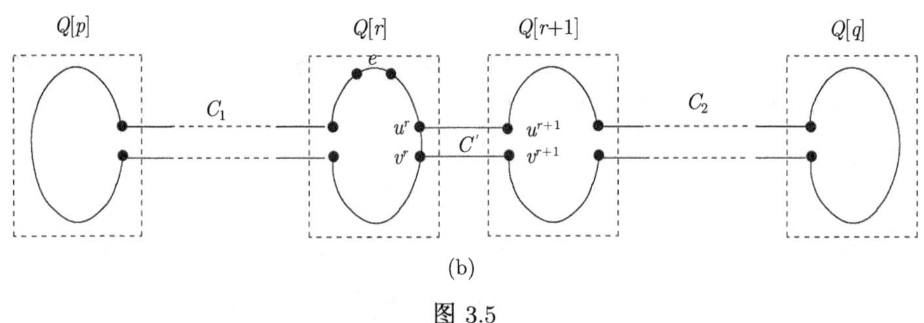

(b)

图 3.5

情形 2　e 是 $Q[r]$ 上一条边, $r \neq p$.

如图 3.5 (b). 由情形 1 知 e 在 $Q[p:r]$ 的长从 4 到 $l_1 = (r-p+1) \times k^{n-1} - 2|F_v^{p:r}|$ 的偶圈上. 此外, 不难看出最长圈 C_1 包含 $Q[r]$ 上一条长为 $k^{n-1} - 2|F_v^r| - 1$ 的路 P. 由引理 3.3.4 知, 存在 P 上一条边 $(u^r, v^r) \neq e$ 使得

$$C' = \langle u^r, v^r, v^{r+1}, u^{r+1}, u^r \rangle$$

是一个无故障 4-圈.

由情形 1 知, 边 (u^{r+1}, v^{r+1}) 在 $Q[r+1:q]$ 的长从 4 到 $l_2 = (q-r) \times k^{n-1} - 2|F_v^{r+1;q}|$ 的偶圈 C_2 上. 因此, $C_1 \triangle C'$ 是一个长为 l_1+2 的包含 e 的圈, $C_1 \triangle C' \triangle C_2$ 是长为 l 的包含 e 的圈, 其中

$$l = l_1 + 4, l_1 + 6, \cdots, l_1 + l_2 = (q-p+1) \times k^{n-1} - 2|F_v^{p:q}|$$

情形 3　e 是一条介于 $Q[r]$ 和 $Q[r+1]$ 之间的边, $p \leqslant r \leqslant q-1$.

设 $e=(u^r,u^{r+1})$. 因为 u^r 在 $Q[r]$ 中共有 $2n-2$ 个邻点且 $|F|\leqslant 2n-3$, 所以存在一个邻点 v^r 使得

$$C'=\langle u^r,u^{r+1},v^{r+1},v^r,u^r\rangle$$

是一个无故障 4- 圈. 由情形 1 知, 边 (u^r,v^r) 在 $Q[p:r]$ 的长从 4 到 $l_1=(r-q+1)\times k^{n-1}-2|F_v^{p:r}|$ 的偶圈 C_1 上, 边 (u^{r+1},v^{r+1}) 在 $Q[r+1:q]$ 的长从 4 到 $l_2=(q-r)\times k^{n-1}-2|F_v^{r+1;q}|$ 的偶圈 C_2 上. 此时, $C_1\triangle C'$ 是一个包含 e 的 l- 圈, 其中

$$l=6,8,\cdots,l_1+2$$

$C_1\triangle C'\triangle C_2$ 是一个包含 e 的 l'- 圈, 其中

$$l'=l_1+4,l_1+6,\cdots,l_1+l_2=(q-p+1)\times k^{n-1}-2|F_v^{p:q}|$$

引理得证. □

利用上面给出的引理, 接下来将证明本节主要的结果.

定理 3.3.2 给定一个整数 $n\geqslant 2$ 和一个偶整数 $k\geqslant 4$, 令 Q_n^k 是一个具有 f_v 个故障点和 f_e 条故障边的 k-元 n-立方体. 若 $f_v+f_e\leqslant 2n-3$, 则 Q_n^k 是几乎边偶泛圈的.

证明 对 n 进行归纳. 当 $n=2$ 时由定理 3.3.1 可得. 设 $n\geqslant 3$ 且结论对所有 Q_m^k 成立, 其中 $m<n$.

若存在一个维使得沿这一维将 Q_n^k 剖分后, 每个 k-元 $(n-1)$-立方体包含至多 $2n-5$ 个故障元, 那么由归纳假设, 每一个 k-元 $(n-1)$-立方体都是几乎边偶泛圈的. 利用引理 3.3.5 知结论成立.

下面设不存在这样的维. 那么总可以选择一个维 d 使得我们将 Q_n^k 沿这一维剖分成 $Q[0]$, $Q[1],\cdots$, $Q[k-1]$ 后, 恰有一个 k-元 $(n-1)$-立方体, 不妨设为 $Q[0]$, 包含 $2n-4$ 个故障元. 接下来分三种情况进行讨论.

情形 1 e 是 $Q[0]$ 的一条边.

令 $e=(u^0,v^0)$. 因为 $|F^0|=2n-4$, 由引理 3.1.4, $Q[0]$ 中有一条长为 $k^{n-1}-2|F_v^0|-1$ 的连接 u^0 和 v^0 的路. 因此, $Q[0]$ 有一个长为 $l_1=k^{n-1}-2|F_v^0|$ 的包含 e 的圈 C_1. 由引理 3.3.4, C_1 上存在一条边 $(x^0,y^0)\neq e$ 使得 $C'=\langle x^0,y^0,y^1,x^1,x^0\rangle$ 是一个无故障 4-圈. 因此 $C_1\triangle C'$ 是一个长为 l_1+2 的包含 e 的偶圈.

注意到对每个 $i\neq 0$ 有

$$|F^i|\leqslant 1$$

这就意味着每个 $Q[i]$ $(i\neq 0)$ 是几乎边偶泛圈的. 由引理 3.3.5, 边 (x^1,y^1) 在 $Q[1:k-1]$ 的长从 4 到 $l_2=(k-1)\times k^{n-1}-2|F_v^{1:k-1}|$ 的偶圈 C_2 上. 因此, $C_1\triangle C'\triangle C_2$ 是一个包含 e 的 l-圈, 其中

$$l = l_1 + 4, l_1 + 6, \cdots, l_1 + l_2 = k^n - 2|F_v|$$

下面只需构造一个包含 e 的长从 4 到 $l_1 - 2$ 的偶圈. 因为 $Q[0]$ 以外仅有一个故障元, 故

$$C'' = \langle u^0, v^0, v^1, u^1, u \rangle$$

或者

$$C''' = \langle u^0, v^0, v^{k-1}, u^{k-1}, u \rangle$$

是一个无故障 4- 圈. 不失一般性, 设 C'' 是无故障的. 注意到边 (u^1, v^1) 在 $Q[1]$ 的长从 4 到 $k^{n-1} - 2|F_v^1|$ 的偶圈 C_3 上, 因此 $C'' \triangle C_3$ 是一个包含 e 的偶 l'- 圈, 其中

$$l' = 6, 8, \cdots, k^{n-1} - 2|F_v^1| + 2$$

因为

$$\begin{aligned} & k^{n-1} - 2|F_v^1| + 2 \\ \geqslant & k^{n-1} \\ > & k^{n-1} - 2|F_v^0| - 2 \\ = & l_1 - 2 \end{aligned}$$

故结论成立.

情形 2　e 是 $Q[r]$ 的一条边, $r \neq 0$.

由引理 3.3.4, $Q[1:k-1]$ 上存在包含 e 的长从 4 到 $l^* = (k-1) \times k^{n-1} - 2|F_v^{1:k-1}|$ 的偶圈. 下面将找出长从 $l^* + 2$ 到 $k^n - 2|F_v|$ 的偶圈.

由对称性, 我们可设 $r \neq k-1$. 由引理 3.3.5, $Q[1:r]$ 有一个包含 e 的长为 $l_1 = r \times k^{n-1} - 2|F_v^{1:r}|$ 的圈 C_1. 由引理 3.3.5 证明中圈的构造方法可知, $C_1 \cap Q[1]$ 和 $C_1 \cap Q[r]$ 是长分别为

$$k^{n-1} - 2|F_v^1| - 1 \quad 和 \quad k^{n-1} - 2|F_v^r| - 1$$

的两条路, 记为 P_1 和 P_r. 如图 3.6 所示.

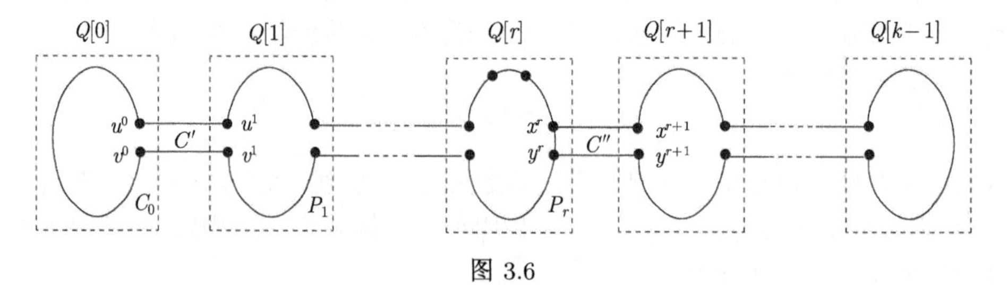

图 3.6

由引理 3.3.4, 存在一条边 $(u^1, v^1) \in E(P_1)$ 和一条边 $(x^r, y^r) \in E(P_r) \setminus \{e\}$ 使得

$$C' = \langle u^1, v^1, v^0, u^0, u^1 \rangle$$

和

$$C'' = \langle x^r, y^r, y^{r+1}, x^{r+1}, x^r \rangle$$

是两个无故障 4-圈.

由引理 3.1.2 知, 边 (u^0, v^0) 在 $Q[0]$ 的长为 $l_0 = k^{n-1} - 2|F_v^0|$ 的圈 C_0 上. 由引理 3.3.5, 边 (x^{r+1}, v^{r+1}) 在 $Q[r+1 : k-1]$ 的长从 4 到 $l_2 = (k-r-1)k^{n-1} - 2|F_v^{r+1:k-1}|$ 的偶圈 C_2 上. 此时 $C^* = C_0 \triangle C' \triangle C_1$ 是长为 $l_0 + l_1$ 的圈; $C^* \triangle C''$ 是长为 $l_0 + l_1 + 2$ 的圈; $C^* \triangle C'' \triangle C_2$ 是长为 l 的圈, 其中

$$l = l_0 + l_1 + 4, l_0 + l_1 + 6, \cdots, l_0 + l_1 + l_2 = k^n - 2|F_v|$$

显然, 只需证 $l_0 + l_1 \leqslant l^* + 2$ 即可. 因为

$$r \leqslant k - 2 \text{ 且 } |F_v^{1:k-1}| \leqslant 1$$

有

$$\begin{aligned} l_0 + l_1 &= (r+1) \times k^{n-1} - 2|F_v^{0:r}| \\ &\leqslant (r+1) \times k^{n-1} \\ &\leqslant (k-1) \times k^{n-1} - 2|F_v^{1:k-1}| + 2 \\ &= l^* + 2 \end{aligned}$$

故结论成立.

情形 3 e 是一条在 $Q[r]$ 和 $Q[r+1]$ 之间的边, $0 \leqslant r \leqslant k-1$.

由对称性, 我们仅考虑

$$0 \leqslant r \leqslant \frac{k}{2} - 1$$

令 $e = (x^r, x^{r+1})$. 因为在 $Q[r]$ 中 x^r 共有 $2n-2$ 个邻点而 $|F| \leqslant 2n-3$, 故存在一个邻点 y^r 使得

$$C' = \langle x^r, y^r, y^{r+1}, x^{r+1}, x^r \rangle$$

是一个无故障 4-圈.

首先假设 $r = 0$. 由引理 3.3.5 和引理 3.1.2 知, 边 (x^0, y^0) 在 $Q[0]$ 的长为 $l_0 = k^{n-1} - 2|F_v^0|$ 的圈 C_0 上, 边 (x^1, y^1) 在 $Q[1 : k-1]$ 的长从 4 到 $l_1 = (k-1) \times k^{n-1} - 2|F_v^{1:k-1}|$ 的偶圈 C_1 上. 因此, $C' \triangle C_1$ 是一个包含 e 的 l- 圈, 其中

$$l = 6, 8, \cdots, l_1 + 2$$

$C_0 \triangle C' \triangle C_1$ 是一个包含 e 的 l'-圈, 其中

$$l' = l_0 + 4, l_0 + 6, \cdots, l_0 + l_1 = k^n - 2|F_v|$$

下面只需要证 $l_0 + 4 \leqslant l_1 + 2$. 由 $k \geqslant 4$ 知

$$\begin{aligned}&l_1 + 2 - l_0 - 4\\ =&(k-1) \times k^{n-1} - 2|F_v^{1:k-1}| + 2 - k^{n-1} + 2|F_v^0| - 4\\ \geqslant&(r+1) \times k^{n-1}\\ \geqslant&(k-2) \times k^{n-1} - 4 > 0\end{aligned}$$

故结论成立.

其次假设 $r \geqslant 1$. 由引理 3.3.5 知, $Q[1:k-1]$ 有长从 4 到 $l^* = (k-1) \times k^{n-1} - 2|F_v^{1:k-1}|$ 的包含 e 的偶圈. 下面将找出包含 e 的长从 $l^* + 2$ 到 $k^n - 2|F_v|$ 的偶圈.

显然, $Q[1:r]$ 有一个包含 e 的长为 $l_1 = r \times k^{n-1} - 2|F_v^{1:r}|$ 的圈 C_1. 同样见图 3.6. 由引理 3.3.5 证明中圈的构造方法知, $C_1 \cap Q[1]$ 是长为 $k^{n-1} - 2|F_v^1| - 1$ 的路, 记为 P_1. 由引理 3.3.4 知, 存在一条边 $(u^1, v^1) \in E(P_1)$ (特别地, 当 $r = 1$ 时, $(u^1, v^1) \neq (x^1, y^1)$.) 使得 $C' = \langle u^1, v^1, v^0, u^0, u^1 \rangle$ 是无故障的.

利用情形 2 中最后一段相同的证明, 可找到包含 e 的长从 $l^* + 2$ 到 $k^n - 2|F_v|$ 的偶圈. 定理得证. □

由定理 3.3.2 可得下面的推论.

推论 3.3.3　设 $n \geqslant 2$ 是一个整数, $k \geqslant 4$ 是一个偶整数. 则至多具有 $2n-3$ 条故障边的 k-元 n-立方体是边偶泛圈的.

3.4　一 些 说 明

本节对本章主要结果的最优性进行说明.

(1) 故障元的上界 $2n-3$ 是不可改进的.

原因如下: 令 (u,v) 是 Q_n^k $(n \geqslant 2$ 且 $k \geqslant 3)$ 的一条边, 令 $\{0, 1, \cdots, n-1\}$ 是维的集合. 假设 (u,v) 是一条 0- 维边. 那么对每一个维 $d \neq 0$, 存在两条同 u 关联的 d- 维边 (u, u_d^1) 和 (u, u_d^2); 两条同 v 关联的 d- 维边 (v, v_d^1) 和 (v, v_d^2). 注意到

$$\langle u, u_d^1, v_d^1, v, u \rangle \quad 和 \quad \langle u, u_d^2, v_d^2, v, u \rangle$$

是两个包含 e 的 4-圈. 因此, 共有 $2(n-1)$ 个包含 e 的 4-圈. 若 Q_n^k 中存在 $2n-2$ 个故障元且每个故障元恰好破坏一个包含 e 的 4-圈, 那么此时故障 Q_n^k 中没有任何无故障 4- 圈经过边 (u,v).

(2) k 是偶数时, 圈的长度上界 $k^n - 2f_v$ 是不可改进的.

注意到当 k 是偶数时, Q_n^k 是一个二部图. 当所有的故障点都在同一部时, 故障 Q_n^k 中不存在长超过 $k^n - 2f_v$ 的圈.

本章对故障 k-元 n-立方体中的不同长度的圈嵌入问题进行了研究. 给出满足边偶泛圈性的 k-元 n-立方体允许的故障元数目的上界是 $2n-3$. 事实上, 由于 $2n-3$ 与 Q_n^k 的顶点数目 k^n 仍然相差甚远, 探索具有更多故障元数目情况下的路和圈嵌入问题是有意义的. 此外, 还可以对圈长大于 k^n-2f_v 的情形作进一步的研究.

第 4 章　条件容错哈密尔顿交织性

在互连网络中, 通信链接 (边) 出现故障是不可避免的. 因此, 在出现故障的情况下对网络进行研究是有必要的. 从已有的研究成果中可见, 目前有两类有关边故障的假设. 一类是标准意义下的故障假设, 即对出现故障的边的位置不作任何限制. 这在文献 [69, 125−128] 中可见. 第二类是条件故障假设, 即出现故障的边的位置应保证使得每个顶点至少同两条健康边关联. 这在文献 [54, 129−134] 中可见.

有关条件故障假设下 k-元 n-立方网络中路和圈嵌入问题的研究最早是 Stewart 和 Xiang 在文献 [54] 中证明了具有至多 $4n-5$ 条故障边的条件故障 k-元 n-立方网络是哈密尔顿的. 本章研究一个比条件故障哈密尔顿性更强的性质条件故障哈密尔顿交织性. 哈密尔顿交织性是对二部图提出的, 在一个二部图 G 中, 若任一对分别在不同部的顶点之间存在一条哈密尔顿路, 则图 G 被称为是哈密尔顿交织的. 在本章中, 我们将对偶元 n-立方网络的哈密尔顿交织性进行研究.

4.1　准备工作

设 $u = u_{n-1}u_{n-2}\cdots u_0$ 是 k-元 n-立方中的一个点. 若 $u_{n-1}+u_{n-2}+\cdots+u_0$ 是奇数 (偶数), 则称点 u 是奇 (偶) 点. 对于任意的 $u, v \in V(Q_n^k)$, 记

$$\delta(u,v) = \begin{cases} 1, & 若\ u\ 和\ v\ 奇偶性不同, \\ 0, & 若\ u\ 和\ v\ 奇偶性相同 \end{cases}$$

设 F 是 k-元 n-立方网络 Q_n^k 的故障边集. 若故障边的位置满足使得每个顶点至少同两条健康边关联, 则称 F 是条件故障边集, 称这个 Q_n^k 为条件故障 k-元 n-立方.

接下来, 我们给出一些重要的引理.

引理 4.1.1[121]　设 $n \geqslant 2$ 是一个整数, u 是 $\mathrm{Grid}(2,n)$ 的一个角点, 即度为 2 的顶点. 则对于 $\mathrm{Grid}(2,n)$ 中任一个满足 $\delta(u,v)=1$ 的点 v, $\mathrm{Grid}(2,n)$ 有一条 (u,v) 哈密尔顿路.

引理 4.1.2[78]　对任意的整数 $2 \leqslant p \leqslant k$, 设 $u, v \in V(\mathrm{Row}(0:p-1))$ 满足 $\delta(u,v)=1$, 则 $\mathrm{Row}(0:p-1)$ 中有一条包含 $\mathrm{Row}(0)$ 或 $\mathrm{Row}(p-1)$ 的两条不相邻的边的 (u,v) 哈密尔顿路.

引理 4.1.3[78] 设 $u, v \in V(Q_n^k)$ 使得 $\delta(u,v)=1$, $F \in E(Q_n^k)$ 满足 $|F| \leqslant 2n-2$. 则 $Q_n^k - F$ 中有一条 (u,v) 哈密尔顿路.

在本章中, 设 F 是 Q_n^k ($n \geqslant 3$, 偶数 $k \geqslant 4$) 的条件故障边集. 假设存在某一维, 不妨设第 0 维, 使得 $|F_0| \leqslant 2$. 沿第 0 维将 Q_n^k 划分为 k 个不相交的子立方 $Q[0]$, $Q[1], \cdots, Q[k-1]$. 同前面的章节一样, 对每个 $0 \leqslant j \leqslant k-1$, 令 $F^j = F \cap E(Q[j])$ 且 $f^j = |F^j|$. 另一方面, 对每个维 $i \in \{0, 1, \cdots, n-1\}$, 记 F_i 是故障的 i 维边的集合. 则我们有 $F = \bigcup\limits_{i=0}^{n-1} F^i$.

引理 4.1.4 设 $u, v \in V(Q[p:q])$ 使得 $\delta(u,v)=1$, 其中, $0 \leqslant p, q \leqslant k-1$. 若对于每个 $i = p, p+1, \cdots, q$ 均有 $f^l \leqslant 2$ 成立, 则 $Q[p:q]-F$ 有一条 (u,v) 哈密尔顿路 P 使得 $|E(P \cap Q[q])| = k^{n-1}-1$.

证明 不失一般性, 假设 $p=0$, $u \in V(Q[i])$ 且 $v \in V(Q[j])$, 其中, $0 \leqslant i \leqslant j \leqslant q$.

首先, 我们对 $j-i$ 归纳证明 $Q[i:j]-F$ 有一条 (u,v) 哈密尔顿路. 如果 $j-i=0$, 由引理 4.1.3, $Q[i]-F$ 有一条哈密尔顿路 P_i 连接 u 和 v. 假设 $j-i>0$ 时, 对于任意一个满足 $\delta(u,v_1)=1$ 且 $(v_1, v_1^j) \notin F_0$ 的顶点 $v_1 \in V(Q[j-1])$, $Q[i:j-1]-F$ 有一条哈密尔顿路 P' 连接 u 和 v_1. 注意, $\delta(v_1^j, v)=1$. 由引理 4.1.3, $Q[j]-F$ 有一条哈密尔顿路 P_j 连接 v_1^j 和 v. 于是,

$$P^1 = P' \cup P_j + (v_1, v_1^j)$$

是 $Q[i:j]-F$ 的一条 (u,v) 哈密尔顿路且 $|E(P^1 \cap Q[j])| = |E(P_j)| = k^{n-1}-1$.

接下来, 对 $q-j$ 归纳证明 $Q[i:q]-F$ 有一条 (u,v) 哈密尔顿路 P^2 使得 $|E(P^2 \cap Q[q])| = k^{n-1}-1$. 若 $j=q$, 则 P^1 即为所求. 假设 $j<q$ 且 $Q[i:q-1]-F$ 有一条连接点 u 和点 v 的哈密尔顿路 P^3 使得 $|E(P^3 \cap Q[q-1])| = k^{n-1}-1$. 选取一条边 $(s,t) \in E(P^3 \cap Q[q-1])$ 使得 $(s,s^q),(t,t^q) \notin F_0$. 由引理 4.1.3, $Q[q]-F$ 有一条哈密尔顿路 P_q 连接 s^q 和 t^q. 于是,

$$P^2 = P^3 \cup P_q + \{(s,s^q),(t,t^q)\} - (s,t)$$

是 $Q[i:q]-F$ 的一条连接 u 和 v 哈密尔顿路且 $|E(P^2 \cap Q[q])| = |E(P_q)| = k^{n-1}-1$.

若 $p=i$, 则 P^2 即为所求. 假设 $p<i$. 类似上述证明, 可以构造一条满足要求的哈密尔顿路. □

为便于表述, 下面定义 $\mathrm{Row}(i:i+1)$ 中两条特殊的路. 令 $i \leqslant a \leqslant i+1$, $0 \leqslant b, m \leqslant k-1$ 且 $m \neq b$. 若 $a=i$, 则 $\bar{a}=i+1$; 若 $a=i+1$, 则 $\bar{a}=i$. 记

$$\begin{aligned} C_m^+(v_{a,b}, v_{\bar{a},b}) = \langle & v_{a,b}, v_{a,b+1}, v_{a,b+2}, \cdots, v_{a,m-1}, v_{a,m}, v_{\bar{a},m}, \\ & v_{\bar{a},m-1}, v_{\bar{a},m-2}, \cdots, v_{\bar{a},b+1}, v_{\bar{a},b} \rangle \end{aligned}$$

$$C_m^-(v_{a,b}, v_{\bar{a},b}) = \langle v_{a,b}, v_{a,b-1}, v_{a,b-2}, \cdots, v_{a,m+1}, v_{a,m}, v_{\bar{a},m}, v_{\bar{a},m+1}, v_{\bar{a},m+2}, \cdots, v_{\bar{a},b-1}, v_{\bar{a},b}\rangle$$

另外, 若 $m = b$, 定义

$$C_b^+(v_{a,b}, v_{\bar{a},b}) = C_b^-(v_{a,b}, v_{\bar{a},b}) = (v_{a,b}, v_{\bar{a},b})$$

引理 4.1.5　设 $k \geqslant 4$ 是一个偶数, u^* 和 v^* 是 Q_2^k 中两个不相邻的顶点, u 和 v 是 $Q_2^k - \{u^*, v^*\}$ 中满足 $\delta(u, v) = 1$ 的两个顶点. 则 $Q_2^k - \{u^*, v^*\}$ 有一条 (u, v) 哈密尔顿路.

证明　不失一般性, 假设 $u^* = v_{0,0}$, $v^* = v_{1,0}$. 根据点 u, v 的位置分布分三种情形讨论.

情形 1　$u, v \in V(\mathrm{Row}(2 : k-1))$.

由引理 4.1.2, $\mathrm{Row}(2 : k-1)$ 有一条包含 $\mathrm{Row}(2)$ 或 $\mathrm{Row}(k-1)$ 中至少两条不相邻的边的 (u, v) 哈密尔顿路 P. 不失一般性, 假设 P 包含 $\mathrm{Row}(2)$ 中至少两条不相邻的边. 选取一条边 $(v_{2,i}, v_{2,i+1}) \in E(P) \cap E(\mathrm{Row}(2))$ 使得 $(v_{2,i}, v_{2,i+1}) \notin \{(v_{2,0}, v_{2,1}), (v_{2,0}, v_{2,k-1})\}$. 于是,

$$\begin{aligned} &P \cup C_1^-(v_{1,i}, v_{0,i}) \cup C_{k-1}^+(v_{1,i+1}, v_{0,i+1}) \\ &+\{(v_{0,i}, v_{0,i+1}), (v_{1,i}, v_{2,i}), (v_{1,i+1}, v_{2,i+1})\} - (v_{2,i}, v_{2,i+1}) \end{aligned}$$

是 $Q_2^k - \{u^*, v^*\}$ 的一条 (u, v) 哈密尔顿路.

情形 2　$u \in V(\mathrm{Row}(0 : 1) \cap \mathrm{Col}(1 : k-1))$ 且 $v \in V(\mathrm{Row}(2 : k-1))$.

因为 $\delta(v_{0,1}, v_{1,1}) = 1$, 所以, 要么 $\delta(v_{0,1}, u) = 1$, 要么 $\delta(v_{1,1}, u) = 1$. 不失一般性, 假设 $\delta(v_{0,1}, u) = 1$. 令 $G = \mathrm{Row}(0 : 1) \cap \mathrm{Col}(1 : k-1)$, 则 $G \cong \mathrm{Grid}(2, k-1)$ 且 $v_{0,1}$ 是 G 的一个角点. 由引理 4.1.1, G 有一条哈密尔顿路 P_1 连接点 u 和 $v_{0,1}$. 因为 $\delta(v_{0,1}, u) = 1$, 所以 $\delta(v, v_{k-1,1}) = 1$. 由引理 4.1.2, $\mathrm{Row}(2 : k-1)$ 有一条哈密尔顿路 P_2 连接 $v_{k-1,1}$ 和 v. 于是, $P_1 \cup P_2 + (v_{0,1}, v_{k-1,1})$ 是 $Q_2^k - \{u^*, v^*\}$ 的一条 (u, v) 哈密尔顿路.

情形 3　u, $v \in V(\mathrm{Row}(0 : 1) \cap \mathrm{Col}(1 : k-1))$.

令 $u = v_{i,j}$, $v = v_{i_1,j_1}$, 其中, $0 \leqslant i$, $i_1 \leqslant 1$ 且 $1 \leqslant j$, $j_1 \leqslant k-1$.

假设 $j \neq j_1$. 不失一般性, 设 $j < j_1$. 则存在一个整数 j_2 使得 $j \leqslant j_2 < j_1$. 令

$$G_1 = \mathrm{Row}(0 : 1) \cap \mathrm{Col}(1 : j_2) \text{ 且 } G_2 = \mathrm{Row}(0 : 1) \cap \mathrm{Col}(j_2 + 1 : k-1)$$

则 $u \in V(G_1)$ 且 $v \in V(G_2)$. 因为 $\delta(v_{0,j_2}, v_{1,j_2}) = 1$, 可以选取一个顶点 $u_1 \in \{v_{0,j_2}, v_{1,j_2}\}$ 使得 $\delta(u, u_1) = 1$. 不失一般性, 假设 $u_1 = v_{1,j_2}$. 因为

$$\delta(v, u) = \delta(u, v_{1,j_2}) = \delta(v_{1,j_2}, v_{1,j_2+1}) = 1$$

不难得出, $\delta(v, v_{1,j_2+1}) = 1$. 因为 $G_1 \cong \text{Grid}(2, j_2)$ 且 v_{1,j_2} 是 G_1 的一个角点, 由引理 4.1.1, G_1 存在一条哈密尔顿路 P_1 连接 u 和 v_{1,j_2}. 类似地, G_2 存在一条哈密尔顿路 P_2 连接 v 和 v_{1,j_2+1}. 由引理 4.1.2, Row$(2:k-1)$ 存在一条哈密尔顿路 P_3 连接 v_{2,j_2} 和 v_{2,j_2+1}. 于是,

$$P_1 \cup P_2 \cup P_3 + \{(v_{1,j_2}, v_{2,j_2}), (v_{1,j_2+1}, v_{2,j_2+1})\}$$

是 $Q_2^k - \{u^*, v^*\}$ 的一条 (u, v) 哈密尔顿路.

假设 $j = j_1$. 若 $j = 1$, 则 $\{u, v\} = \{v_{0,1}, v_{1,1}\}$. 由引理 4.1.2, Row$(2:k-1)$ 存在一条哈密尔顿路 P_1 连接 $v_{2,1}$ 和 $v_{2,2}$. 于是,

$$C_{k-1}^{+}(v_{0,1}, v_{1,1}) \cup P_1 + \{(v_{1,1}, v_{2,1}), (v_{1,2}, v_{2,2})\} - (v_{1,1}, v_{1,2})$$

即为所求. 若 $j = k-1$, 类似于上述方法, 可以构造一条满足要求的哈密尔顿路.

假设 $2 \leqslant j \leqslant k-2$. 因为 $\delta(v_{k-1,j+1}, v_{2,j-1}) = 1$, 由引理 4.1.2, Row$(2:k-1)$ 存在一条哈密尔顿路 P 连接 $v_{k-1,j+1}$ 和 $v_{2,j-1}$. 于是,

$$\begin{aligned}&C_{k-1}^{+}(v_{0,j+1}, v_{1,j+1}) \cup C_1^{-}(v_{0,j-1}, v_{1,j-1}) \cup P\\&+\{(v_{0,j}, v_{0,j-1}), (v_{1,j}, v_{1,j+1}), (v_{0,j+1}, v_{k-1,j+1}), (v_{1,j-1}, v_{2,j-1})\}\end{aligned}$$

即为所求. 证毕. □

引理 4.1.6 设 $n \geqslant 2$ 是一个整数, $k \geqslant 4$ 是一个偶数, u^* 和 v^* 是 Q_n^k 中两个不相邻的顶点, u 和 v 是 $Q_n^k - \{u^*, v^*\}$ 中满足 $\delta(u, v) = 1$ 的两个顶点, 则 $Q_n^k - \{u^*, v^*\}$ 有一条 (u, v) 哈密尔顿路.

证明 对 n 归纳. 由引理 4.1.5, 该引理对 Q_2^k 成立. 假设当 $n \geqslant 3$ 时, 该引理对 Q_{n-1}^k 成立. 接下来, 我们证明该引理对 Q_n^k 也成立. 显然, 存在 Q_n^k 的一个划分 $Q[0], Q[1], \cdots, Q[k-1]$ 使得 (u^*, v^*) 在某个 $E(Q[i])$ 中, 其中, $0 \leqslant i \leqslant k-1$. 不失一般性, 设 $i = 0$.

情形 1 $u, v \in V(Q[0])$.

由归纳假设, $Q[0] - \{u^*, v^*\}$ 存在一条哈密尔顿路 P_0 连接 u 和 v. 选择一条边 $(s, t) \in E(P_0)$. 由引理 4.1.4, $Q[1:k-1]$ 有一条哈密尔顿路 P' 连接 s^1 和 t^1. 于是,

$$P_0 \cup P' + \{(s, s^1), (t, t^1)\} - (s, t)$$

是 $Q_n^k - \{u^*, v^*\}$ 的一条 (u, v) 哈密尔顿路.

情形 2 $u, v \in V(Q[1:k-1])$.

由引理 4.1.4, $Q[1:k-1]$ 有一条连接 u 和 v 哈密尔顿路 P' 使得 $|E(P' \cap Q[1])| = k^{n-1} - 1$. 选取 $P' \cap Q[1]$ 中一条边 (s_1, t_1) 使得 s_1^0, $t_1^0 \notin \{u^*, v^*\}$. 由归纳假设, $Q[0] - \{u^*, v^*\}$ 有一条哈密尔顿路 P_0 连接 s_1^0 和 t_1^0. 于是,

$$P_0 \cup P' + \{(s_1, s_1^0), (t_1, t_1^0)\} - (s_1, t_1)$$

即为所求.

情形 3 $u \in V(Q[0])$ 且 $v \in V(Q[1:k-1])$.

选取 $Q[0] - \{u^*, v^*\}$ 的一个顶点 c, 使得 $\delta(u, c) = 1$. 由归纳假设知, $Q[0] - \{u^*, v^*\}$ 有一条哈密尔顿路 P_0 连接 u 和 c. 由引理 4.1.4, $Q[1:k-1]$ 有一条哈密尔顿路 P 连接 c^1 和 v. 于是, $P_0 \cup P + (c, c^1)$ 即为所求. 证毕. □

在文献 [121] 中, Kim 和 Park 得到如下结果.

引理 4.1.7[121] 设 $k \geqslant 4$ 是一个偶数, u^* 是 Q_2^k 的一个顶点, u 和 v 是 $Q_2^k - u^*$ 中满足 $\delta(u, v) = 0$ 且 $\delta(u, u^*) = 1$ 的两个顶点, 则 $Q_2^k - u^*$ 有一条 (u, v) 哈密尔顿路.

下面的引理给出在 Q_n^k $(n \geqslant 2)$ 中的类似结果.

引理 4.1.8 设 $k \geqslant 4$ 是一个偶数, u^* 是 Q_n^k 的一个顶点, u 和 v 是 $Q_n^k - u^*$ 中使得 $\delta(u, v) = 0$ 且 $\delta(u, u^*) = 1$ 的两个顶点, 则 $Q_n^k - u^*$ 有一条 (u, v) 哈密尔顿路.

证明 对 n 归纳. 由引理 4.1.7 知, 当 $n = 2$ 时, 引理成立. 假设当 $n \geqslant 3$ 时, 该引理对 Q_{n-1}^k 成立. 接下来, 我们证明该引理对 Q_n^k $(n \geqslant 3)$ 也成立. 显然, 存在 Q_n^k 的一个划分 $Q[0], Q[1], \cdots, Q[k-1]$ 使得 $u^* \in V(Q[0])$. 假设 $u \in V(Q[i])$, $v \in V(Q[j])$, 其中, $0 \leqslant i \leqslant j \leqslant k-1$.

情形 1 $i < j$.

假设 $i > 0$. 先选取一个顶点 $s \in V(Q[1])$, 使得 $\delta(s, u) = 1$. 再选取一个顶点 $t \in V(Q[k-1])$, 使得 $\delta(t, v) = 1$ 且 $s^0 \neq t^0$. 由引理 4.1.4, $Q[1:i]$ 有一条哈密尔顿路 P^1 连接 u 和 s, $Q[i+1:k-1]$ 有一条哈密尔顿路 P^2 连接 v 和 t. 因为 $\delta(u, v) = 0$, 所以 $\delta(s, t) = 0$. 于是, $\delta(s^0, t^0) = 0$. 注意, $\delta(u^*, s^0) = \delta(u^*, u) = 1$. 由归纳假设, $Q[0] - u^*$ 有一条哈密尔顿路 P_0 连接 s^0 和 t^0. 于是,

$$P^1 \cup P^2 \cup P_0 + \{(s, s^0), (t, t^0)\}$$

是 $Q_n^k - u^*$ 的一条 (u, v) 哈密尔顿路.

假设 $i = 0$. 选取 $Q[0] - \{u^*, u\}$ 的一个顶点 x 使得 $\delta(u, x) = 0$. 由归纳假设, $Q[0] - u^*$ 有一条哈密尔顿路 P_0 连接 u 和 x. 由于 $\delta(x, v) = \delta(u, v) = 0$, 不难看出, $\delta(x^1, v) = 1$. 由引理 4.1.4, $Q[1:k-1]$ 有一条哈密尔顿路 P 连接 x^1 和 v. 于是, $P_0 \cup P + (x, x^1)$ 即为所求.

情形 2 $i = j$.

不失一般性, 假设 $0 \leqslant i \leqslant k/2$.

假设 $i = 0$, 则 $\{u^*, u, v\} \subset V(Q[0])$. 由归纳假设, $Q[0] - u^*$ 有一条哈密尔顿路 P_0 连接 u 和 v. 选取一条边 $(s, t) \in E(P_0)$. 由引理 4.1.4, $Q[1:k-1]$ 有一条哈密

尔顿路 P 连接 s^1 和 t^1. 于是, 路

$$P_0 \cup P + \{(s, s^1), (t, t^1)\} - (s, t)$$

即为所求.

假设 $i \geqslant 1$. 选取两条边 $(u, u_1), (v, v_1) \in E(Q[i])$ 使得 $u_1 \neq v_1$. 由引理 4.1.6, $Q[i] - \{u, u_1\}$ 有一条哈密尔顿路 P_i 连接 v 和 v_1. 选取一个顶点 $s \in V(Q[0])$ 使得 $s \notin \{u^*, v_1^0\}$ 且 $\delta(s, u^*) = 1$. 因为 $\delta(s, u^*) = \delta(u^*, u) = \delta(u, u_1) = 1$, 所以 $\delta(s, u_1) = 1$. 于是, $\delta(u_1^{i+1}, s^{k-1}) = 1$. 由引理 4.1.4, $Q[i+1 : k-1]$ 有一条哈密尔顿路 P^1 连接 u_1^{i+1} 和 s^{k-1}.

若 $i = 1$, 则 $\delta(s, v_1^0) = \delta(u^*, v_1) = \delta(u, v) = 0$. 由归纳假设, $Q[0] - u^*$ 有一条哈密尔顿路 P_0 连接 s 和 v_1^0. 于是,

$$P_0 \cup P_i \cup P^1 + \{(s, s^{k-1}), (u, u_1), (u_1, u_1^{i+1}), (v_1, v_1^0)\}$$

即为所求.

假设 $i \geqslant 2$. 选取一个顶点 $t \in V(Q[0])$ 使得 $t \notin \{u^*, s\}$ 且 $\delta(t, u^*) = 1$. 因为 $\delta(t, u^*) = \delta(u^*, v) = \delta(v, v_1) = 1$, 所以 $\delta(t, v_1) = 1$. 于是, $\delta(t^1, v_1^{i-1}) = 1$. 由引理 4.1.4, $Q[1 : i-1]$ 有一条哈密尔顿路 P^2 连接 t^1 和 v_1^{i-1}. 于是,

$$\begin{aligned} & P_0 \cup P_i \cup P^1 \cup P^2 \\ & + \{(s, s^{k-1}), (u, u_1), (u_1, u_1^{i+1}), (t, t^1), (v_1^{i-1}, v_1)\} \end{aligned}$$

即为所求. 证毕. □

引理 4.1.9[54] 设整数 $k \geqslant 4$, $n \geqslant 2$. 则具有至多 $4n-5$ 条故障边的条件故障 Q_n^k 是哈密尔顿的.

4.2 条件容错 k-元 3-立方的哈密尔顿交织性

在这一节, 我们考虑一个特殊的条件故障 Q_3^k, 此时 $|F| \leqslant 6$, 且对每个 $i = 1, 2, 3$, $|F_i| \leqslant 2$. 设 u 和 v 是 Q_3^k 中满足 $\delta(u, v) = 1$ 的两个顶点. 可以将 Q_3^k 沿着某一维, 不妨设第 0 维, 划分为 k 个不相交的子立方 $Q[0], Q[1], \cdots, Q[k-1]$, 使得 u 和 v 在不同的子立方中. 不失一般性, 设 $u \in V(Q[i])$, $v \in V(Q[j])$, 其中, $0 \leqslant i < j \leqslant k-1$. 显然, $u \in V(Q[0 : k-2])$ 且 $v \in V(Q[1 : k-1])$. 此时, $f^p = |F^p| = |F \cap Q[p]|$, 其中 $p \in \{0,\ 1,\ \cdots,\ k-1\}$.

引理 4.2.1 若 $f^0 = 3$ 或 $f^0 = 4$, 则存在一条故障边 $(x, y) \in E(Q[0])$ 使得 (x, y) 与 F_0 至多一条边相邻.

证明 显然, 当 $|F_0| \leqslant 1$ 时, 引理成立. 接下来, 只需证当 $|F_0| = 2$ 时引理也成立. 设 $F_0 = \{(a, b), (c, d)\}$, 反证法.

假设 $Q[0]$ 中的每一条故障边均与 (a,b) 和 (c,d) 相邻. 于是, (a,b) 与 F^0 中的每一条边均相邻. 显然, 要么 $a \in V(Q[0])$ 要么 $b \in V(Q[0])$. 不失一般性, 假设 $a \in V(Q[0])$. 类似地, (c,d) 也与 F^0 中的每一条边均相邻. 由此可得, $c = a$ 或 $d = a$. 所以, 在 Q_3^k 中有 $|F_0|+|F^0| \geqslant 5$ 条故障边与 a 关联. 即至多有 $d_{Q_3^k}(a)-5 = 1$ 条健康边与 a 关联, 矛盾. 引理 4.2.1 证毕. □

引理 4.2.2 设 $k \geqslant 4$ 是一个偶数. 若存在 $i_1 \in \{0, 1, \cdots, k-1\}$ 使得 $f^{i_1} = 3$, 则 $Q_3^k - F$ 有一条 (u,v) 哈密尔顿路.

证明 不失一般性, 假设 $i_1 = 0$. 则对每个 $j_1 = 1, 2, \cdots, k-1$, 均有 $f^{j_1} \leqslant |F| - |F_0| - f^0 = |F_1| + |F_2| - 3 \leqslant 1$. 由引理 4.2.1, 存在一条故障边 $(x,y) \in E(Q[0])$ 使得 (x,y) 与 F_0 中至多一条边相邻. 故,

$$\text{要么 } \{(x,x^1),(y,y^1)\} \cap F = \varnothing, \text{ 要么 } \{(x,x^{k-1}),(y,y^{k-1})\} \cap F = \varnothing$$

不失一般性, 设前者成立. 令 $F_*^0 = F^0 \backslash \{(x,y)\}$, 则 $|F_*^0| = 2$. 由引理 4.1.3, $Q[0] - F_*^0$ 有一条哈密尔顿路 P_0 连接 x 和 y.

情形 1 $u \in V(Q[0])$.

在此情形下, $v \in V(Q[1:k-1])$. 若 $u \in \{x,y\}$, 则不失一般性, 可以假设 $u = x$. 因此, P_0 是 $Q[0] - F^0$ 的一条连接 u 和 y 的哈密尔顿路. 由引理 4.1.4, $Q[1:k-1] - F$ 有一条哈密尔顿路 P 连接 y^1 和 v. 于是, $P_0 \cup P + (y,y^1)$ 即为所求. 接下来, 考虑 $u \notin \{x,y\}$ 的情况.

选取一个顶点 $u_1 \in V(Q[0] - \{x,y\})$ 使得 $\delta(u,u_1) = 1$ 且 $(u_1,u_1^{k-1}), (u_1,u_1^1) \notin F_0$. 事实上, 在 $Q[0]$ 中有 $(k^2-2)/2$ 个候选顶点且 $|F_0| \leqslant 2$. 进一步, 一条故障边至多破坏一个候选顶点且 $(k^2-2)/2 > 2$. 由引理 4.1.3, $Q[0] - F_*^0$ 有一条哈密尔顿路 P_0^1 连接 u 和 u_1.

假设 $(x,y) \notin E(P_0^1)$. 因为 $\delta(u,u_1) = 1$, 所以 $\delta(v,u_1^1) = 1$. 由引理 4.1.4, $Q[1:k-1] - F$ 有一条哈密尔顿路 P 连接 u_1^1 和 v. 于是, $P_0^1 \cup P + (u_1,u_1^1)$ 即为所求. 接下来, 只需考虑 $(x,y) \in E(P_0^1)$ 的情况.

假设 $j \geqslant 2$. 由引理 4.1.4, $Q[1:k-1] - F$ 有一条哈密尔顿路 P_1 连接 x^1 和 y^1, $Q[2:k-1] - F$ 有一条哈密尔顿路 P 连接 u_1^{k-1} 和 v. 于是,

$$P_0^1 \cup P_1 \cup P + \{(x,x^1),(y,y^1),(u_1,u_1^{k-1})\} - (x,y)$$

即为所求.

假设 $j = 1$. 不失一般性, 记 P_0^1 为 $\langle u, P_{01}^1, x, y, P_{02}^1, u_1 \rangle$. 若 $(x,x^{k-1}),(y,y^{k-1}) \notin F_0$, 类似前述方法, 我们可以构造一条满足要求的哈密尔顿路. 若 $|\{(x,x^{k-1}),(y,y^{k-1})\} \cap F_0| = 1$, 则 $|F_0 \cap E(Q[1:k-1])| \leqslant 1$. 令 $F_*^1 = F^1 \cup \{(v,w) : w \in V(Q[1]), (w,w^2) \in F_0\}$. 注意, $f^1 \leqslant 1$. 所以, $|F_*^1| \leqslant 2$. 由引理 4.1.3, $Q[1] - F_*^1$ 有一条哈密尔顿路 P_1^1 连接 x^1 和 y^1. 显然, P_1^1 是 $Q[1] - F^1$ 的一条哈密尔顿路.

假设 $v \neq x^1$. 不失一般性, 若 $v \neq y^1$, 则记 P_1^1 为 $\langle x^1, P_{11}, a, v, P_{12}, y^1\rangle$; 否则, 记 P_1^1 为 $\langle x^1, P_{11}, a, y^1\rangle$. 由引理 4.1.4, $Q[2:k-1]-F$ 有一条哈密尔顿路 P 连接 a^2 和 u_1^{k-1}. 若 $v \neq y^1$, 则

$$P_{01}^1 \cup P_{02}^1 \cup P_{11} \cup P_{12} \cup P$$
$$+\{(x,x^1),(y,y^1),(u_1,u_1^{k-1}),(a,a^2)\}$$

即为所求; 否则,

$$P_{01}^1 \cup P_{02}^1 \cup P_{11} \cup P$$
$$+\{(x,x^1),(y,y^1),(u_1,u_1^{k-1}),(a,a^2)\}$$

即为所求.

若 $v = x^1$, 则 $\delta(u,x)=0$. 因为 $u \notin \{x,y\}$, 不失一般性, 记 P_0 为 $\langle x, P_{01}, a_1, u, P_{02}, y\rangle$. 因为 $\delta(u,x)=0$, 所以 $a_1 \neq x$. 忆及 $v = x^1$, 我们有 $d_{P_1^1}(v)=1$. 选取一条边 $(v,c) \in E(P_1^1)$.

假设 $(a_1, a_1^{k-1}) \notin F_0$. 由引理 4.1.4, $Q[2:k-1]-F$ 有一条哈密尔顿路 P 连接 c^2 和 a_1^{k-1}. 于是,

$$P_{01} \cup P_{02} \cup P_1^1 \cup P$$
$$+\{(x,x^1),(y,y^1),(c,c^2),(a_1,a_1^{k-1})\}-(v,c)$$

即为所求 (见图 4.1).

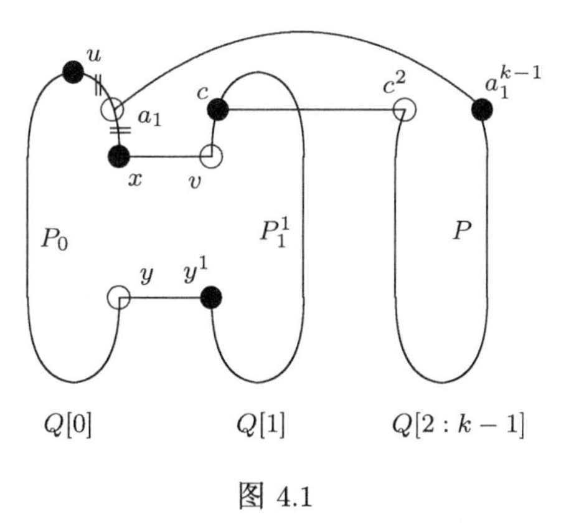

图 4.1

若 $(a_1, a_1^{k-1}) \in F_0$, 则 $F_0 \subset \{(a_1,a_1^{k-1}),(x,x^{k-1}),(y,y^{k-1})\}$. 显然, $F_0 \cap E(Q[1:k-1]) = \varnothing$. 注意 P_0^1 是 $Q[0]-F_*^0$ 的一条连接 u 和 u_1 的哈密尔顿路且 $(x,y) \in E(P_0^1)$.

假设 P_0^1 可以写成 $\langle u, P_{01}^1, x, y, P_{02}^1, u_1\rangle$ 的形式. 选取两条边 $(y_1,x_1),(x_1,x) \in E(P')$. 则 $\delta(y_1,x)=0$, 进而有 $\delta(y_1,u)=0$. 忆及 $\delta(a_1,u)=1$, 我们有 $y_1 \neq a_1$. 注意

到 $y_1 \notin \{x, y\}$ 且 $F_0 \subset \{(a_1, a_1^{k-1}), (x, x^{k-1}), (y, y^{k-1})\}$, 我们有 $(y_1, y_1^{k-1}), (x_1, x_1^1) \notin F_0$. 令 $F_*^1 = (F^1 \cup E_{Q[1]}(v)) \setminus \{(v, y^1), (v, x_1^1)\}$, 则 $|F_*^1| \leqslant f^1 + 2 \leqslant 3$. 由引理 4.1.9, $Q[1] - F_*^1$ 有一个哈密尔顿圈 C. 显然, $(v, y^1), (v, x_1^1) \in E(C)$. 因为 $\delta(y_1, u) = 0$, 所以 $\delta(y_1, u_1) = 1$. 由引理 4.1.4, $Q[2 : k-1] - F$ 有一条哈密尔顿路 P 连接 u_1^{k-1} 和 y_1^{k-1}. 于是,

$$
\begin{aligned}
&P_0^1 \cup C \cup P \\
&+\{(y_1, y_1^{k-1}), (x_1, x_1^1), (x, x^1), (y, y^1), (u_1, u_1^{k-1})\} \\
&-\{(x_1, y_1), (v, x_1^1), (v, y^1), (x, y)\}
\end{aligned}
$$

即为所求 (见图 4.2(a)).

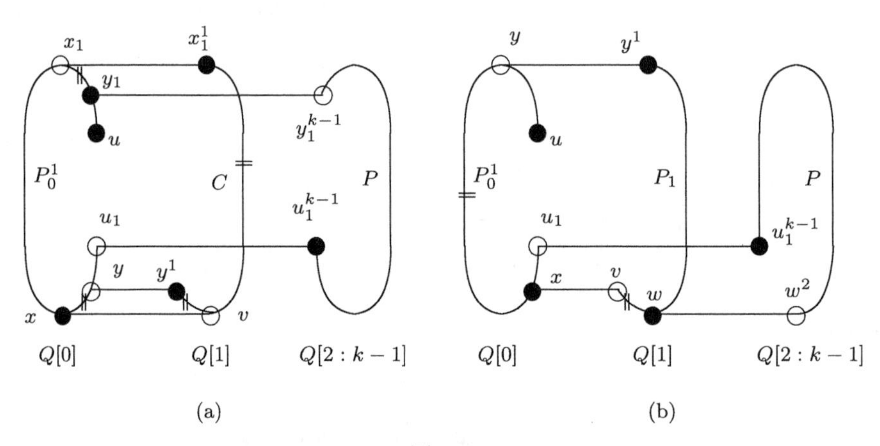

图 4.2

假设 P_0^1 可以写成 $\langle u, P_{01}^1, y, x, P_{02}^1, u_1 \rangle$ 的形式. 注意 $Q[1] - F^1$ 有一条连接 v 和 y^1 的哈密尔顿路 P_1. 显然, $d_{P_1}(v) = 1$. 选取一条边 $(v, w) \in E(P_1)$. 由 $F_0 \cap E(Q[1 : k-1]) = \varnothing$ 得 $(w, w^2) \notin F_0$. 因为 $\delta(w, v) = 1$, 所以 $\delta(w, u_1) = 1$, 进而有 $\delta(w^2, u_1^{k-1}) = 1$. 由引理 4.1.4, $Q[2 : k-1] - F$ 有一条哈密尔顿路 P 连接 w^2 和 u_1^{k-1}. 于是,

$$
\begin{aligned}
&P_{01}^1 \cup P_{02}^1 \cup P_1 \cup P \\
&+\{(x, x^1), (y, y^1), (w, w^2), (u_1, u_1^{k-1})\} - (v, w)
\end{aligned}
$$

即为所求 (见图 4.2(b)).

情形 2 $u \in V(Q[1 : k-2])$.

假设边 (x, y) 不与 F_0 中的边相邻. 不失一般性, 设 $\delta(u, x) = 0$. 则 $\delta(u, x^1) = 1$ 且 $\delta(v, y^{k-1}) = 1$. 由引理 4.1.4, $Q[1 : i] - F$ 有一条哈密尔顿路 P^1 连接 v 和 y^{k-1}.

于是, $P_0 \cup P^1 \cup P^2 + \{(x, x^1), (y, y^{k-1})\}$ 即为所求.

假设 (x, y) 恰与 F_0 的一条边相邻, 令

$$F_*^i = F^i \cup \{(u, w) : w \in V(Q[i]), (w, w^{i+1}) \in F_0\}$$

忆及 $|F_0| \leqslant 2$, 我们有 $|F_0 \cap E(Q[i:i+1])| \leqslant 1$. 因为 $f^i \leqslant 1$, 所以 $|F_*^i| \leqslant 2$. 由引理 4.1.4, $Q[i+1:k-1] - F$ 有一条哈密尔顿路 P^1 连接 x^1 和 y^1. 选择一条边 $(u, w_1) \in E(P^1 \cap Q[i])$. 由引理 4.1.4, $Q[i+1:k-1] - F$ 有一条哈密尔顿路 P^2 连接 w_1^{i+1} 和 v. 于是,

$$\begin{aligned}&P_0 \cup P^1 \cup P^2\\&+\{(x, x^1), (y, y^1), (w_1, w_1^{i+1})\} - (u, w_1)\end{aligned}$$

即为所求. 证毕. □

引理 4.2.3 设 $k \geqslant 4$ 是一个偶数. 若存在 $i_1 \in \{0, 1, \cdots, k-1\}$ 使得 $f^{i_1} = 4$, 则 $Q_3^k - F$ 有一条 (u, v) 哈密尔顿路.

证明 不失一般性, 设 $i_1 = 0$. 则对每个 $j_1 = 1, 2, \cdots, k-1$, $f^{j_1} \leqslant |F| - |F_0| - f^0 = |F_1| + |F_2| - 4 \leqslant 0$. 因此, $f^{j_1} = 0$.

情形 1 $Q[0]$ 的每个顶点与 F^0 中至多 3 条边关联.

若 $Q[0]$ 的每个顶点至多与 F^0 中的两条边关联, 则由引理 4.2.1, 存在 $Q[0]$ 的一条故障边 (x_0, y_0) 与 F_0 中的至多一条边相邻. 显然, $F^0 \setminus \{(x_0, y_0)\}$ 是 $Q[0]$ 的一个条件故障边集.

假设存在一个顶点 $x_1 \in V(Q[0])$ 与 $Q[0]$ 中的 3 条故障边关联. 在此情形下, $Q[0] - x_1$ 的每一个顶点至少与 $Q[0]$ 中的两条健康边关联. 因为 $|F_0| \leqslant 2$, 可以选择 $Q[0]$ 的一条故障边 (x_1, y_1) 使得 $(y_1, y_1^1), (y_1, y_1^{k-1}) \notin F_0$. 因为 x_1 与 $Q[0]$ 中 $d_{Q[0]}(x_1) - 3 = 1$ 条健康边关联, 与 Q_3^k 中至少 2 条健康边关联, 不难得出, 要么 $(x_1, x_1^1) \notin F_0$, 要么 $(x_1, x_1^{k-1}) \notin F_0$. 因此, (x_1, y_1) 与 F_0 中至多一条边相邻. 显然, $F^0 \setminus \{(x_1, y_1)\}$ 是 $Q[0]$ 的一个条件故障边集.

于是, 可以选择 $Q[0]$ 的一条故障边 (x, y) 使得 (x, y) 与 F_0 中至多一条边相邻且 $F^0 \setminus \{(x, y)\}$ 是 $Q[0]$ 的一个条件故障边集. 令 $F_*^0 = F^0 \setminus \{(x, y)\}$. 由引理 4.1.9, $Q[0] - F_*^0$ 有一个哈密尔顿圈 C.

情形 1.1 $u \in V(Q[0])$.

假设 $u \in \{x, y\}$. 不失一般性, 设 $u = x$. 注意, 要么 $(y, y^1) \notin F_0$, 要么 $(y, y^{k-1}) \notin F_0$. 不失一般性, 假设前者成立. 由引理 4.1.4, $Q[1:k-1] - F$ 有一条哈密尔顿路 P 连接 y^1 和 v. 于是, $C \cup P + (y, y^1) - (x, y)$ 即为所求. 下面只需考虑 $u \notin \{x, y\}$.

因为 $|F_0| \leqslant 2$ 且 $d_C(u) = 2$, 不难看出, 存在一条边 $(u, a) \in E(C)$ 使得 a 与 F_0 中的至多一条边相邻. 不失一般性, 设 $(a, a^{k-1}) \notin F_0$. 由引理 4.1.4, $Q[1:k-1] - F$

有一条哈密尔顿路 P 连接 a^{k-1} 和 v. 若 $(x,y)\notin E(C)$, 则 $C\cup P+(a,a^{k-1})-(u,a)$ 即为所求. 下面我们考虑 $(x,y)\in E(C)$ 的情况.

情形 1.1.1　(x,y) 与 F_0 中的所有边均不相邻.

假设 $j\geqslant 2$. 因为 $\delta(v,a^{k-1})=1$ 且 $\delta(x^1,y^1)=1$, 由引理 4.1.4, $Q[2:k-1]-F$ 有一条连接 a^{k-1} 和 v 的哈密尔顿路 P, $Q[1]-F$ 有一条连接 x^1 和 y^1 的哈密尔顿路 P_1. 于是,

$$C\cup P_1\cup P+\{(x,x^1),(y,y^1),(a,a^{k-1})\}-\{(u,a),(x,y)\}$$

即为所求.

假设 $j=1$. 选择一个顶点 $v_1\in V(Q[1]-\{x^1,y^1\})$ 使得 $\delta(v,v_1)=1$ 且 $(v_1,v_1^2)\notin F_0$. 若 $v\notin\{x^1,y^1\}$, 则 $Q[1]-\{x^1,y^1\}$ 有一条连接 v 和 v_1 的哈密尔顿圈 P_1. 注意, $\delta(v_1^2,a^{k-1})=1$. 由引理 4.1.4, $Q[2:k-1]-F$ 有一条哈密尔顿路 P 连接 a^{k-1} 和 v_1^2. 于是,

$$\begin{aligned}&C\cup P_1\cup P\\&+\{(x,x^1),(y,y^1),(x^1,y^1),(a,a^{k-1}),(v_1,v_1^2)\}-\{(u,a),(x,y)\}\end{aligned}$$

即为所求. 若 $v\in\{x^1,y^1\}$, 不失一般性, 设 $v=x^1$. 于是, $\delta(u,x)=0$, 进而有 $\delta(u,y)=1$.

假设 $C-(x,y)$ 可以写成 $\langle x,P_{01},a,u,P_{02},y\rangle$ 的形式. 选取 $Q[1]-v$ 的一个顶点 v_1 使得 $\delta(y^1,v_1)=0$ 且 $(v_1,v_1^2)\notin F_0$. 由引理 4.1.8, $Q[1]-v$ 有一条哈密尔顿路 P_1 连接 y^1 和 v_1. 因为 $\delta(a,y^1)=1$, 所以 $\delta(a,v_1)=1$. 进而 $\delta(a^{k-1},v_1^2)=1$. 由引理 4.1.4, $Q[2:k-1]-F$ 有一条哈密尔顿路 P 连接 a^{k-1} 和 v_1^2. 于是,

$$P_{01}\cup P_{02}\cup P_1\cup P+\{(x,v),(y,y^1),(a,a^{k-1}),(v_1,v_1^2)\}$$

即为所求 (如图 4.3(a) 所示).

假设 $C-(x,y)$ 可以写成 $\langle x,P_{01},u,a,P_{02},y\rangle$ 的形式. 由引理 4.1.4, $Q[2:k-1]-F$ 有一条哈密尔顿路 P 连接 x^{k-1} 和 a^{k-1}. 选取一条边 $(s,t)\in E(P\cap Q[2])$ 使得 $(s,s^1),(t,t^1)\notin F_0$ 且 $\{s^1,t^1\}\cap\{v,y^1\}=\varnothing$. 由引理 4.1.6, $Q[1]-\{v,y^1\}$ 有一条哈密尔顿路 P_1 连接 s^1 和 t^1. 于是,

$$\begin{aligned}&P_{01}\cup P_{02}\cup P_1\cup P\\&+\{(v,y^1),(y,y^1),(x,x^{k-1}),(a,a^{k-1}),(s,s^1),(t,t^1)\}-(s,t)\end{aligned}$$

即为所求 (如图 4.3(b) 所示).

情形 1.1.2　(x,y) 恰与 F_0 中的一条边相邻.

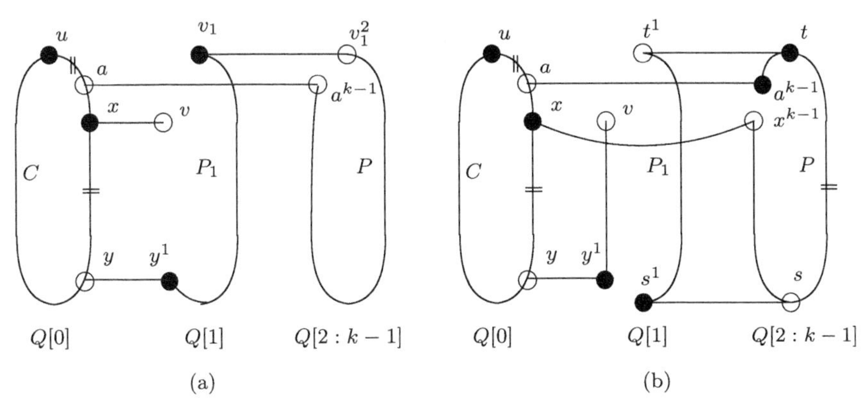

图 4.3

不失一般性, 设 $\delta(u,x)=0$. 于是, $C-(x,y)$ 可以写成 $\langle x,P_{01},b,u,P_{02},y\rangle$ 的形式. 显然, $\delta(b,x)=1$. 注意, 要么 $\{(x,x^1),(y,y^1)\}\cap F=\varnothing$, 要么 $\{(x,x^{k-1}),(y,y^{k-1})\}\cap F=\varnothing$. 不失一般性, 假设前者成立.

若 $(b,b^{k-1})\notin F_0$, 用类似于情形 1.1.1 前 4 段所述的方法, 可以构造一个满足要求的哈密尔顿路. 若 $(b,b^{k-1})\in F_0$, 则 $(b,b^1)\notin F_0$. 又因为边 (x,y) 恰与 F_0 中的一条边相邻且 $|F_0|\leqslant 2$, 所以 $F_0\cap E(Q[1:k-1])=\varnothing$. 注意, 对于 $j_1=1,\ 2,\ \cdots,\ k-1$, 均有 $f^{j_1}=0$. 故 $F\cap E(Q[1:k-1])=\varnothing$.

假设 $j\geqslant 2$. 选择 $Q[1]-\{x^1,y^1\}$ 的一个顶点 b_1 使得 $\delta(b^1,b_1)=1$. 由引理 4.1.6, $Q[1]-\{x^1,y^1\}$ 有一条哈密尔顿路 P_1 连接 b^1 和 b_1. 因为 $\delta(u,b_1)=1$, 所以 $\delta(v,b_1^2)=1$. 由引理 4.1.4, $Q[2:k-1]-F$ 有一条哈密尔顿路 P 连接 b_1^2 和 v. 于是,

$$
\begin{aligned}
&P_{01}\cup P_{02}\cup P_1\cup P\\
&+\{(x,x^1),(y,y^1),(x^1,y^1),(b,b^1),(b_1,b_1^2)\}
\end{aligned}
$$

即为所求.

假设 $j=1$ 且 $v\neq x^1$. 因为 $\delta(u,x)=0$, 所以 $\delta(v,y)=0$. 进而有 $v\neq y^1$. 注意, $\delta(u,b)=1$. 故 $\delta(v,b^1)=1$. 由引理 4.1.6, $Q[1]-\{x^1,y^1\}$ 有一条哈密尔顿路 P_1 连接 b^1 和 v. 选取 P_1 的一条边 (s,t). 由引理 4.1.4, $Q[2:k-1]$ 有一条哈密尔顿路 P 连接 s^2 和 t^2. 于是,

$$
\begin{aligned}
&P_{01}\cup P_{02}\cup P_1\cup P\\
&+\{(x,x^1),(y,y^1),(x^1,y^1),(b,b^1),(s,s^2),(t,t^2)\}-(s,t)
\end{aligned}
$$

即为所求.

假设 $v=x^1$. 因为 $\delta(u,x)=0$, 所以 $\delta(b,x)=1$, 进而有 $\delta(b^1,v)=1$. 又因为 $\delta(y^1,v)=1$, 由引理 4.1.8, $Q[1]-v$ 有一条哈密尔顿路 P_1 连接 a^1 和 y^1. 选取 P_1 的

一条边 (s,t). 由引理 4.1.4, $Q[2:k-1]$ 有一条哈密尔顿路 P 连接 s^2 和 t^2. 于是,

$$P_{01}\cup P_{02}\cup P_1\cup P$$
$$+\{(x,v),(y,y^1),(s,s^2),(t,t^2),(b,b^1)\}-(s,t)$$

即为所求 (见图 4.4).

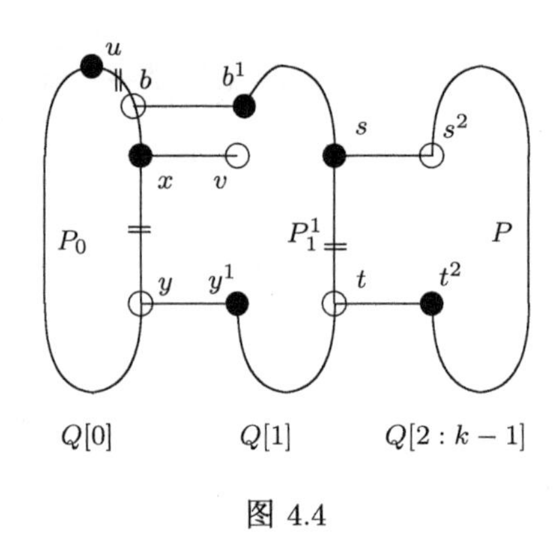

图 4.4

情形 1.2 $u\in V(Q[1:k-2])$.

选取 $C-\{x,y\}$ 的一条边 (s,t), 使得这条边与 F_0 的所有边均不相邻. 不失一般性, 设 $\delta(s,u)=0$, 则 $\delta(s^1,u)=1$ 且 $\delta(t^{k-1},v)=1$. 假设 $(x,y)\notin E(C)$. 由引理 4.1.4, $Q[1:i]-F$ 有一条哈密尔顿路 P^1 连接 s^1 和 u, $Q[i+1:k-1]-F$ 有一条哈密尔顿路 P^2 连接 t^{k-1} 和 v. 于是,

$$C\cup P^1\cup P^2+\{(s,s^1),(t,t^{k-1})\}-(s,t)$$

即为所求.

接下来, 考虑 $(x,y)\in E(C)$ 的情况. 注意, 要么 $\{(x,x^1),(y,y^1)\}\cap F=\varnothing$, 要么 $\{(x,x^{k-1}),(y,y^{k-1})\}\cap F=\varnothing$. 不失一般性, 假设前者成立.

假设 $u\notin\{x^1,y^1\}$. 若 $i=1$, 则由引理 4.1.6, $Q[1]-\{x^1,y^1\}$ 有一条哈密尔顿路 P_*^1 连接 s^1 和 u. 若 $i\geqslant 2$, 选取 $Q[1]-\{x^1,y^1\}$ 的一个顶点 s_1, 使得 $\delta(s^1,s_1)=1$ 且 $(s_1,s_1^2)\notin F_0$. 则由引理 4.1.6, $Q[1]-\{x^1,y^1\}$ 有一条哈密尔顿路 P_1 连接 s^1 和 s_1. 由引理 4.1.4, $Q[2:i]-F$ 有一条哈密尔顿路 P' 连接 s_1^2 和 u. 令 $P_*^1=P_1\cup P'+(s_1,s_1^2)$, 则 P_*^1 是 $Q[1:i]-\{x^1,y^1\}$ 的一条连接 s^1 和 u 的哈密尔顿路. 于是,

$$C\cup P_*^1\cup P^2+\{(x,x^1),(y,y^1),(x^1,y^1),(s,s^1),(t,t^{k-1})\}-\{(x,y),(s,t)\}$$

即为所求.

假设 $u\in\{x^1,y^1\}$. 不失一般性, 设 $u=x^1$. 选取 $Q[1]-(y^1,u)$ 的一条边 (y^1,y_1). 令 $F_*^1=E_{Q[1]}(y^1)\setminus\{(y^1,u),(y^1,y_1)\}$, 则 $|F_*^1|=2$. 选取 $Q[1]-\{y^1,y_1\}$ 的一个顶点

u_1 使得 $(u_1, u_1^2) \notin F_0$ 且 $\delta(u, u_1) = 1$. 由引理 4.1.3, $Q[1] - F_*^1$ 有一条哈密尔顿路 P_1 连接 u 和 u_1. 显然, $(y^1, u), (y^1, y_1) \in E(P_1)$. 由引理 4.1.4, $Q[2 : k-1] - F$ 有一条哈密尔顿路 P 连接 u_1^2 和 v. 于是,

$$C \cup P_1 \cup P + \{(x, u), (y, y^1), (u_1, u_1^2)\} - \{(x, y), (y^1, u)\}$$

即为所求 (见图 4.5).

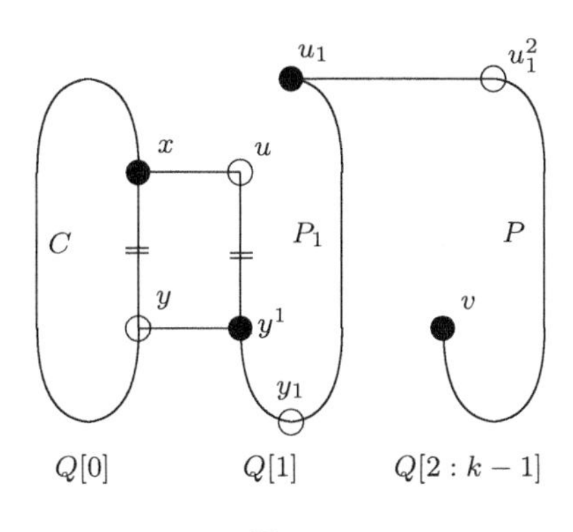

图 4.5

情形 2 存在一个顶点 $x \in V(Q[0])$ 与 F^0 中的 4 条边关联.

注意, x 恰与 Q_3^k 中 $d_{Q_3^k}(x) - 4 = 2$ 条健康边关联. 我们有 $(x, x^1), (x, x^{k-1}) \notin F_0$. 因为 $|F_0| \leqslant 2$, 在 $V(Q[0])$ 中可以选取 x 的两个不同邻点 a, b 使得

$$\{(a, a^1), (a, a^{k-1}), (b, b^1), (b, b^{k-1})\} \cap F_0 = \varnothing$$

令 $F_*^0 = F^0 \setminus \{(x, a), (x, b)\}$, 则 $|F_*^0| = 2$. 由引理 4.1.9, $Q[0] - F_*^0$ 有一个哈密尔顿圈 C. 显然, $(x, a), (x, b) \in E(C)$, 令点 $u = u_2u_1u_0$, $v = v_2v_1v_0$.

情形 2.1 $u_2 = v_2$ 且 $v_2 = v_1$.

情形 2.1.1 $u \in V(Q[0])$.

不失一般性, 设 $v \in V(Q[1 : k/2])$.

假设 $u = x$, 则 $\delta(v, b^1) = 1$. 由引理 4.1.4, $Q[1 : k-2] - F$ 有一条哈密尔顿路 P 连接 b^1 和 v. 由引理 4.1.3, $Q[k-1]$ 有一条哈密尔顿路 P_{k-1} 连接 x^{k-1} 和 a^{k-1}. 于是,

$$P_{k-1} \cup C \cup P + \{(x, x^{k-1}), (a, a^{k-1}), (b, b^1)\} - \{(x, a), (x, b)\}$$

即为所求.

假设 $u \in \{a, b\}$. 不失一般性, 设 $u = b$, 则 $\delta(u, x) = 1$. 由引理 4.1.3, $Q[0] - F_*^0$ 有一条哈密尔顿路 P_0 连接 u 和 x. 显然, $(x, a) \in E(P_0)$. 由引理 4.1.3, $Q[k-1]$ 有一条哈密尔顿路 P 连接 x^{k-1} 和 a^{k-1}. 由引理 4.1.4, $Q[1 : k-2] - F$ 有一条哈密尔顿路 P_1 连接 x^1 和 v. 于是,

$$P_0 \cup P_1 \cup P + \{(x, x^1), (x, x^{k-1}), (a, a^{k-1})\} - (x, a)$$

即为所求.

假设 $u \notin \{x, a, b\}$. 选取 $Q[0] - \{x, a, b\}$ 的一个顶点 u_1 使得 $\delta(u, u_1) = 1$ 且 $(u_1, u_1^1) \notin F_0$. 由引理 4.1.3, $Q[0] - F_*^0$ 有一条哈密尔顿路 P_0 连接 u 和 u_1. 显然, $(x, a), (x, b) \in E(P_0)$. 不失一般性, 记 P_0 为 $\langle u, P_{01}, a, x, b, P_{02}, u_1 \rangle$.

若 $v \in V(Q[1])$, 则由引理 4.1.6, $Q[1] - \{x^1, b^1\}$ 有一条哈密尔顿路 P_1 连接 u_1^1 和 v. 选取 P_1 的一条边 (s, t) 使得 $(s, s^2), (t, t^2) \notin F_0$. 由引理 4.1.4, $Q[2 : k-2] - F$ 有一条哈密尔顿路 P 连接 s^2 和 t^2. 由引理 4.1.3, $Q[k-1]$ 有一条哈密尔顿路 P_{k-1} 连接 x^{k-1} 和 a^{k-1}. 于是,

$$\begin{aligned}&P_{01} \cup P_{02} \cup P_1 \cup P \cup P_{k-1}\\&+\{(x, x^1), (x, x^{k-1}), (a, a^{k-1}), (b, b^1), (u_1, u_1^1), (x^1, b^1), (s, s^2), (t, t^2)\} - (s, t)\end{aligned}$$

即为所求.

假设 $v \in V(Q[2 : k/2])$. 选取一个顶点 $w \in V(Q[1] - \{x^1, b^1\})$ 使得 $\delta(u_1^1, w) = 1$ 且 $(w, w^2) \notin F_0$. 由引理 4.1.6, $Q[1] - \{x^1, b^1\}$ 有一条哈密尔顿路 P_1' 连接 u_1^1 和 w. 由引理 4.1.4, $Q[2 : k-2] - F$ 有一条哈密尔顿路 P' 连接 w^2 和 v. 于是,

$$\begin{aligned}&P_{01} \cup P_{02} \cup P_1' \cup P' \cup P_{k-1}\\&+\{(x, x^1), (x, x^{k-1}), (a, a^{k-1}), (b, b^1), (u_1, u_1^1), (w, w^2), (x^1, b^1)\}\end{aligned}$$

即为所求.

情形 2.1.2　$u \in V(Q[1 : k-2])$.

因为 u, $v \in V(Q[2 : k-1])$ 的情形的证明方法与 $u, v \in V(Q[1 : k-2])$ 的情形相同, 我们仅考虑 $u, v \in V(Q[1 : k-2])$ 的情况.

注意, 要么 $a^1 \neq u$ 要么 $b^1 \neq u$. 不失一般性, 设 $b^1 \neq u$. 选取一条边 $(b^1, w) \in E(Q[1] - (x^1, b^1))$. 令 $F_*^1 = E_{Q[1]}(b^1) \setminus \{(x^1, b^1), (b^1, w)\}$. 则 $|F_*^1| = 2$. 由引理 4.1.4, $Q[1 : k-2] - (F \cup F_*^1)$ 有一条哈密尔顿路 P 连接 u 和 v. 显然, $(x^1, b^1) \in E(P)$. 由引理 4.1.3, $Q[k-1]$ 有一条哈密尔顿路 P_{k-1} 连接 x^{k-1} 和 a^{k-1}. 于是,

$$\begin{aligned}&C \cup P \cup P_{k-1}\\&+\{(x, x^1), (b, b^1), (x, x^{k-1}), (a, a^{k-1})\}\\&-\{(x, a), (x, b), (x^1, b^1)\}\end{aligned}$$

即为所求.

情形 2.2　存在 $p \in \{1, 2\}$, 使得 $u_p \neq v_p$.

将 Q_3^k 沿第 p 维划分为 k 个不相交的子立方 $Q[0]'$, $Q[1]'$, $\cdots$, $Q[k-1]'$. 此时, $|F^p| = 2$, u 和 v 在不同的子立方中, 且对于 $r = 0, 1, \cdots, k-1$ 均有 $|F \cap E(Q[r]')| \leqslant 4$.

不难看出, 对于任意顶点 $z \in V(Q[r]')$, $Q[r]'$ 中不存在与 z 的 4 条边. 由引理 4.1.4, 引理 4.2.1 及情形 1 得, 该引理成立. 证毕. □

由引理 4.1.4, 引理 4.2.2 和引理 4.2.3 可得:

定理 4.2.1　设 $k \geqslant 4$ 是一个偶数, F 是 Q_3^k 中的条件故障边集且 $|F| \leqslant 6$, u 和 v 是条件故障 Q_3^k 中两个满足 $\delta(u,v)=1$ 的顶点. 若对于 $i=0$, 1, 2 均有 $|F_i| \leqslant 2$, 则 $Q_3^k - F$ 有一条连接 u 和 v 的哈密尔顿路.

4.3　条件容错 k-元 n-立方的哈密尔顿交织性

本节将证明如下结论:

设 $k \geqslant 4$ 是一个偶数, F 是 Q_n^k 的条件故障边集, u 和 v 是条件故障 Q_n^k 的两个使得 $\delta(u,v)=1$ 的不同顶点. 若 $|F| \leqslant 4n-6$, 则 $Q_n^k - F$ 有一条连接 u 和 v 的哈密尔顿路.

本节将对 n 归纳证明上述结论. 由引理 4.1.3, 当 $n=2$ 时, 上述结论成立. 假设当 $n \geqslant 3$ 时, 上述结论对于 Q_{n-1}^k 成立. 下面证明结论对于 Q_n^k 也成立. 只需考虑 $|F|=4n-6$ 的情况. 假设对于 $i=1$, 2, $\cdots$, $n-1$, 均有 $|F_0| \geqslant |F_i|$, 则 $|F_0| \geqslant (4n-6)/n \geqslant 2$. 若 $|F_0|=2$, 则 $(4n-6)/n \leqslant |F_0|=2$, 进而有 $n \leqslant 3$. 由此可得, $n=3$ 且 $|F|=6$. 由定理 4.2.1, 结论成立. 因此, 接下来, 只需考虑 $|F_0| \geqslant 3$ 的情况. 将 Q_n^k 沿第 0 维划分为 k 个不相交的子立方 $Q[0]$, $Q[1]$, $\cdots$, $Q[k-1]$. 所以, 对于 $i_1=0$, 1, $\cdots$, $k-1$, 有 $f^{i_1} \leqslant |F|-|F_0| \leqslant 4n-9$. 假设 $u \in V(Q[i])$ 且 $v \in V(Q[j])$, 其中 $0 \leqslant i$, $j \leqslant k-1$.

引理 4.3.1　令 u, $v \in V(Q[p:q])$, 其中 $0 \leqslant p$, $q \leqslant k-1$. 若 F^{i_1} 是 $Q[i_1]$ 的一个条件故障边集, 且对于 $i_1=p$, $p+1$, $\cdots$, q 均有 $f^{i_1} \leqslant 4n-10$, 则 $Q[p:q]-F$ 有一条 (u,v) 哈密尔顿路 P 使得 $|E(P \cap Q[q])| = k^{n-1}-1$.

证明　不失一般性, 设 $p=0$ 且 $i \leqslant j$.

首先, 我们对 $j-i$ 归纳证明 $Q[i:j]-F$ 有一条哈密尔顿路 P^1 连接 u 和 v. 如果 $j-i=0$, 由归纳假设, $Q[i]-F$ 有一条哈密尔顿路 P_i 连接 u 和 v. 假设 $j-i>0$ 时, 对任意一个满足 $\delta(u,v_1)=1$ 且 $(v_1,v_1^j) \notin F_0$ 的顶点 $v_1 \in V(Q[j-1])$, $Q[j]-F$ 有一条哈密尔顿路 P' 连接 u 和 v_1. 注意, $\delta(v_1^j,v)=1$. 由归纳假设, $Q[j]-F$ 有一条哈密尔顿路 P_j 连接 v_1^j 和 v. 于是, $P^1=P' \cup P_j+(v_1,v_1^j)$ 是 $Q[i:j]-F$ 的一条连接 u 和 v 哈密尔顿路且 $|E(P \cap Q[j])| = |E(P_j)| = k^{n-1}-1$.

接下来, 对 $q-j$ 归纳证明 $Q[i:q]-F$ 有一条 (u,v) 哈密尔顿路 P^2 使得 $|E(P^2 \cap Q[q])| = k^{n-1}-1$. 若 $j=q$, 则 P^1 是一条满足要求的哈密尔顿路. 假设 $j<q$ 且 $Q[i:q-1]-F$ 有一条 (u,v) 哈密尔顿路 P^3 使得 $|E(P^3 \cap Q[q-1])| = k^{n-1}-1$. 选取一条边 $(s,t) \in E(P^3 \cap Q[q-1])$ 使得 (s,s^q), $(t,t^q) \notin F_0$. 由归纳假设, $Q[q]-F$

有一条连接 s^q 和 t^q 的哈密尔顿路 P_q. 于是,

$$P^2 = P^3 \cup P_q + \{(s, s^q), (t, t^q)\} - (s, t)$$

是 $Q[i:q]-F$ 的一条连接 u 和 v 哈密尔顿路且 $|E(P^2 \cap Q[q])| = |E(P_q)| = k^{n-1}-1$.

若 $p = i$, 则 P^2 是一条满足要求的哈密尔顿路. 假设 $p < i$. 类似上述证明, 可以构造一条满足要求的哈密尔顿路. 证毕. □

引理 4.3.2 设 $u, v \in V(Q[p:q])$, (x,y), (x,z) 是 $E(Q[r])$ 中两条不同的健康边, 其中, $x \notin \{u,v\}$ 且 $p \leqslant r \leqslant q$. 若对于 $i_1 = p, p+1, \cdots, q$ 均有 $f^{i_1} \leqslant 2n-6$ 且 $|F \cap E(Q[p:q])| \leqslant 2n-2$, 则 $Q[p:q]-F$ 存在通过边 (x,y) 和边 (x,z) 的 (u,v) 哈密尔顿路.

证明 令 $F_*^r = F_r \cup (E_{Q[r]}(x) \setminus \{(x,y), (x,z)\})$, 则 $|F_*^r| \leqslant (2n-6)+(2n-4) = 4n-10$. 因为对于 $i_1 = p, p+1, \cdots, q$ 均有 $f^{i_1} \leqslant 2n-6$, 不难看出, $(F \cap E(Q[p:q])) \cup F_*^r$ 是 $Q[p:q]$ 的一个条件故障边集. 注意, $|(F \cap E(Q[p:q])) \cup F_*^r| \leqslant (2n-2)+(2n-4) = 4n-6$. 由引理 4.3.1, $Q[p:q]-(F \cup F_*^r)$ 存在一条哈密尔顿路 P 连接 u 和 v. 显然, P 也是 $Q[p:q]-F$ 的一条哈密尔顿路且 $(x,y), (x,z) \in E(P)$. 证毕. □

在本节剩余部分, 我们将完成本章的主要定理的证明. 根据故障边在 Q_n^k 中的分布情况将证明分成下面 3 个引理. 每个引理证明的基本策略都是先将 Q_n^k 划分为一些子立方的联合, 然后在这些联合中应用上述的一些引理构造它们的哈密尔顿路, 最后连接这些路得到 Q_n^k 中满足要求的哈密尔顿路.

引理 4.3.3 设 $n \geqslant 3$ 是一个整数, $k \geqslant 4$ 是一个偶数. 若对于 $i_1 = 0, 1, \cdots, k-1$, F^{i_1} 均是 $Q[i_1]$ 的条件故障边集, 且存在某个 $j_1 \in \{0, 1, \cdots, k-1\}$ 使得 $f^{j_1} = 4n-9$, 则 $Q_n^k - F$ 有一条 (u,v) 哈密尔顿路.

证明 不失一般性, 设 $f^0 = 4n-9$. 注意, $|F| = 4n-6$ 且 $|F_0| \geqslant 3$. 因此, $|F_0| = 3$ 且对 $r = 1, 2, \cdots, k-1$ 均有 $f^r = 0$.

断言 1 $Q[0]$ 中存在一条故障边 (x,y) 与 F_0 中至多一条边相邻.

反证法. 假设 $Q[0]$ 中的每一条故障边均与 F_0 中至少两条边相邻. 选取 $Q[0]$ 的一条故障边 (s, s_1). 若在 $E(Q[0])$ 中存在一条与 (s, s_1) 不相邻的故障边 (t, t_1), 则 $|F_0| \geqslant 4$, 矛盾. 所以, $Q[0]$ 中的每对故障边都是相邻的. 注意, $Q[0]$ 中没有三角形. 于是, $Q[0]$ 中的所有故障边均与 $Q[0]$ 的某个顶点关联. 因此, $4n-9 > d_{Q[0]}(a)-2 = 2n-4$, 矛盾. 断言 1 成立.

由断言 1, 要么 $\{(x, x^1), (y, y^1)\} \cap F = \varnothing$, 要么 $\{(x, x^{k-1}), (y, y^{k-1})\} \cap F = \varnothing$. 不失一般性, 假设前者成立. 因为 $f^1 = 0$, 所以 $(x^1, y^1) \notin F$. 令 $F_*^0 = F^0 \setminus \{(x,y)\}$, 则 $|F_*^0| = 4n-10$. 由归纳假设, $Q[0]-F_*^0$ 有一条哈密尔顿路 P_0 连接 x 和 y. 显然, $(x,y) \notin E(P_0)$. 因此, P_0 是 $Q[0]-F^0$ 的一条哈密尔顿路.

情形 1 $u,\ v \in V(Q[0])$.

由归纳假设, $Q[0]$ 有一条哈密尔顿路 P_0' 连接 u 和 v. 若 $(x,y) \notin E(P_0')$, 选取 P_0 的一条边 (s,t) 使得 $(s,s^1),(t,t^1) \notin F$. 由引理 4.3.1, $Q[1:k-1]-F$ 有一条连接 s^1 和 t^1 的哈密尔顿路 P. 于是, $P_0' \cup P + \{(s,s^1),(t,t^1)\} - (s,t)$ 即为所求. 若 $(x,y) \in E(P_0)$, 令 $(s,t)=(x,y)$, 则类似上述构造方法, 即可构造一条满足要求的哈密尔顿路.

情形 2 $u \in V(Q[0])$ 且 $v \in V(Q[1:k-1])$.

由引理 4.1.9, $Q[0]-F^0$ 有一个哈密尔顿圈 C. 显然, $(x,y) \notin E(C)$. 在 C 上选取两条边 (u,s) 和 (u,s_1). 因为 $|F_0|=3$, 所以, s 和 s_1 中有一个顶点与 F_0 中至多一条边关联. 不失一般性, 假设该顶点是 s, 并令 $(s,s^1) \notin F_0$. 由引理 4.3.1, $Q[1:k-1]-F$ 有一条连接 s^1 和 v 的哈密尔顿路 P. 于是, $C \cup P + (s,s^1) - (u,s)$ 即为所求.

情形 3 $u,\ v \in V(Q[1:k-1])$.

情形 3.1 $\{u,v\} \neq \{x^1,y^1\}$.

不失一般性, 设 $x^1 \notin \{u,v\}$. 选取一条边 $(x^1,w) \in E(Q[1]-(x^1,y^1))$. 因为对于每个 $r=1,\ 2,\ \cdots,\ k-1$ 均有 $f^r=0$, 所以 $(x^1,y^1),\ (x^1,w) \notin F$. 由引理 4.3.2, $Q[1:k-1]-F$ 有一条经过 (x^1,y^1) 和 (x^1,w) 的 (u,v) 哈密尔顿路 P^1. 于是, $P_0 \cup P^1 + \{(x,x^1),(y,y^1)\} - (x^1,y^1)$ 即为所求.

情形 3.2 $\{u,v\} = \{x^1,y^1\}$.

不失一般性, 设 $x^1=u$ 且 $y^1=v$. 由断言 1, 要么 $\{(x,x^1),\ (y,y^{k-1})\} \cap F = \varnothing$, 要么 $\{(x,x^{k-1}),\ (y,y^1)\} \cap F = \varnothing$. 不失一般性, 假设前者成立.

选取一个顶点 $v_1 \in V(Q[1]-v)$ 使得 $\delta(v,v_1)=0$ 且 $(v_1,v_1^2) \notin F$. 由引理 4.1.8, $Q[1]-u$ 有一条连接 v 和 v_1 的哈密尔顿路 P_1. 因为 $\delta(y^{k-1},v_1^2)=1$, 由引理 4.3.1, $Q[2:k-1]-F$ 有一条连接 v_1^2 和 y^{k-1} 的哈密尔顿路 P. 于是, $P_0 \cup P_1 \cup P + \{(x,u),(y,y^{k-1}),(v_1,v_1^2)\}$ 即为所求 (见图 4.6).

引理 4.3.4 设 $n \geqslant 3$ 是一个整数, $k \geqslant 4$ 是一个偶数. 若存在某个 $i_1 \in \{0,\ 1,\ \cdots,\ k-1\}$ 使得在 $Q[i_1]$ 中存在一个顶点 x 与 F^{i_1} 中 $2n-3$ 条边相关联, 则 $Q_n^k - F$ 有一条 (u,v) 哈密尔顿路.

证明 不失一般性, 假设 $x \in V(Q[0])$ 与 F^0 中 $2n-3$ 边关联. 则对于任意 $r=1,\ 2,\ \cdots,\ k-1$, 均有 $f^r \leqslant |F|-(2n-3)-|F_0| \leqslant 2n-6$. 因为对于任意 $w \in V(Q[r])$ 均有 $d_{Q[r]}(w)-f^r \geqslant 4$, 其中, $r=1,\ 2,\ \cdots,\ k-1$. 所以, F^r 是 $Q[r]$ 的一个条件故障边集. 注意, x 恰与 $Q[0]$ 中 $d_{Q[0]}(x)-(2n-3)=1$ 条健康边关联. 所以, 要么 $(x,x^1) \notin F$, 要么 $(x,x^{k-1}) \notin F$.

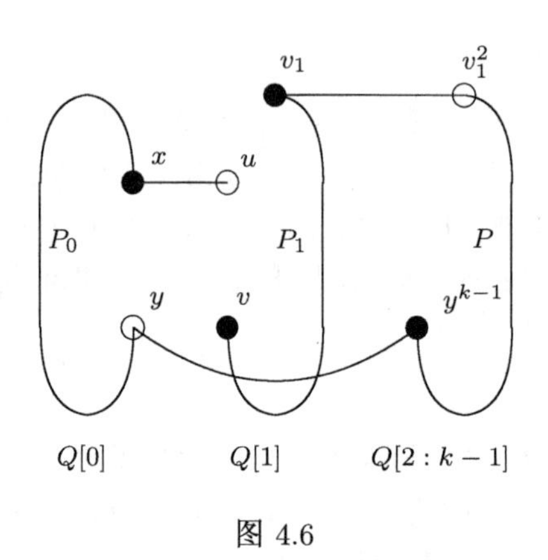

图 4.6

由于 x 与 $Q[0]$ 中 $2n-3$ 条故障边关联, 这意味着 $|F_0| \leqslant |F|-(2n-3) = 2n-3$. 所以, 若 $|\{(x,x^1),\ (x,x^{k-1})\} \cap F_0| = 0$, 则存在一条边 $(x,y) \in F^0$ 使得 y 与 F_0 中至多一条边关联; 若 $|\{(x,x^1),\ (x,x^{k-1})\} \cap F_0| = 1$, 则存在一条边 $(x,y) \in F^0$ 使得 y 与 F_0 的所有边均不关联. 因此, 存在一条边 $(x,y) \in F^0$ 与 F_0 中至多一条边相邻. 显然, 要么 $\{(x,x^1),\ (y,y^1)\} \cap F_0 = \varnothing$, 要么 $\{(x,x^{k-1}),\ (y,y^{k-1})\} \cap F_0 = \varnothing$. 不失一般性, 假设前者成立.

令 $F_*^0 = F^0 \setminus \{(x,y)\}$. 则,

$$|F_*^0| \leqslant |F \setminus \{(x,y)\}| - |F_0| \leqslant 4n-6-1-3 = 4n-10.$$

对于任意的 $w_1 \in V(Q[0]-x)$, 有 $d_{Q[0]}(w_1) - (|F|-(2n-3)-|F_0|) \geqslant 4$. 所以, F_*^0 是 $Q[0]$ 的一个条件故障边集. 由归纳假设, $Q[0]-F_*^0$ 有一条连接 x 和 y 的哈密尔顿路 P_0. 显然, P_0 也是 $Q[0]-F^0$ 的一条哈密尔顿路.

若 $(x^1,y^1) \in F$, 令 $F' = F \setminus \{(x^1,y^1)\}$; 否则, 令 $F' = F$. 注意, $|F' \cap E(Q[1:k-1])| \leqslant 2n-3$, 且对于 $r = 1,\ 2,\ \cdots,\ k-1$, 均有 $|F' \cap E(Q[r])| \leqslant 2n-6$.

情形 1　$u,\ v \in V(Q[0])$.

由归纳假设, $Q[0]-F_*^0$ 有一条 (u,v) 哈密尔顿路 P_0'. 若 $(x,y) \notin E(P_0')$, 令 (s,t) 是 P_0' 中一条边使得 $(s,s^1),(t,t^1) \notin F_0$. 否则, 令 $(s,t)=(x,y)$. 由引理 4.3.1, $Q[1:k-1]-F$ 有一条连接 s^1 和 t^1 的哈密尔顿路 P. 于是, $P_0' \cup P + \{(s,s^1),(t,t^1)\} - (s,t)$ 即为所求.

情形 2　$u,\ v \in V(Q[1:k-1])$.

情形 2.1　$\{x^1,y^1\} \neq \{u,v\}$.

不失一般性, 假设 $x^1 \notin \{u,v\}$. 由引理 4.3.2, $Q[1:k-1]-F'$ 有一条连接 u 和 v 且通过边 (x^1,y^1) 的哈密尔顿路 P^1. 于是, $P_0 \cup P^1 + \{(x,x^1),(y,y^1)\} - (x^1,y^1)$ 即为所求.

情形 2.2 $\{x^1,y^1\}=\{u,v\}$.

不失一般性, 假设 $u=x^1$. 若 $\{(x,x^{k-1}),(y,y^{k-1})\}\cap F_0=\varnothing$, 由于 $\{x^{k-1},y^{k-1}\}\neq\{u,v\}$, 可以用类似的方法构造一条满足要求的哈密尔顿路. 接下来, 只需考虑 (x,x^{k-1}) 和 (y,y^{k-1}) 中恰有一条是故障边的情况. 不失一般性, 假设 $(x,x^{k-1})\in F$, 则 (y,y^{k-1}), (x,x^1), $(y,y^1)\notin F$.

因为 $\delta(u,y^{k-1})=\delta(x,y)=1$, 由引理 4.3.2, $Q[1:k-1]-F'$ 有一条连接通过 $(x^1,y^1)=(u,v)$ 的 (u,y^{k-1}) 哈密尔顿路 P^1. 于是, $P_0\cup P^1+\{(x,u),(y,y^{k-1})\}-(u,v)$ 即为所求.

情形 3 $u\in V(Q[0])$, $v\in V(Q[j])$, 其中, $1\leqslant j\leqslant k-1$.

情形 3.1 $u\in\{x,y\}$.

不失一般性, 假设 $u=x$. 由引理 4.3.1, $Q[1:k-1]-F$ 有一条连接 v 和 y^1 的哈密尔顿路 P. 于是, $P_0\cup P+(y,y^1)$ 即为所求.

情形 3.2 $u\notin\{x,y\}$.

选取 $Q[0]-\{x,y\}$ 的一个顶点 w 使得 (w,w^1), $(w,w^{k-1})\notin F$ 且 $\delta(u,w)=1$. 由归纳假设, $Q[0]-F_*^0$ 有一条连接 u 和 w 的哈密尔顿路 P_0'. 注意, x 是 P_0' 的一个内部顶点, 且 x 恰与 $Q[0]-F_*^0$ 的两条边关联. 所以, $(x,y)\in E(P_0')$.

不失一般性, 记 P_0' 为 $\langle u,P_{01}',x,y,P_{02}',w\rangle$.

情形 3.2.1 $|\{(x,x^{k-1}),(y,y^{k-1})\}\cap F_0|=0$.

不失一般性, 假设 $v\in V(Q[1:k/2])$. 由引理 4.3.1, $Q[1:k-2]-F$ 有一条连接 w^1 和 v 的哈密尔顿路 P^1. 由归纳假设, $Q[k-1]-F$ 有一条连接 x^{k-1} 和 y^{k-1} 的哈密尔顿路 P_{k-1}. 则,

$$P_{01}'\cup P_{02}'\cup P^1\cup P_{k-1}+\{(x,x^{k-1}),(y,y^{k-1}),(w,w^1)\}$$

即为所求.

情形 3.2.2 $|\{(x,x^{k-1}),(y,y^{k-1})\}\cap F_0|=1$ 且 $j\geqslant 2$.

由引理 4.3.1, $Q[1:j-1]-F$ 有一条连接 x^1 和 y^1 的哈密尔顿路 P^1, $Q[j:k-1]-F$ 有一条连接 w^{k-1} 和 v 的哈密尔顿路 P^2. 于是,

$$P_{01}'\cup P_{02}'\cup P^1\cup P^2+\{(x,x^1),(y,y^1),(w,w^{k-1})\}$$

即为所求.

情形 3.2.3 $|\{(x,x^{k-1}),(y,y^{k-1})\}\cap F_0|=1$ 且 $j=1$.

因为 $F\setminus(F^0\cup\{(x,x^{k-1}),(y,y^{k-1})\})$ 中至多有 $|F|-(2n-3)-1=2n-4$ 条故障边且 $d_{Q[1]}(v)=2n-2$, 所以, v 在 $V(Q[1])$ 中有 $(2n-2)-(2n-4)=2$ 个不同的邻点 a, b, 使得 (v,a), (v,b), (a,a^2) 和 (b,b^2) 都是健康边. 令 $F_*^1=F^1\cup(E_{Q[1]}(v)\setminus\{(v,a),(v,b)\})$, 则 $|F_*^1|\leqslant(2n-6)+(2n-4)=4n-10$. 由归纳假设, $Q[1]-F_*^1$ 有一条连接 x^1 和 y^1 的哈密尔顿路 P_1. 显然, P_1 是 $Q[1]-F^1$ 的一条哈密尔顿路.

假设 $v \neq x^1$. 不失一般性, 若 $v \neq y^1$, 则将 P_1 写成 $\langle x^1, P_{11}, a, v, P_{12}, y^1 \rangle$ 的形式; 否则, 将 P_1 写成 $\langle x^1, P_{11}, a, y^1 \rangle$ 的形式. 由引理 4.3.1, $Q[2:k-1]-F$ 有一条连接 a^2 和 w^{k-1} 的哈密尔顿路 P'. 因此, 若 $v \neq y^1$, 则

$$P'_{01} \cup P'_{02} \cup P_{11} \cup P_{12} \cup P' + \{(x,x^1),(y,y^1),(w,w^{k-1}),(a,a^2)\}$$

即为所求 (见图 4.7); 否则,

$$P'_{01} \cup P'_{02} \cup P_{11} \cup P' + \{(x,x^1),(y,y^1),(w,w^{k-1}),(a,a^2)\}$$

即为所求.

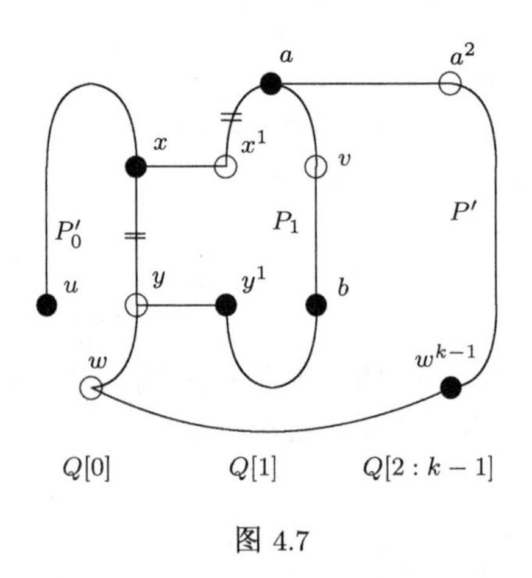

图 4.7

接下来, 假设 $v = x^1$. 则 $\delta(u,y)=1$.

若 $(x,x^{k-1}) \in F$, 则 $(y,y^{k-1}) \notin F$. 由归纳假设, $Q[0]-F_*^0$ 有一条连接 u 和 y 的哈密尔顿路 P''_0. 所以, $(x,y) \in E(P''_0)$. 选取 $P''_0 - y$ 的一条边 (s,t), 使得 $\delta(u,s)=0$, (s,s^{k-1}), $(t,t^1) \notin F$ 且 u 和 s 在 $P''_0-(s,t)$ 的同一个连通分支中. 事实上, $P''_0 - y$ 上有 $k^{n-1}/2-1$ 条候选边且至多有 $|F|-(2n-3)=2n-3$ 条故障边不在 $Q[0]$ 中. 又因为一条故障边至多破坏一条候选边且 $k^{n-1}/2-1>2n-3$, 所以, 上述边 (s,t) 是存在的.

因为 $\delta(u,s)=0$, 所以 $\delta(v,t)=0$. 进而有 $\delta(v,t^1)=1$. 由引理 4.3.2, $Q[1]-F'$ 有一条通过 $(x^1,y^1)=(v,y^1)$ 的连 (v,t^1) 哈密尔顿路 P'_1. 由引理 4.3.1, $Q[2:k-1]-F$ 有一条连接 s^{k-1} 和 y^{k-1} 的哈密尔顿路 P. 于是,

$$\begin{aligned}&P''_0 \cup P'_1 \cup P\\&+\{(x,x^1),(y,y^1),(y,y^{k-1}),(s,s^{k-1}),(t,t^1)\}\\&-\{(s,t),(x,y),(v,y^1)\}\end{aligned}$$

即为所求 (见图 4.8).

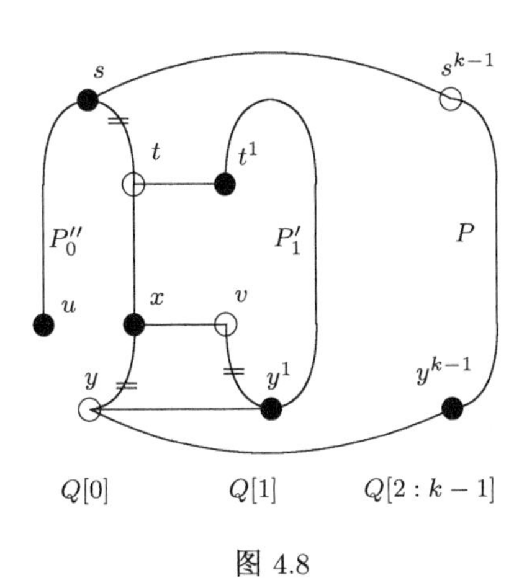

图 4.8

现在考虑 $(x, x^{k-1}) \notin F$ 的情况. 此时, $(y, y^{k-1}) \in F$. 由引理 4.3.1, $Q[2:k-1]-F$ 有一条连接 x^{k-1} 和 w^{k-1} 的哈密尔顿路 P. 由归纳假设, $Q[1]-F$ 有一条连接 $x^1 = v$ 和 y^1 的哈密尔顿路 P_1. 于是,

$$P'_{01} \cup P'_{02} \cup P_1 \cup P + \{(x, x^{k-1}), (w, w^{k-1}), (y, y^1)\}$$

即为所求 (见图 4.9).

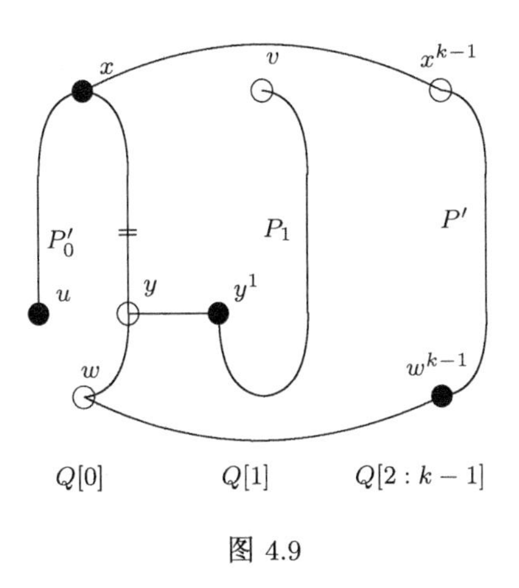

图 4.9

引理 4.3.5 设 $n \geqslant 3$ 是一个整数, $k \geqslant 4$ 是一个偶数. 若存在某个 $i_1 \in \{0, 1, \cdots, k-1\}$, 使得在 $Q[i_1]$ 中存在一个顶点 a 与 F_*^i 中 $2n-2$ 条边相关联, 则 $Q_n^k - F$ 有一条 (u, v) 哈密尔顿路.

证明 不失一般性, 假设 $i_1 = 0$. 因为 F 是 Q_n^k 的一个条件故障边集, 所以 (a, a^1), $(a, a^{k-1}) \notin F$. 注意, 至多有 $(4n-6)-(2n-2) = 2n-4$ 条故障边不在 $Q[0]$ 中. 因为 $d_{Q[0]}(a)-(2n-4) = 2$, 所以, 在 $V(Q[0])$ 中点 a 存在两个不同的邻点 b, c

使得路 $\langle a^{k-1}, b^{k-1}, b, b^1, a^1\rangle$, 路 $\langle a^{k-1}, c^{k-1}, c, c^1, a^1\rangle$, 边 (b^1, b^2) 和边 (c^1, c^2) 都是无故障的. 令 $F_*^0 = F^0 \setminus \{(a,b),(a,c)\}$. 则,

$$|F_*^0| \leqslant |F| - |F_0| - 2 \leqslant 4n - 11 < 4n - 10$$

而且, 对于 $r = 1,\ 2,\ \cdots,\ k-1$, 有

$$f^r \leqslant |F| - d_{Q[0]}(a) - |F_0| \leqslant 2n - 7 < 4n - 10$$

注意, F_*^0 是 $Q[0]$ 的一个故障边集. 由引理 3.1.9, $Q[0] - F_*^0$ 有一个哈密尔顿圈 C. 显然, (a,b), $(a,c) \in E(C)$.

情形 1　$u, v \in V(Q[0])$.

由归纳假设, $Q[0] - F_*^0$ 有一条 (u,v) 哈密尔顿路 P_0.

假设 $a \notin \{u,v\}$. 显然, $d_{P_0}(a) = 2$. 于是, (a,b), $(a,c) \in E(P_0)$. 由归纳假设, $Q[1] - F$ 有一条连接 a^1 和 c^1 的哈密尔顿路 P_1. 由引理 4.3.1, $Q[2:k-1] - F$ 有一条连接 a^{k-1} 和 b^{k-1} 的哈密尔顿路 P. 于是,

$$\begin{aligned}&P_0 \cup P_1 \cup P\\&+\{(a,a^1),(c,c^1),(a,a^{k-1}),(b,b^{k-1})\} - \{(a,b),(a,c)\}\end{aligned}$$

即为所求.

假设 $a \in \{u,v\}$. 不失一般性, 设 $a = u$. 则 $d_{P_0}(a) = 1$. 所以, 边 (a,b) 和边 (a,c) 中恰有一条在 P_0 上, 不妨设 (a,b) 在 P_0 上. 由引理 4.3.1, $Q[1:k-1] - F$ 有一条连接 a^1 和 b^1 的哈密尔顿路 P. 于是, $P_0 \cup P + \{(a,a^1),(b,b^1)\} - (a,b)$ 即为所求.

情形 2　$u,\ v \in V(Q[i])$, 其中, $1 \leqslant i \leqslant k-1$.

不失一般性, 设 $1 \leqslant i \leqslant k/2$. 因为 $\delta(b^1, c^1) = 0$ 且 $\delta(u,v) = 1$, 所以 $\{b^1, c^1\} \neq \{u,v\}$. 不失一般性, 设 $c^1 \notin \{u,v\}$.

由引理 4.3.1, $Q[i+1:k-1] - F$ 有一条连接 a^{k-1} 和 b^{k-1} 的哈密尔顿路 P^1. 注意, $|F \cap E(Q[1:i])| \leqslant 2n-4$, 并且对于每个 $r = 1,\ 2,\ \cdots,\ i$ 均有 $f^r \leqslant 2n-7$ 成立. 由引理 4.3.2, $Q[1:i] - F$ 有一条通过边 (a^1, c^1) 的 (u,v) 哈密尔顿路 P^2. 于是,

$$\begin{aligned}&C \cup P^1 \cup P^2\\&+\{(a,a^1),(c,c^1),(a,a^{k-1}),(b,b^{k-1})\}\\&-\{(a,b),(a,c),(a^1,c^1)\}\end{aligned}$$

即为所求.

情形 3　$u \in V(Q[0])$, $v \in V(Q[j])$, 其中, $1 \leqslant j \leqslant k-1$.

不失一般性, 设 $v \in V(Q[1:k/2])$. 假设 $\delta(a,u) = 1$. 由归纳假设, $Q[0] - F_*^0$ 有一条连接 a 和 u 的哈密尔顿路 P_0. 显然, 要么 $(a,b) \in E(P_0)$, 要么 $(a,c) \in E(P_0)$.

不失一般性, 设 $(a,b)\in E(P_0)$. 由归纳假设, $Q[k-1]-F$ 有一条连接 a^{k-1} 和 b^{k-1} 的哈密尔顿路 P_{k-1}. 由引理 4.3.1, $Q[1:k-2]-F$ 有一条连接 a^1 和 v 的哈密尔顿路 P. 于是,

$$\begin{aligned}&P_0\cup P\cup P_{k-1}\\&+\{(a,a^1),(a,a^{k-1}),(b,b^{k-1})\}-(a,b)\end{aligned}$$

即为所求.

假设 $\delta(a,u)=0$. 若 $u=a$, 由归纳假设, $Q[k-1]-F$ 有一条连接 a^{k-1} 和 b^{k-1} 的哈密尔顿路 P_{k-1}. 由引理 4.3.1, $Q[1:k-2]-F$ 有一条连接 c^1 和 v 的哈密尔顿路 P. 于是,

$$\begin{aligned}&P_{k-1}\cup C\cup P\\&+\{(a,n^{k-1}),(b,b^{k-1}),(c,c^1)\}-\{(a,b),(a,c)\}\end{aligned}$$

即为所求. 下面, 考虑 $\delta(a,u)=0$ 且 $u\neq a$ 的情形.

情形 3.1　$v\in V(Q[1])$.

注意, 至多有 $|F|-(2n-2)=2n-4$ 条故障边不在 $Q[0]$ 中. 因为 $d_{Q[1]}(v)-(2n-4)=2$, 所以, 在 $V(Q[1])$ 中存在 v 的两个不同的邻点 s, t 使得对于任意 $x\in\{s,t\}$, 均有

$$\{(v,x),(x,x^2),(x,x^0),(x^0,x^{k-1})\}\cap F=\varnothing$$

令 $F_*^1=F^1\cup(E_{Q[1]}(v)\setminus\{(v,s),(v,t)\})$. 则,

$$|F_*^1|\leqslant|F|-d_{Q[0]}(a)-|F_0|+(2n-4)=4n-11$$

情形 3.1.1　$v\neq a^1$.

由归纳假设, $Q[1]-F_*^1$ 有一条连接 a^1 和 c^1 的哈密尔顿路 P_1. 因为 $v\neq a^1$ 且 $\delta(c^1,v)=1$, 所以, $(v,s),(v,t)\in E(P_1)$. 不失一般性, 将 P_1 写成 $\langle a^1,P_{11},s,v,t,P_{12},c^1\rangle$ 的形式. 于是, $c^1\neq s$, 进而有 $c\neq s^0$. 由归纳假设, $Q[0]-F_*^0$ 有一条连接 u 和 s^0 的哈密尔顿路 P_0.

首先, 假设 P_0 可以写成 $\langle u,P_{01},b,a,c,P_{02},s^0\rangle$ 的形式. 显然, $|E(P_{02})|>0$. 由引理 4.3.1, $Q[2:k-1]-F$ 有一条连接 a^{k-1} 和 b^{k-1} 的哈密尔顿路 P. 于是,

$$\begin{aligned}&P_{01}\cup P_{02}\cup P_1\cup P\\&+\{(a,a^1),(c,c^1),(a,a^{k-1}),(b,b^{k-1}),(s,s^0)\}-(v,s)\end{aligned}$$

即为所求 (见图 4.10).

假设 P_0 可以写成 $\langle u,P_{01},c,a,b,P_{02},s^0\rangle$ 的形式.

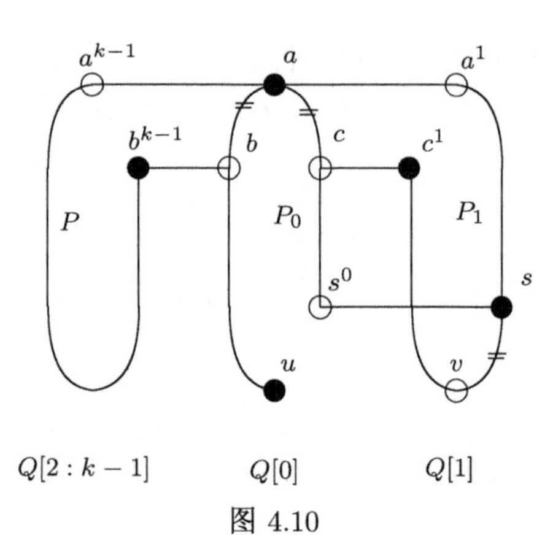

图 4.10

若 $b \neq s^0$, 则 $|E(P_{02})| > 0$. 因为 $d_{Q[k-1]}(b^{k-1}) - 1 - (|F| - (2n-2)) = 1$, 所以, 可在 $V(Q[k-1] - a^{k-1})$ 中选取 b^{k-1} 的一个邻点 w 使得 $(b^{k-1}, w), (w, w^{k-2}) \notin F$. 因为 $\delta(v, s^{k-1}) = 1$, 所以 $\delta(a^{k-1}, s^{k-1}) = 1$. 由引理 4.3.2, $Q[k-1] - F_{k-1}$ 有一条通过边 (b^{k-1}, w) 和 (b^{k-1}, a^{k-1}) 的 (a^{k-1}, s^{k-1}) 且连接 s^{k-1} 和 a^{k-1} 的哈密尔顿路 P_{k-1}.

注意, $\delta(t^2, w^{k-2}) = 1$. 由引理 4.3.1, $Q[2:k-2] - F$ 有一条连接 t^2 和 w^{k-2} 的哈密尔顿路 P. 于是,

$$
\begin{aligned}
&P_{01} \cup P_{02} \cup P_1 \cup P \cup P_{k-1} \\
&+\{(a, a^1), (c, c^1), (a, a^{k-1}), (b, b^{k-1}), (t, t^2), (w, w^{k-2}), (s^0, s^{k-1})\} \\
&-\{(v, t), (b^{k-1}, w)\}
\end{aligned}
$$

即为所求 (如图 4.11 (a) 所示).

若 $b = s^0$, 则 $|E(P_{02})| = 0$. 在 $V(Q[k-1] - a^{k-1})$ 中选取 c^{k-1} 的一个邻点 w 使得 $(c^{k-1}, w), (w, w^{k-2}) \notin F$. 由引理 4.3.2, $Q[k-1] - F_{k-1}$ 有一条通过边 (c^{k-1}, w) 和 (c^{k-1}, a^{k-1}) 的 (a^{k-1}, b^{k-1}) 哈密尔顿路 P_{k-1}. 由引理 4.3.1, $Q[2:k-2] - F$ 有一条连接 t^2 和 w^{k-2} 的哈密尔顿路 P. 于是,

$$
\begin{aligned}
&P_{01} \cup P_{02} \cup P_1 \cup P \cup P_{k-1} \\
&+\{(a, a^1), (c, c^{k-1}), (a, a^{k-1}), (b, b^{k-1}), (w, w^{k-2}), (s, s^0), (c^1, c^2)\} \\
&-\{(v, s), (c^{k-1}, w)\}
\end{aligned}
$$

即为所求 (见图 4.11(b)).

情形 3.1.2　$v = a^1$.

由引理 4.3.1, $Q[2:k-1] - F$ 有一条连接 a^{k-1} 和 c^{k-1} 的哈密尔顿路 P. 令 $F_*^1 = F^1 \cup (E_{Q[1]}(v) \setminus \{(v, b^1), (v, c^1)\})$, 则 $|F_*^1| \leqslant 4n - 11$. 由引理 3.1.9, $Q[1] - F_*^1$ 有一个哈密尔顿圈 C'. 显然, $(v, b^1), (v, c^1) \in E(C')$. 由归纳假设, $Q[0] - F_*^0$ 有一条

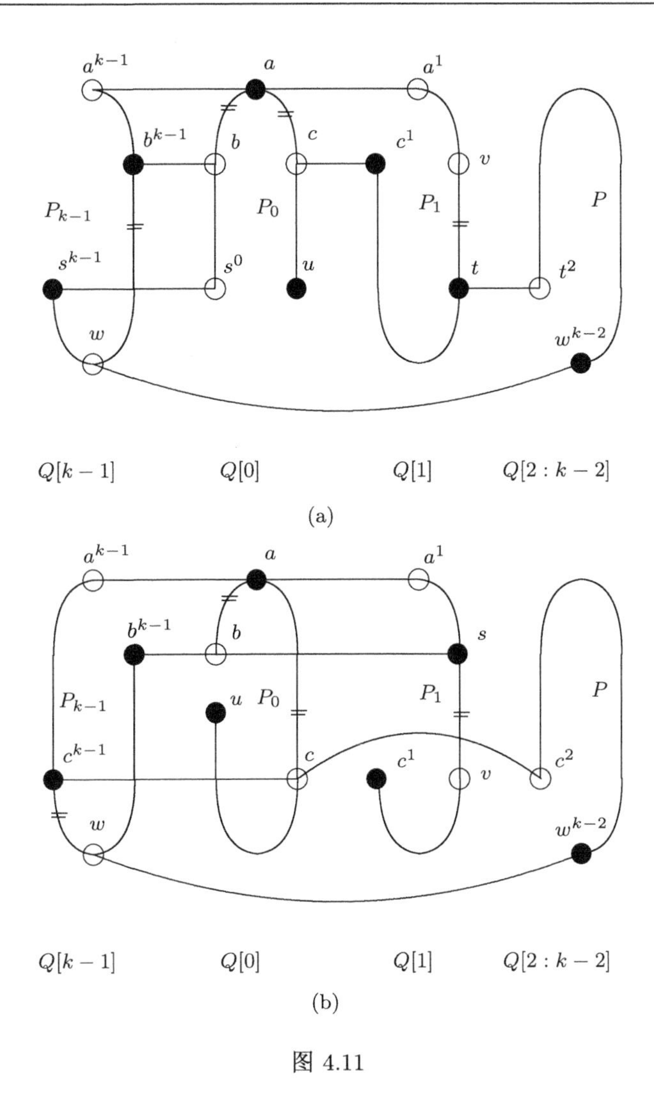

图 4.11

连接 u 和 c 的哈密尔顿路 P_0. 显然, $(a,b),(a,c)\in E(P_0)$. 于是,

$$\begin{aligned}&P_0\cup C'\cup P\\&+\{(a,v),(a,a^{k-1}),(c,c^1),(c,c^{k-1}),(b,b^1)\}\\&-\{(a,b),(a,c),(v,b^1),(v,c^1)\}\end{aligned}$$

即为所求 (见图 4.12).

情形 3.2 $v\in V(Q[2:k/2])$.

选取一个顶点 $w\in V(Q[0])$ 使得 $w\notin\{b,c\}$ 且 $\delta(u,w)=1$. 由归纳假设, $Q[0]-F_*^0$ 有一条连接 u 和 w 的哈密尔顿路 P_0. 显然, (a,b), $(a,c)\in E(P_0)$. 不失

一般性, 记 P_0 为 $\langle u, P_{01}, b, a, c, P_{02}, w\rangle$. 因为 $w \neq c$, 所以 $|E(P_{02})| > 0$. 由归纳假设, $Q[k-1]-F$ 有一条连接 a^{k-1} 和 b^{k-1} 的哈密尔顿路 P_{k-1}.

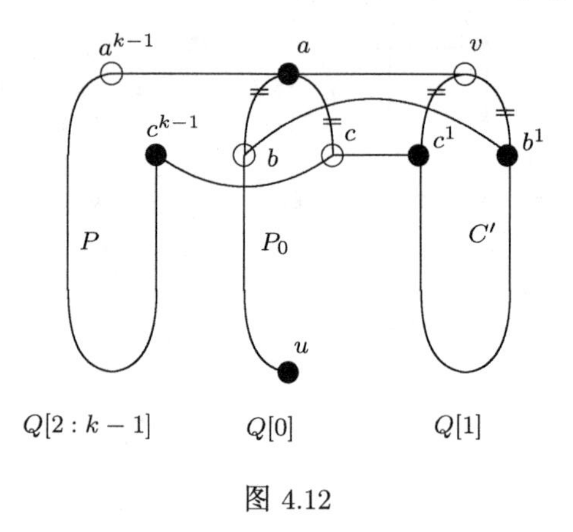

图 4.12

在 $V(Q[1])$ 中选取 c^1 的一个邻点 w_1 使得 $w_1 \neq a^1$ 且 (c^1, w_1), $(w_1, w_1^2) \notin F$. 由引理 3.4.2, $Q[1]-F$ 有一条通过边 (c^1, a^1) 和 (c^1, w_1) 的 (a^1, w^1) 的哈密尔顿路 P_0. 因为 $\delta(v, a^1) = 0$ 且 $\delta(a^1, w_1^2) = 1$, 所以 $\delta(v, w_1^2) = 1$. 由引理 3.4.1, $Q[2:k-2]-F$ 有一条连接 w_1^2 和 v 的哈密尔顿路 P. 于是,

$$
\begin{aligned}
&P_{01} \cup P_{02} \cup P_1 \cup P \cup P_{k-1}\\
&+\{(a, a^1), (a, a^{k-1}), (b, b^{k-1}), (c, c^1), (w, w^1), (w_1, w_1^2)\} - (c^1, w_1)
\end{aligned}
$$

即为所求 (见图 4.13).

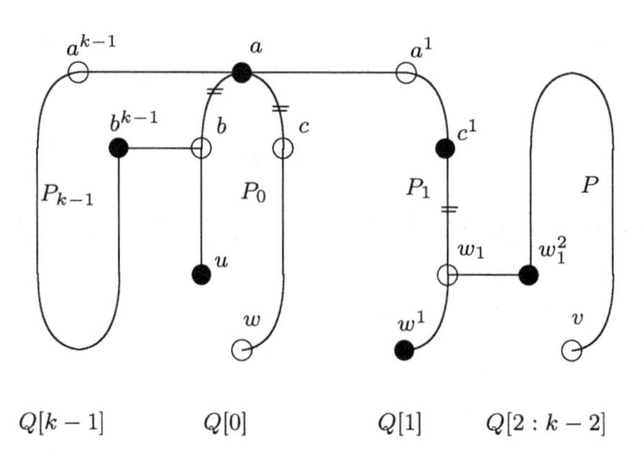

图 4.13

情形 4　$u \in V(Q[i])$ 且 $v \in V(Q[j])$, 其中, $1 \leqslant i \neq j \leqslant k-1$. 不失一般性, 假设 $i < j$.

情形 4.1 $1 \leqslant i < j \leqslant k-2$.

显然, $\{a^1, c^1\} \neq \{u, v\}$. 由引理 3.4.2, $Q[1:k-2]-F$ 有一条通过边 (a^1, c^1) 的 (u, v) 哈密尔顿路 P'. 由归纳假设, $Q[k-1]-F$ 有一条连接 a^{k-1} 和 b^{k-1} 的哈密尔顿路 P_{k-1}. 于是,

$$\begin{aligned}&C \cup P' \cup P_{k-1}\\&+\{(a,a^1),(c,c^1),(a,a^{k-1}),(b,b^{k-1})\}\\&-\{(a,b),(a,c),(a^1,c^1)\}\end{aligned}$$

即为所求 (如图 4.13 所示).

情形 4.2 $2 \leqslant i < j \leqslant k-1$.

类似于情形 4.1, 可以构造 $Q_n^k - F$ 的一条 (u, v) 哈密尔顿路.

情形 4.3 $i = 1$ 且 $j = k-1$.

显然, $\delta(u, a^1)$ 和 $\delta(v, a^{k-1})$ 中恰有一个为 0. 不失一般性, 假设 $\delta(u, a^1) = 0$.

首先, 假设 $u \neq a^1$. 由引理 3.4.1, $Q[2:k-1]-F$ 有一条连接 v 和 a^{k-1} 的哈密尔顿路 P. 由引理 3.4.2, $Q[1]-F^1$ 有一条通过边 (a^1, b^1) 和 (a^1, c^1) 的 (u, c^1) 哈密尔顿路 P_1. 于是,

$$\begin{aligned}&C \cup P_1 \cup P\\&+\{(a,a^1),(a,a^{k-1}),(c,c^1),(b,b^1)\}\\&-\{(a,b),(a,c),(a^1,b^1)\}\end{aligned}$$

即为所求 (见图 4.14(a)).

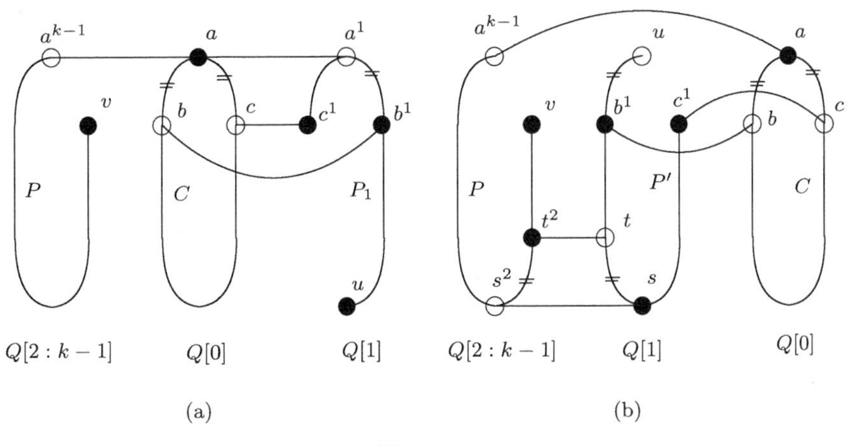

图 4.14

接下来, 假设 $u = a^1$. 由引理 3.4.2, $Q[1] - F^1$ 有一条通过边 (a^1, b^1) 的 (a^1, c^1) 哈密尔顿路 P'. 选取 $P' - u$ 的一条边 (s,t) 使得 (s, s^2), (t, t^2), $(s^2, t^2) \notin F$. 由引理 3.4.2, $Q[2 : k-1] - F$ 有一条连接通过 (s^2, t^2) 的 (v, a^{k-1}) 的哈密尔顿路 P. 于是,

$$\begin{aligned}
& C \cup P' \cup P \\
& +\{(a, a^1), (a, a^{k-1}), (c, c^1), (b, b^1), (s, s^2), (t, t^2)\} \\
& -\{(a, b), (a, c), (a^1, b^1), (s, t), (s^2, t^2)\}
\end{aligned}$$

即为所求 (如图 4.14(b) 所示). □

由引理 4.3.1, 引理 4.3.3~ 引理 4.3.5, 可得出如下定理.

定理 4.3.1 设 $n \geqslant 2$ 是一个整数, $k \geqslant 4$ 是一个偶数, F 是 Q_n^k 的一个条件故障边集且 $|F| \leqslant 4n - 6$. 对于 Q_n^k 中不同部的两个顶点 u 和 v, $Q_n^k - F$ 有一条连接 u 和 v 的哈密尔顿路.

4.4 本章小结

本章考虑了具有一些故障边的偶元 n-立方, 这些故障边使得偶元 n-立方的每个顶点至少和两条健康边关联. 我们证明了具有至多 $4n-6$ 故障边的这样的偶元 n-立方中的任意两个具有不同奇偶性的顶点之间存在一个哈密尔顿路. 这一结果表明, 对于哈密尔顿路嵌入来说, 偶元 n-立方具有良好的条件故障容错能力, 这一结果对建立偶元 n-立方环境下的 T 比特路由器是不无裨益的.

第 5 章　条件容错泛圈性

一个泛圈图 $G=(V(G),E(G))$ 也被称为是条件 k- 边故障泛圈的, 若在条件故障假设下, 从 G 中删去至多 k 条边后仍是泛圈的. 本章中, 我们对 3-元 n-立方体的相关性质进行研究, 并证明了 3-元 n-立方体是条件 $(4n-5)$- 边故障泛圈的.

5.1　相关概念和结果

在互连网络中, 同一个顶点关联的所有边同时故障的概率是很低的, 因此, 条件故障泛圈性是网络抗毁性更为实际的一个度量. 显然, 在网络出现故障的情形下仍要保持某些好的性质方面, 条件故障的假设下网络所允许被破坏的边的数目要大于一般标准故障假设下网络所允许被破坏的边的数目. 因此, 对条件故障下网络泛圈性的研究远比一般故障下网络泛圈性的研究要难. 目前有关这方面的结果还不多.

在文献 [133] 中, Hung, Fu 和 Chen 证明了 n-维交叉立方体是条件 $(2n-5)$- 边故障泛圈的. Hsieh 和 Lee[131] 证明了限制类超立方体网络也是条件 $(2n-5)$- 边故障泛圈的. 在本章中, 我们考虑 3-元 n-立方体网络.

一条路 $P[x^0,x^t]=\langle x^0,x^1,\cdots,x^t\rangle$ 是使得任意两个连续的顶点都相邻的顶点序列. 特别的, 若 $x^0=x^t$ 且 $t\geqslant 3$, 则 $P[x^0,x^t]$ 是一个圈.

定义 5.1.1　一个图 G 是 k- 边故障哈密尔顿的, 若对任意边集 F $(|F|\leqslant k)$, $G-F$ 中存在一个哈密尔顿圈.

定义 5.1.2　一个图 G 是 k- 故障 p- 泛连通的, 若对任意故障点和 (或) 故障边的集合 F $(|F|\leqslant k)$, $G-F$ 中任意两点间存在长从 p 到 $|V(G-F)|-1$ 的路.

通过删除所有的 j-维边, 我们可以沿着维 j 将 Q_n^3 剖分为 3 个不相交的子立方体, $Q[0]$, $Q[1]$ 和 $Q[2]$, 如图 5.1 所示. 在一个故障 Q_n^3 中, 记 $\mathcal{F}_j$ 为故障 j- 维边的集合, $\mathcal{F}^{a,b}$ 为 $Q[a]$ 和 $Q[b]$ 之间的故障 j- 维边的集合, 其中 $a,b\in\{0,1,\cdots,k-1\}$ 且 $a\neq b$.

下面已有的结果将在后面的讨论中被用到.

引理 5.1.1[54]　Q_2^3 是条件 3-边故障哈密尔顿的除非三条故障边恰形成一个 3- 圈.

引理 5.1.2[54]　Q_n^3 是条件 $(4n-5)$-边故障哈密尔顿的, 其中 $n\geqslant 3$ 是整数.

引理 5.1.3[135]　Q_n^3 是 $(2n-3)$-故障 $(2n-1)$-泛连通的, 其中 $n\geqslant 2$.

引理 5.1.4[66] Q_n^3 是 $(2n-2)$-故障哈密尔顿的, 其中 $n \geqslant 2$.

5.2 准备工作

这一节的目的是获得对主要定理证明有用的一些引理.

引理 5.2.1 设 Q_n^3 中有 $4n-5$ 条故障边, 其中 $n \geqslant 3$. 那么存在一个维 d 使得 $|\mathcal{F}_d| \geqslant 3$.

证明 令 d 是故障 d- 维边最多的维. 则

$$|\mathcal{F}_d| \geqslant \left\lceil \frac{4n-5}{n} \right\rceil = \left\lceil 4 - \frac{5}{n} \right\rceil$$

因为 $n \geqslant 3$, 故有 $|\mathcal{F}_d| \geqslant 3$. □

令 Q_n^3 $(n \geqslant 3)$ 是一个具有 $4n-5$ 条故障边的 3-元 n-立方体, 满足每个点至少同两条健康边关联 (即每个点有两个邻点). 令 d 是一个维满足 $|\mathcal{F}_d| \geqslant 3$, 沿着维 d 将 Q_n^3 剖分为 3 个不相交的子立方体, $Q[0]$, $Q[1]$ 和 $Q[2]$.

在本章中, 若 u 是 $Q[i]$ 的一个顶点, 则我们记它为 u^i, 记它在 $Q[j]$ 中的邻点为 u^j. 显然, 若 (u^i, v^i) 是 $Q[i]$ 的一条边, 那么 (u^j, v^j) 是 $Q[j]$ 的一条边. 令 F 为故障边集. 对 $i \in \{0,1,2\}$, 记 $F^i = F \cap E(Q[i])$. 显然,

$$|F^0 \cup F^1 \cup F^2| = 4n-5-|\mathcal{F}_d| \leqslant 4n-8$$

不失一般性, 设 $|F^0| \geqslant |F^1| \geqslant |F^2|$. 我们有下面的引理.

引理 5.2.2 $|F^1| \leqslant 2n-4$ 且 $|F^2| \leqslant 2n-5$.

证明 若 $|F^1| \geqslant 2n-3$, 则 $|F^0| \geqslant |F^1| \geqslant 2n-3$. 因此

$$|F^0 \cup F^1| \geqslant 4n-6 > 4n-8 \geqslant |F^0 \cup F^1 \cup F^2|$$

矛盾. 从而, $|F^1| \leqslant 2n-4$. 类似的, $|F^2| \leqslant 2n-5$. □

引理 5.2.3 设 $|F^1| \leqslant 2n-5$ 且 $Q[0]$ 有一个长为 $3^{n-1}-1$ 或 3^{n-1} 的圈 C_0, 则 $Q_n^3 - F$ 包含长从 $2 \times 3^{n-1}+1$ 到 3^n-1 的圈.

证明 令 l_0 为 C_0 的长度. 在证明中, 我们仅考虑 $l_0 = 3^{n-1}-1$. 当 $l_0 = 3^{n-1}$ 时, 证明是类似的.

因为

$$l_0 = 3^{n-1}-1 > 4n-5 \geqslant |\mathcal{F}_d|$$

故 C_0 中存在一条边 (x^0, y^0) 使得 $(x^0, x^1), (y^0, y^1) \notin \mathcal{F}^{0,1}$ 或者 $(x^0, x^2), (y^0, y^2) \notin \mathcal{F}^{0,2}$. 不失一般性, 设 $(x^0, x^1), (y^0, y^1) \notin \mathcal{F}^{0,1}$. 因为

$$|F^1| \leqslant 2n-5 \text{ 且 } 3^{n-1}-(2n-3) \geqslant 2n-3$$

由引理 5.1.3 可得 $Q[1]-F^1$ 包含长为 l_1 的路 $P[y^1,x^1]$, 其中 $3^{n-1}-(2n-3)\leqslant l_1\leqslant 3^{n-1}-1$. 令 $P[x^0,y^0]=C_0-(x^0,y^0)$. 连接 $P[x^0,y^0]$ 和 $P[y^1,x^1]$, 我们可得到一个圈 D, 其中长

$$\begin{aligned}l' &= (l_0-1)+l_1+2\\ &= l_0+l_1+1\in\{2\times 3^{n-1}-(2n-3),\cdots,2\times 3^{n-1}-1\}\end{aligned}$$

首先考虑 $P[x^0,y^0]$ 上存在一条边 (u^0,v^0) 满足 $(u^0,u^2),(v^0,v^2)\notin\mathcal{F}^{0,2}$. 如图 5.1(a) 所示.

因为 $|F^2|\leqslant 2n-5$, 由引理 5.1.3 知 $Q[2]-F^2$ 有一条长为 l_2 的路 $P[v^2,u^2]$, 其中 $2n-3\leqslant l_2\leqslant 3^{n-1}-1$. 令 $P[u^0,v^0]=D-(u^0,v^0)$. 那么

$$\langle u^0,P[u^0,v^0],v^0,v^2,P[v^2,u^2],u^2,u^0\rangle$$

是长

$$\begin{aligned}l &= (l'-1)+l_2+2\\ &= l'+l_2+1\in\{2\times 3^{n-1}+1,2\times 3^{n-1}+2,\cdots,3^n-1\}\end{aligned}$$

的圈.

其次假设 $P[x^0,y^0]$ 中每条边同 $\mathcal{F}^{0,2}$ 中至少一条边关联. 那么

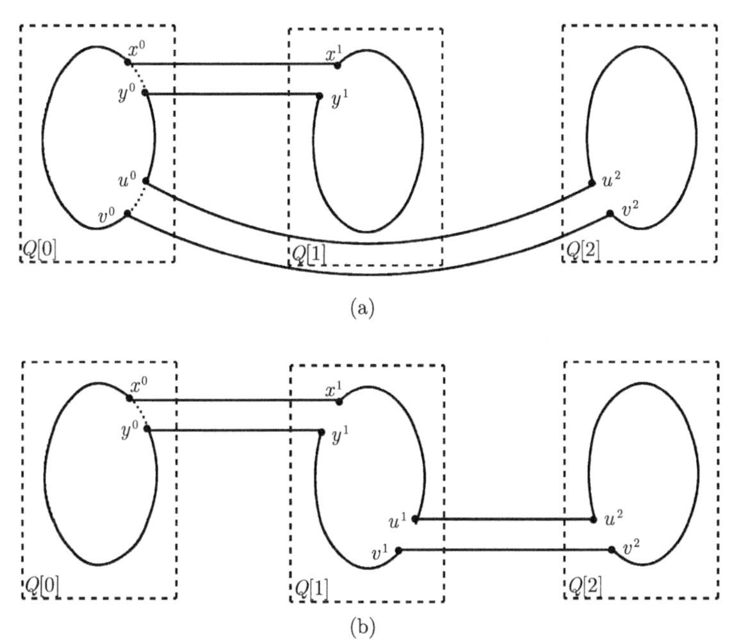

图 5.1

$$\left\lceil \frac{3^{n-1}-2}{2} \right\rceil = \left\lceil \frac{|E(P^0)|}{2} \right\rceil \leqslant |\mathcal{F}^{0,2}| \leqslant 4n-5$$

这就意味着 $n=3$. 进一步,

$$|\mathcal{F}^{0,2}| \geqslant \left\lceil \frac{3^{n-1}-2}{2} \right\rceil \geqslant 4$$

因此 $|E(P[x^0,y^0])| = l_0 - 1 = 3^2 - 2 = 7$ 且 $|\mathcal{F}^{1,2}| \leqslant 3$. 下面我们将找长从 19 到 26 的圈.

选取路 $P[y^1,x^1]$ 使得它的长度 $l_1 \geqslant 7$. 由 $l_1 > 2|\mathcal{F}^{1,2}|$ 知, $P[y^1,x^1]$ 上存在一条边 (u^1,v^1) 使得 $(u^1,u^2),(v^1,v^2) \notin \mathcal{F}^{1,2}$. 如图 5.1(b) 所示. 因为 $|F^2| \leqslant 2n-5$, $Q[2]-F^2$ 有一条长为 l_2 的路 $P[v^2,u^2]$, 其中 $3 \leqslant l_2 \leqslant 8$.

令 $P[u^1,v^1] = D-(u^1,v^1)$. 当 $l_1 = 7$ 时, $\langle u^1, P[u^1,v^1], v^1, v^2, P[v^2,u^2], u^2, u^1\rangle$ 是长为

$$\begin{aligned} l &= (l'-1) + l_2 + 2 \\ &= l_0 + l_1 + l_2 + 2 \in \{20, 21, \cdots, 25\} \end{aligned}$$

的圈. 当 $l_1 = 8$ 且 $l_2 = 8$ 时, $\langle u^1, P[u^1,v^1], v^1, v^2, u^2, u^1\rangle$ 是长为 $l_0 + l_1 + 3 = 19$ 的圈而 $\langle u^1, P[u^1,v^1], v^1, v^2, P[v^2,u^2], u^2, u^1\rangle$ 是长为 $l_0 + l_1 + l_2 + 2 = 26$ 的圈. □

通过类似引理 5.2.3 的证明, 可得下面的引理.

引理 5.2.4 设 $|F^1| \leqslant 2n-5$ 且 $Q[0]$ 有一个长为 $3^{n-1}-2$ 或 $3^{n-1}-1$ 的路 $P[x^0,y^0]$. 若 $(x^0,x^1),(y^0,y^1) \notin \mathcal{F}^{0,1}$ 或 $(x^0,x^2),(y^0,y^2) \notin \mathcal{F}^{0,2}$, 则 $Q_n^3 - F$ 包含长从 $2\times 3^{n-1}+1$ 到 $3^n - 1$ 的圈.

引理 5.2.5 若 $|F^0| = 4n-8$, 则存在一条边 $(x^0,y^0) \in F^0$ 使得 $(x^0,x^1),(y^0,y^1) \notin \mathcal{F}^{0,1}$, 或者 $(x^0,x^2),(y^0,y^2) \notin \mathcal{F}^{0,2}$.

证明 由 $|\mathcal{F}_d| \leqslant 4n-5-|F^0| = 3$ 知, 若 $Q[0]$ 存在两条不相邻的故障边, 则结论是显然的. 下面设任两条故障边是相邻的. 那么这些故障边要么形成一个三圈, 要么都与同一个点关联. 由于当 $n \geqslant 3$ 时, $4n-8 > 3$, 前一种情形是不可能的. 假设所有的故障边与一个相同的点 x^0 关联.

注意到 $Q[0]$ 中共有 $2n-2$ 条边与 x^0 关联. 因此 $4n-8 \leqslant 2n-2$, 这就意味着 $n=3$ 且这 $2n-2=4$ 条在同 $Q[0]$ 中与 x^0 关联的边都故障. 由于 x^0 至少同 Q_n^3 中两条健康边关联, 故 (x^0,x^1) 必然是健康边. 因为 $|\mathcal{F}_d| = 3$ 且共有 4 条健康边同 x^0 关联, 故存在一条故障边, 不妨设为 (x^0,y^0), 使得 (y^0,y^1) 是健康的. 证毕. □

引理 5.2.6 设 $|F^0| = |F^1| = 2n-4$ 且 $Q[0]$ 有两条健康边 (x^0,y^0) 和 (y^0,z^0) 使得 (x^0,x^1), (y^0,y^1), (z^0,z^1), (x^1,y^1) 和 (y^1,z^1) 都是健康边, 则 $Q[1]-F^1$ 有一个哈密尔顿圈包含 (x^1,y^1) 或 (y^1,z^1).

证明 把 $Q[1]$ 中与 y^1 关联的一些边标记为故障 (也就是说, 临时把它们认为是故障的) 使得 y^1 至多同 $Q[1]$ 中三条健康边关联, 且其中两条是 (x^1, y^1) 和 (y^1, z^1). 因为 $Q[1]$ 中最初有 $2n-4$ 条故障边, 故现在有至多 $(2n-4)+(2n-5)=4n-9$ 条故障边. 若 (标记过的) $Q[1]$ 中每个点同至少两条健康边关联, 则由引理 5.1.2 知结论成立. 因此只需证明 (标记过的) $Q[1]$ 中每个点同至少两条健康边关联.

反之, 存在一个点 w^1 恰与一条健康边关联. 因为 (y^1, w^1) 是原来的 $Q[1]$ 中一条健康边且随后被标记为故障. 修改标记使得 (y^1, w^1) 是修改后 $Q[1]$ 中第三条健康边. 此时每个点至少同两条健康边关联 (因为 $Q[1]$ 最初有 $2n-4$ 个故障). 证毕. □

5.3 (4n − 5)-条件容错泛圈性

本节将证明 3-元 n-立方体是条件 $(4n-5)$- 边故障泛圈的. 在本节的证明中, 一个圈指的是一个无故障圈.

引理 5.3.1 $Q_n^3 - F$ 包含长从 3 到 $2\times 3^{n-1}$ 的圈.

证明 由引理 5.2.2, $|F^1| \leqslant 2n-4 = 2(n-1)-2$. 因为 $Q[1]$ 与 Q_{n-1}^3 同构且 $n-1 \geqslant 2$, 由引理 5.1.4 可知, $Q[1]-F^1$ 是泛圈的, 也就是说, 在 $Q[1]-F^1$ 中存在长从 3 到 3^{n-1} 的圈. 因此, $Q_n^3 - F$ 包含长从 3 到 3^{n-1} 的圈. 下面证 $Q_n^3 - F$ 包含长从 $3^{n-1}+1$ 到 $2\times 3^{n-1}$ 的圈. 分两种情形证明.

情形 1 $|F^1| \leqslant 2n-5$.

因为当 $n \geqslant 3$ 时有

$$|V(Q[1])| - |\mathcal{F}^{1,2}| \geqslant 3^{n-1} - (4n-5) \geqslant 2$$

成立, 我们可以在 $Q[1]$ 中选取两个不同的顶点 x^1 和 y^1 满足

$$(x^1, x^2), (y^1, y^2) \notin \mathcal{F}^{1,2}$$

又因为 $|F^1|, |F^2| \leqslant 2n-5 = 2(n-1)-3$, 由引理 5.1.3 得, $Q[1]-F^1$ 和 $Q[2]-F^2$ 都是 $(2n-3)$- 泛连通的. 因此, $Q[1]$ 包含一条长为 l_1 的路 $P[x^1, y^1]$, $Q[2]$ 包含一条长为 l_2 的路 $P[y^2, x^2]$, 其中 $2n-3 \leqslant l_1, l_2 \leqslant 3^{n-1}-1$. 观察到 $\langle x^1, P[x^1, y^1], y^1, y^2, P[y^2, x^2], x^2, x^1\rangle$ (即, 连接 $P[x^1, y^1]$ 和 $P[y^2, x^2]$) 是长为

$$l = l_1 + l_2 + 2 \in \{4n-4, 4n-3, \cdots, 2\times 3^{n-1}\}$$

的圈. 因为对 $n \geqslant 3$ 有 $4n-4 < 3^{n-1}+1$, 故引理成立.

情形 2 $|F^1| = 2n-4$.

因为

$$|F^0| \geqslant |F^1| = 2n-4 \ \text{ 且 } \ |F^0 \cup F^1 \cup F^2| \leqslant 4n-8$$

故有

$$|F^0| = |F^1| = 2n-4, \quad |F^2| = 0 \ \text{和} \ |\mathcal{F}_d| = 3$$

由引理 5.1.4, $Q[1]-F^1$ 包含长从 $3^{n-1}-2n+4$ 到 3^{n-1} 的圈 C_1. 因为对 $n \geqslant 3$ 有

$$|E(C_1)| - 2|\mathcal{F}^{1,2}| \geqslant 3^{n-1} - 2n + 4 - 6 > 0$$

故 C_1 上存在一条边 (x^1, y^1) 满足

$$(x^1, x^2), (y^1, y^2) \notin \mathcal{F}^{1,2}$$

令 $P[x^1, y^1] = C_1 - (x^1, y^1)$ 且 l_1 是路 $P[x^1, y^1]$ 的长. 则

$$3^{n-1} - 2n + 3 \leqslant l_1 \leqslant 3^{n-1} - 1$$

因为 $|F^2| = 0$, 由引理 5.1.3 知, $Q[2]$ 有一条长为 l_2 的路 $P[y^2, x^2]$, 其中 $2n-3 \leqslant l_2 \leqslant 3^{n-1}-1$. 此时, 连接 $P[x^1, y^1]$ 和 $P[y^2, x^2]$, 我们可以得到长

$$l = l_1 + l_2 + 2 \in \{3^{n-1}+2, 3^{n-1}+3, \cdots, 2\times 3^{n-1}\}$$

的圈. 此外, 当 $l_1 = 3^{n-1}-2$ 时, 因为 $|F^2| = 0$, 由 $\langle x^1, P[x^1, y^1], y^1, y^2, x^2, x^1\rangle$ 我们可得到长为 $3^{n-1}+1$ 的圈. □

引理 5.3.2 $Q_n^3 - F$ 包含长从 $2\times 3^{n-1}+1$ 到 3^n 的圈.

证明 因为长为 3^n 的圈可由引理 5.1.2 获得, 我们只需找到长从 $2\times 3^{n-1}+1$ 到 3^n-1 的圈. 分三种情形证明.

情形 1 $Q[0]$ 中有一个点 w^0 至多与一条健康边关联.

记 F_1^0 为 $Q[0]$ 中与 w^0 关联的故障边集合, 则 $|F_1^0| \geqslant 2n-3$. 因此 $|F^1| \leqslant 4n-8-(2n-3) \leqslant 2n-5$. 把点 w^0 临时认为是故障点, 因为

$$|(F^0 \setminus F_1^0) \cup \{w^0\}| \leqslant 4n-8-(2n-3)+1 \leqslant 2n-4$$

由引理 5.1.4 得, $Q[0]-((F^0 \setminus F_1^0)\cup\{w^0\})$ 有一个长为 $3^{n-1}-1$ 的圈 C_0. 结合事实 $|F^1| \leqslant 2n-5$, 由引理 5.2.3 知结论成立.

情形 2 $Q[0]$ 中每个点同至少两条健康边关联且 $|F^0| = 4n-8$.

此时,

$$|F^1| = |F^2| = 0 \ \text{且} \ |\mathcal{F}_d| = 3$$

若 $Q[0]-F^0$ 有哈密尔顿圈, 则由引理 5.2.3, 引理成立. 下面设 $Q[0]-F^0$ 没有哈密尔顿圈. 由引理 5.2.5, 存在一条故障边 $(x^0, y^0) \in F^0$ 使得

$$(x^0, x^1), (y^0, y^1) \notin \mathcal{F}^{0,1} \ \text{或} \ (x^0, x^2), (y^0, y^2) \notin \mathcal{F}^{0,2}$$

把边 (x^0, y^0) 临时认为是故障边. 由引理 5.1.2, 修改后的 $Q[0]$ 有一个哈密尔顿圈包含边 (x^0, y^0), 从而原来的 $Q[0] - F^0$ 有一条从 x^0 到 y^0 的哈密尔顿路. 由引理 5.2.4 知结论成立.

情形 3 $Q[0]$ 中每个点同至少两条健康边关联且 $|F^0| \leqslant 4n-9$.

情形 3.1 $|F^1| \leqslant 2n-5$.

由引理 5.2.3, 只需在 $Q[0] - F^0$ 中找一个长为 $3^{n-1}-1$ 或 3^{n-1} 的圈.

若 $n \geqslant 4$ 或者 $n=3$ 且 $Q[0]$ 中没有由三条故障边组成的 3- 圈, 则由引理 5.1.1 和 5.1.2 知, $Q[0] - F^0$ 有一个长为 3^{n-1} 的哈密尔顿圈.

设 $n = 3$ 且 $Q[0]$ 有三条故障边形成一个 3-圈, 则 $|F^0| \geqslant 3$. 因为 $|F^0| \leqslant 4n-9=3$, 我们有 $|F^0|=3$. 不妨设 $\langle x^0, y^0, z^0, x^0\rangle$ 是这个故障 3- 圈. 由引理 5.1.4 知 $Q[0] - x^0 - (y^0, z^0)$ 有一个长为 $3^{n-1}-1$ 的哈密尔顿圈.

情形 3.2 $|F^1| = 2n-4$.

此时,

$$|F^0| = |F^1| = 2n-4, \quad |F^2| = 0 \text{ 且 } |\mathcal{F}_d| = 3$$

由引理 5.1.4 知, $Q[0] - F^0$ 包含一个长为 l_0 的圈 C_0, 其中

$$3^{n-1} - 2n + 4 \leqslant l_0 \leqslant 3^{n-1}$$

情形 3.2.1 C_0 上存在两条边 (x^0, y^0) 和 (y^0, z^0) 使得 $(x^0, x^1), (y^0, y^1), (z^0, z^1)$ 都是健康边.

我们首先断言 $Q[1] - F^1$ 有一条哈密尔顿路 $P[x^1, y^1]$ 或 $P[y^1, z^1]$. 若 (x^1, y^1) 和 (y^1, z^1) 都是健康边, 由引理 5.2.6, 结论成立. 设要么边 (x^1, y^1), 要么边 (y^1, z^1) 是故障的. 不失一般性, 设 (x^1, y^1) 是故障边. 临时标记边 (x^1, y^1) 为健康边. 因为 $|F^1 \setminus \{(x^1, y^1)\}| = 2n-5$, 由引理 5.1.3 知原来的 $Q[1] - F^1$ 有一条哈密尔顿路 $P[x^1, y^1]$. 断言成立.

不失一般性, 设 $Q[1] - F^1$ 有一条哈密尔顿路 $P[x^1, y^1]$. 令 $P[x^0, y^0] = C_0 - (x^0, y^0)$. 连接 $P[x^0, y^0]$ 和 $P[x^1, y^1]$, 我们可以获得一个长

$$l^* = l_0 + 3^{n-1} \in \{2 \times 3^{n-1} - 2n + 4, \cdots, 2 \times 3^{n-1}\}$$

的圈 D. 因为

$$|E(P[x^1, y^1])| = 3^{n-1} - 1 > 6 = 2|\mathcal{F}_d|$$

在 $P[x^1, y^1]$ 上存在一条边 (u^1, v^1) 使得 $(u^1, u^2), (v^1, v^2) \notin \mathcal{F}^{1,2}$. 令 $P[u^2, v^2]$ 是 $Q[2]$ 上长为 l_2 的路, 其中 $2n-3 \leqslant l_2 \leqslant 3^{n-1}-1$. 置 $P[u^1, v^1] = D - (u^1, v^1)$. 连接 $P[u^1, v^1]$ 和 $P[u^2, v^2]$, 我们可得到一个长

$$
\begin{aligned}
l &= (l^* - 1) + l_2 + 2 \\
&= l^* + l_2 + 1 \in \{2 \times 3^{n-1} + 2, \cdots, 3^n\}
\end{aligned}
$$

的圈. 此外, 当 $|E(P[u^1, v^1])| = l^* - 1 = 2 \times 3^{n-1} - 2$ 时, 长为 $2 \times 3^{n-1} + 1$ 的圈可由 $\langle u^1, P[u^1, v^1], v^1, v^2, u^2, u^1 \rangle$ 得到.

情形 3.2.2　不存在情形 3.2.1 中的两条边.

此时, 我们有

$$
\left\lceil \frac{3^{n-1} - 2n + 4}{3} \right\rceil \leqslant \left\lceil \frac{|E(C_0)|}{3} \right\rceil \leqslant |\mathcal{F}^{0,1}| \leqslant 3
$$

这就意味着 $n = 3$ 且 $|\mathcal{F}^{0,1}| = 3 = |\mathcal{F}_d|$. 我们将找出长从 19 到 26 的圈. 注意到 $7 \leqslant |E(C_0)| = l_0 \leqslant 9$.

令 $(u^0, v^0) \in E(C_0)$. 因为 $|\mathcal{F}^{0,2}| = 0$, 故

$$
(u^0, u^2),\ (v^0, v^2) \notin \mathcal{F}^{0,2}
$$

由引理 5.1.3, $Q[2]$ 由一条长为 l_2 的路 $P[u^2, v^2]$, 其中 $3 \leqslant l_2 \leqslant 8$. 令 $P[u^0, v^0] = C_0 - (u^0, v^0)$. 连接 $P[u^0, v^0]$ 和 $P[u^2, v^2]$, 我们可以得到一个长

$$
\begin{aligned}
l' &= (l_0 - 1) + l_2 + 2 \\
&= l_0 + l_2 + 1 \in \{11, 12, \cdots, 18\}
\end{aligned}
$$

的圈 D.

因为

$$
|\mathcal{F}^{1,2}| = 0 \ \text{且} \ |E(P[u^2, v^2])| = l_2 \geqslant 3
$$

故 $P[u^2, v^2]$ 上存在两条边 (x^2, y^2) 和 (y^2, z^2) 使得

$$
(x^1, x^2),\ (y^1, y^2),\ (z^1, z^2) \notin \mathcal{F}^{1,2}
$$

通过一个与情形 3.2.1 类似的证明, 我们可得到 $Q[1] - F^1$ 的一条哈密尔顿路 $P[x^1, y^1]$ 或 $P[y^1, z^1]$, 路的长 $l_1 = 8$. 进一步, 连接这条路和圈 D, 我们可得到长

$$
l = l' + l_1 + 1 \in \{20, 21, \cdots, 27\}
$$

的圈.

最后需要找出一个长为 19 的圈. 注意到 $|E(P[u^2, v^2])| \geqslant 3$ 且 $|F^1| = 2$, $P[u^2, v^2]$ 上有一条边 (s^2, t^2) 使得 $(s^1, t^1) \notin F^1$. 令 $P[s^2, t^2] = D - (s^2, t^2)$. 当 $|E(P[s^2, t^2])| = l' - 1 = 16$ 时, 圈 $\langle s^2, P[s^2, t^2], t^2, t^1, s^1, s^2 \rangle$ 即为所求. 引理得证. □

由引理 5.3.1 和 5.3.2 可得下面的定理.

定理 5.3.1　Q_n^3 是条件 $(4n-5)$- 边故障泛圈的, 其中 $n \geqslant 3$.

5.4 最优性说明

本节将说明在 Q_n^3 中, 为保持条件容错泛圈性允许出现故障边的数目 $4n-5$ 是不可改进的. 考虑 Q_n^3 中一个 4- 圈 $\langle u,v,w,x,u\rangle$, 如图 5.2 所示. 除圈上的 4 条边外, 删除所有其他与 u 和 w 关联的边 (假设它们都是故障边). 注意到故障边的数目为 $2(2n-2)=4n-4$ 且每个点仍有至少两个邻点. 显然, 带故障边的 Q_n^3 中一定没有哈密尔顿圈. 因此, 故障边数上界是不可改进的.

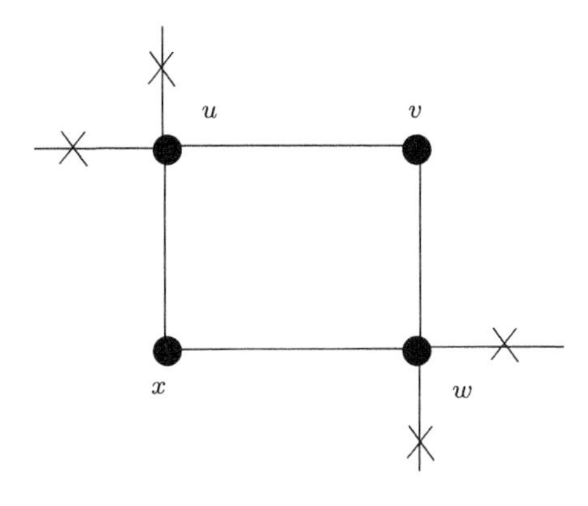

图 5.2 圈 $\langle u,v,w,x,u\rangle$

第6章　指定哈密尔顿连通性

在前面几个章节中, 我们对具有故障元和条件故障元的 k-元 n-立方中路或圈嵌入问题进行了讨论. 当并行与分布式系统中出现的是通信线路故障时, 对应的是网络中的边故障. 此时, 网络中的路和圈嵌入问题可以看作是在回避这些故障通信线路的前提下寻找可能的路和圈. 我们称这种嵌入为规避嵌入.

2006 年, Caha 和 Koubek[83] 研究了 n-维超立方体上经过指定边哈密尔顿圈的存在性, 这在某些程度上是回避哈密尔顿圈嵌入问题的补问题. 自从那以后, 关于超立方体上经过指定边的哈密尔顿路和圈的研究得到了关注[84, 85, 86, 88, 136].

在本章中, 我们考虑 3-元 n-立方体网络. 设 $\mathcal{P}$ 是 3-元 n-立方体 $(n \geqslant 2)$ 的一个边集合, 满足 $|\mathcal{P}| \leqslant 2n-2$ 且由 $\mathcal{P}$ 导出的子图由两两点不交路组成. 设 u 和 v 是任意两个顶点满足由 $\mathcal{P}$ 导出的路没有一条以它们作为中间顶点, 或同时以它们作为两个端点. 我们将构造一条经过这个集合每条边的从 u 到 v 的哈密尔顿路.

6.1　相关概念和结果

给定一个集合 $\mathcal{P} \subseteq E(G)$, 记 $\langle\mathcal{P}\rangle$ 为 G 的由 $\mathcal{P}$ 导出的子图. 对一个集合 $\mathcal{F} \subseteq V(G) \cup E(G)$, 记 $G-\mathcal{F}$ 为从 G 中删去 $\mathcal{F}$ 中所有点和边的子图.

定义 6.1.1　称一条路 P (一个圈 C) 穿越 $\mathcal{P}$, 若 $\mathcal{P} \subseteq E(P)$ $(\mathcal{P} \subseteq E(C))$.

定义 6.1.2　若一个边集合导出的图由点不交路组成, 则这个边集被称为线性集.

令 $\mathcal{P} \subseteq E(Q_n^3)$ 是一个线性集. 用 $\langle\mathcal{P}\rangle$ 表示由 $\mathcal{P}$ 中边导出的路的集合. 特别的, $|\langle\mathcal{P}\rangle|$ 是由 $\mathcal{P}$ 中边导出的路的数目. 因此, $\langle\mathcal{P}\rangle$ 中一条路就是 $\langle\mathcal{P}\rangle$ 的一个分支. 我们记 $P[u,v]$ 是图中从 u 到 v 的一条路.

定义 6.1.3　令 $\mathcal{P} \subseteq E(Q_n^3)$ 是一个线性集. 当 Q_n^3 沿某维被划分成 $Q[0]$, $Q[1]$ 和 $Q[2]$ 后, 记 $\mathcal{P}^i = \mathcal{P} \cap E(Q[i])$, 其中 $i=0,1,2$. 称 $Q[i]$ 的一条边 (u^i,v^i) 对 $\mathcal{P}^i$ 是自由的, 若 $(u^i,v^i) \notin \mathcal{P}^i$ 且 $\mathcal{P}^i \cup \{(u^i,v^i)\}$ 是一个线性集. 进一步, 若 (u^j,v^j) 同样对 $\mathcal{P}^j$ 自由, 我们称 (u^i,v^i) 是 (i,j)-自由的, 其中 $j \in \{i+1,i-1\}$.

定义 6.1.4　令 $u,v \in V(Q_n^3)$ 是两个不同的点, $\mathcal{P} \subseteq E(Q_n^3)$ 是一个线性集. 我们称 $\{u,v\}$ 和 $\mathcal{P}$ 在 Q_n^3 中是兼容的, 若 u 和 v 都同 $\mathcal{P}$ 中最多一条边关联且 $\langle\mathcal{P}\rangle$ 中没有路连接点 u 和 v.

由定义 6.1.4 知下面的性质成立.

性质 6.1.1 如果一条边 (x^i,y^i) 对 $\mathcal{P}^i$ 是自由的, 那么 $\{x^i,y^i\}$ 和 $\mathcal{P}$ 是兼容的.

定义 6.1.5 给定一个整数 m, 对任意一个满足 $|\mathcal{P}|\leqslant m$ 的线性集 $\mathcal{P}$ 和任意一对顶点 u,v, 使得 $\{u,v\}$ 和 $\mathcal{P}$ 是兼容的, 若 Q_n^3 中存在一条从 u 到 v 穿越 $\mathcal{P}$ 的哈密尔顿路, 那么我们称 Q_n^3 是 m-指定哈密尔顿–连通的.

事实上, 一个 0-指定哈密尔顿–连通图恰恰是一个哈密尔顿–连通图. 下面是证明中将要用到的两个重要结论.

引理 6.1.1[63] 令 F 是 Q_n^3 的一个具有最多 $2n-3$ 个故障点的集合. 对任意两个不同的顶点 $u,v\in V(Q_n^k-F)$, Q_n^3-F 有一个哈密尔顿路 $P[u,v]$.

引理 6.1.2[66] 令 F 是 Q_n^3 的一个具有最多 $2n-2$ 个故障点的集合, 则 Q_n^3-F 有一个哈密尔顿圈.

6.2 准备工作

这一节的目的是获得对主要定理证明有用的一些引理. 设 $n\geqslant 3$ 且 $\mathcal{P}\subseteq E(Q_n^3)$ 是一个线性集.

引理 6.2.1 若 $|\mathcal{P}|\leqslant 2n-2$, 那么 Q_n^3 存在一个划分 $Q[0]$, $Q[1]$ 和 $Q[2]$, 使得 $|\mathcal{P}\setminus(\mathcal{P}^0\cup\mathcal{P}^1\cup\mathcal{P}^2)|\leqslant 1$.

证明 反证. 设 $\mathcal{D}=\{0,1,\cdots,n-1\}$ 是维的集合且沿任一维 $d\in\mathcal{D}$ 划分都有 $|\mathcal{P}\setminus(\mathcal{P}^0\cup\mathcal{P}^1\cup\mathcal{P}^2)|\geqslant 2$, 则至少有 $2n$ 条故障边, 这与 $|\mathcal{P}|\leqslant 2n-2$ 矛盾. □

令 $Q[0]$, $Q[1]$ 和 $Q[2]$ 是 Q_n^3 的一个划分使得 $|\mathcal{P}\setminus(\mathcal{P}^0\cup\mathcal{P}^1\cup\mathcal{P}^2)|\leqslant 1$.

引理 6.2.2 令 P 是 $Q[i]$ 的穿越 $\mathcal{P}^i$ 的长至少为 $3^{n-1}-1$ 的一条路或圈. 若 $|\mathcal{P}^i\cup\mathcal{P}^j|\leqslant 2n-2$ 且 $|\mathcal{P}^j|\leqslant 2n-4$, 其中 $j\in\{i+1,i-1\}$, 那么 P 中存在两条不同的 (i,j)-自由边.

证明 注意到 $E(P)\setminus\mathcal{P}^i$ 对 $\mathcal{P}^i$ 是 i-自由的, 只需要证明 $D=\{(x^j,y^j):(x^i,y^i)\in E(P)\setminus\mathcal{P}^i\}$ 中存在两条不同的对 $\mathcal{P}^j$ 是 j-自由的边. 若 D 中的边 (x^j,y^j) 对 $\mathcal{P}^j$ 不是 j-自由的, 那么 $(x^j,y^j)\in\mathcal{P}^j$ 或 $\mathcal{P}^j\cup\{(x^j,y^j)\}$ 不是一个线性集, 等价的, 下面之一成立:

(i) x^j 或 y^j 同 $\mathcal{P}^j$ 的两条边关联.

(ii) $\langle\mathcal{P}^j\rangle$ 包含一条从 x^j 到 y^j 的路.

假设 $\langle\mathcal{P}^j\rangle$ 有 l 条两两不同的点不交路. 那么最多有 $|\mathcal{P}^j|-l$ 个顶点同 $\mathcal{P}^j$ 的两条边关联. 令 t 为 D 中使得 (i) 成立的边的数目. 不难看出 $t\leqslant 2(|\mathcal{P}^j|-l)$. 令 p 记 D 中使得 (ii) 成立的边的数目. 显然, $p\leqslant l$. 这就推出使引理不成立的 D 中边的数目不会超过 $t+p\leqslant 2|\mathcal{P}^j|-l$. 因为当 $n\geqslant 3$ 有

$$
\begin{aligned}
|D| - (t+p) &= |E(P)| - |\mathcal{P}^i| - 2|\mathcal{P}^j| + l \\
&\geqslant 3^{n-1} - 1 - (2n-2) - (2n-4) \geqslant 2
\end{aligned}
$$

所以 D 中存在有两条不同的边使引理成立. □

引理 6.2.3　假设 $\mathcal{P} \setminus (\mathcal{P}^0 \cup \mathcal{P}^1 \cup \mathcal{P}^2) = \{(x^i, x^j)\}$. 若 $|\mathcal{P}^i \cup \mathcal{P}^j| \leqslant 2n-3$, 则 $Q[i]$ 中存在 x^i 的一个邻点 y^i 使得 (x^i, y^i) 是 (i,j)-自由的.

证明　若引理不成立, 那么对 x^i 的任意一个邻点 y^i, 下面至少有一个成立.

(i) y^i 同 $\mathcal{P}^i$ 中两条边关联或 y^j 同 $\mathcal{P}^j$ 两条边关联.

(ii) $\langle \mathcal{P}^i \rangle$ 包含一条从 x^i 到 y^i 的路.

(iii) $\langle \mathcal{P}^j \rangle$ 包含一条从 x^j 到 y^j 的路.

令 p_i (p_j) 是 $\langle \mathcal{P}^i \rangle$ $(\langle \mathcal{P}^j \rangle)$ 中以 x^i (x^j) 开头的路的数目, 且令 t_i (t_j) 是 x^i (x^j) 的使得 (i) 成立的在 $Q[i]$ $(Q[j])$ 中邻点的数目. 若 $|\mathcal{P}^i| = 0$, 则 $p_i + t_i = 0$. 若 $|\mathcal{P}^i| > 0$, 则 $p_i \leqslant 1$ 和 $t_i \leqslant |\mathcal{P}^i| - 1$. 因此, 恒有

$$
p_i + t_i \leqslant |\mathcal{P}^i|
$$

成立. 同样的,

$$
p_j + t_j \leqslant |\mathcal{P}^j|
$$

这就推出 x^i 在 $Q[i]$ 中使得引理不成立的邻点的数目不超过

$$
(p_i + t_i) + (p_j + t_j) \leqslant |\mathcal{P}^i| + |\mathcal{P}^j| \leqslant 2n-3
$$

因为 x^i 在 $Q[i]$ 中共有 $2n-2$ 个邻点, 故必然存在一个邻点使引理成立. □

引理 6.2.4　令两个顶点 $x^i \in V(Q[i])$, $y^j \in V(Q[j])$ 分别与 $\mathcal{P}^i$ 和 $\mathcal{P}^j$ 中最多一条边关联. 若 $|\mathcal{P}^i \cup \mathcal{P}^j| \leqslant 2n-2$, 则存在一个点 $w^i \in V(Q[i])$ 使得 $\{x^i, w^i\}$ 和 $\mathcal{P}^i$ 是兼容的且 $\{w^j, y^j\}$ 和 $\mathcal{P}^j$ 是兼容的.

证明　令 $\mathcal{P}^* = \mathcal{P}^i \cup \mathcal{P}^j$. 易见 w^i 在 $Q[i] - \{x^i, y^i\}$ 中, 若引理不成立, 则以下至少有一条成立:

(i) w^i 或 w^j 同 $\mathcal{P}^*$ 中两条边关联.

(ii) $\langle \mathcal{P}^i \rangle$ 包含从 x^i 到 w^i 的一条路.

(iii) $\langle \mathcal{P}^j \rangle$ 包含从 w^j 到 y^j 的一条路.

令 p 为 $\langle \mathcal{P}^* \rangle$ 中以 x^i 或 y^j 为一个端点的路的数目, t 是同 $\mathcal{P}^*$ 中两条边关联的顶点数. 因为 $p \leqslant 2$ 和 $t \leqslant |\mathcal{P}^*| - 1$, 故 $Q[i] - \{x^i, y^i\}$ 中使引理不成立的顶点数不超过

$$
\begin{aligned}
t + p &\leqslant |\mathcal{P}^*| - 1 + p \\
&\leqslant |\mathcal{P}^*| + 1 \leqslant 2n - 1 \\
&< 3^{n-1} - 2 = |V(Q[i] - \{x^i, y^i\})|
\end{aligned}
$$

其中 $n \geqslant 3$. 因此必存在一个顶点使引理成立. □

引理 6.2.5 设 $\mathcal{P} \setminus (\mathcal{P}^0 \cup \mathcal{P}^1 \cup \mathcal{P}^2) = \{(x^i, x^{i+1})\}$ 且 u, v 是 $Q[i]$ 中两个顶点满足 $\{u, v\}$ 和 $\mathcal{P}$ 兼容. 若 $|\mathcal{P}^{i-1}| > 0$ 且 $|\mathcal{P}^i \cup \mathcal{P}^{i-1}| \leqslant 2n-4$, 则存在 x^i 在 $Q[i]$ 的一个邻点 y^i, 使得下面三条分别成立.

(i) y^{i-1} 最多同 $\mathcal{P}^{i-1}$ 中一条边关联.

(ii) $(x^i, y^i) \notin \mathcal{P}^i$ 且 $\mathcal{P}^i \cup \{(x^i, y^i)\}$ 是一个线性集.

(iii) $\{u, v\}$ 和 $\mathcal{P}^i \cup \{(x^i, y^i)\}$ 在 $Q[i]$ 中兼容.

证明 若引理不成立, 那么对 x^i 在 $Q[i] - \{u, v\}$ 中任一个邻点 y^i, 下面至少有一个成立.

(i) y^{i-1} 同 $\mathcal{P}^{i-1}$ 中两条边关联或 y^i 同 $\mathcal{P}^i$ 中两条边关联.

(ii) $\langle \mathcal{P}^i \rangle$ 包含一条从 x^i 到 y^i 的路.

(iii) $\langle \mathcal{P}^i \rangle$ 包含一条从 u 到 x^i 的路和从 y^i 到 v 的一条路.

令 p 为 $\langle \mathcal{P}^i \rangle$ 中以 x^i 为一个端点的路的数目. 因为 $\mathcal{P}$ 是一个线性集且 $(x^i, x^{i+1}) \in \mathcal{P}$, 所以 $p \leqslant 1$. 令 t 是使得 (i) 成立的顶点数. 注意到 $|\mathcal{P}^{i-1}| > 0$. 由 $|\mathcal{P}^i| > 0$, 得 $t \leqslant |\mathcal{P}^i| - 1 + |\mathcal{P}^{i-1}| - 1$, 进而

$$p + t \leqslant |\mathcal{P}^i| + |\mathcal{P}^{i-1}| - 1$$

若 $|\mathcal{P}^i| = 0$, 则 $p = 0$ 且

$$\begin{aligned} p + t &\leqslant |\mathcal{P}^{i-1}| - 1 \\ &= |\mathcal{P}^i| + |\mathcal{P}^{i-1}| - 1 \end{aligned}$$

这就推出 x^i 在 $Q[i] - \{u, v\}$ 中的使得引理不成立的邻点数不会超过

$$p + t \leqslant |\mathcal{P}^i| + |\mathcal{P}^{i-1}| - 1 \leqslant 2n - 5$$

因为 x^i 在 $Q[i] - \{u, v\}$ 中至少有 $2n-4$ 个邻点, 所以必然存在一个邻点使得引理成立. □

引理 6.2.6 设 $\mathcal{P} \setminus (\mathcal{P}^0 \cup \mathcal{P}^1 \cup \mathcal{P}^2) = \{(x^i, x^{i+1})\}$. 若 $|\mathcal{P}^{i-1}| > 0$ 且 $|\mathcal{P}^i \cup \mathcal{P}^{i-1}| \leqslant 2n-2$, 则 x^i 在 $Q[i]$ 中有一个邻点 y^i 使得 y^{i-1} 同 $\mathcal{P}^{i-1}$ 中最多一条边关联且 (x^i, y^i) 对 $\mathcal{P}^i$ 自由.

证明 同 $\mathcal{P}^{i-1}$ 中两条边关联的 y^{i-1} 的数目 $\leqslant |\mathcal{P}^{i-1}| - 1$. 对应的, 至多有 $|\mathcal{P}^{i-1}| - 1$ 个 y^i 不能够被选择. 因为 $(x^i, x^{i+1}) \in \mathcal{P}$, 且 x^i 同 $\mathcal{P}^i$ 中至多一条边关联, 所以至多有 $|\mathcal{P}^i|$ 个 y^i 满足 (x^i, y^i) 对 $\mathcal{P}^i$ 不是自由边. 因为

$$|\mathcal{P}^{i-1}| - 1 + |\mathcal{P}^i| \leqslant 2n - 3$$

故引理成立. □

6.3　$(2n-2)$-指定哈密尔顿连通性

本节我们将证明 Q_n^3 是 $(2n-2)$-指定哈密尔顿–连通的. 给定一个整数 $n \geqslant 3$, 令 $\mathcal{P} \subseteq E(Q_n^3)$ 是一个线性集使得 $|\mathcal{P}| = 2n-2$, 令 u, v 是两个不同的顶点满足 $\{u, v\}$ 和 $\mathcal{P}$ 是兼容的. 设 $Q[0]$, $Q[1]$ 和 $Q[2]$ 是 Q_n^3 的一个分划且 $Q[i]$ 是 $(2n-4)$-指定哈密尔顿–连通的, 其中 $i = 0, 1, 2$. 不失一般性, 我们可以设 $|\mathcal{P}^0| \geqslant |\mathcal{P}^1| \geqslant |\mathcal{P}^2|$.

引理 6.3.1　若 $|\mathcal{P}^0| = 2n-3$, 则 $Q[0]$ 有一个穿越 $\mathcal{P}^0$ 的哈密尔顿圈.

证明　令 $(x^0, y^0) \in \mathcal{P}^0$. 显然, $\{x^0, y^0\}$ 和 $\mathcal{P}^0 \setminus \{(x^0, y^0)\}$ 在 $Q[0]$ 中是兼容的. 因为 $Q[0]$ 是 $(2n-4)$-指定哈密尔顿连通的, $Q[0]$ 有一条穿越 $\mathcal{P}^0 \setminus \{(x^0, y^0)\}$ 的哈密尔顿路 $P[x^0, y^0]$. 因此, $P[x^0, y^0] + (x^0, y^0)$ 即为所求. □

引理 6.3.2　若 $|\mathcal{P}^0| = 2n-2$, 则 $Q[0]$ 有穿越 $\mathcal{P}^0$ 的一个哈密尔顿圈或一条哈密尔顿路.

证明　取一条边 $(x^0, y^0) \in \mathcal{P}^0$ 使得 y^0 是 $\langle \mathcal{P}^0 \rangle$ 中一条路的端点. 由引理 6.3.1 知, $Q[0]$ 有一个穿越 $\mathcal{P}^0 \setminus \{(x^0, y^0)\}$ 的哈密尔顿圈 C. 若 $(x^0, y^0) \in E(C)$, 则 C 是一个穿越 $\mathcal{P}^0$ 的哈密尔顿圈. 下面设 $(x^0, y^0) \notin E(C)$. 在 C 上分别取 x^0 和 y^0 的邻点 s^0 和 t^0, 使得 $(x^0, s^0) \notin \mathcal{P}^0$ 且 C 上从 x^0 到 y^0 的两条路每条恰包含 s^0, t^0 中的一个. 注意到 y^0 的选取方式意味着 $(y^0, t^0) \notin \mathcal{P}^0$. 因此

$$C + \{(x^0, y^0)\} - \{(x^0, s^0), (y^0, t^0)\}$$

是 $Q[0]$ 的一条穿越 $\mathcal{P}^0$ 的哈密尔顿路. □

引理 6.3.3　若 $\mathcal{P} = \mathcal{P}^0 \cup \mathcal{P}^1 \cup \mathcal{P}^2$ 且对某个 $i \in \{0, 1, 2\}$ 有 $u, v \in V(Q[i])$, 则 Q_n^3 有一条穿越 $\mathcal{P}$ 的哈密尔顿路.

证明　显然, $|\mathcal{P}^0| \leqslant |\mathcal{P}| \leqslant 2n-2$. 下面分三种情况讨论, 在每种情况下我们将构造一条穿越 $\mathcal{P}$ 的哈密尔顿路 HP.

情形 1　$|\mathcal{P}^0| \leqslant 2n-4$.

因为

$$|\mathcal{P}^i| \leqslant |\mathcal{P}^0| \leqslant 2n-4$$

且 $Q[i]$ 是 $(2n-4)$-指定哈密尔顿–连通的, 故 $Q[i]$ 有一条穿越 $\mathcal{P}^i$ 的哈密尔顿路 $P[u, v]$. 由引理 6.2.2 知, $P[u, v]$ 上存在两条不同的边 (x^i, y^i) 和 (s^i, t^i) 分别是 $(i, i+1)$-自由和 $(i, i-1)$-自由的. 因此我们可以得到 $Q[i+1]$ 的一条穿越 $\mathcal{P}^{i+1}$ 的哈密尔顿路 $P[x^{i+1}, y^{i+1}]$ 和 $Q[i-1]$ 的一条穿越 $\mathcal{P}^{i-1}$ 的哈密尔顿路 $P[s^{i-1}, t^{i-1}]$. 如图 6.1 所示, 此时

$$HP = \big(P[u, v] \cup P[x^{i+1}, y^{i+1}] \cup P[s^{i-1}, t^{i-1}]\big)$$

$$+\{(s^{i-1},s^i),(t^{i-1},t^i),(x^i,x^{i+1}),(y^i,y^{i+1})\}$$
$$-\{(x^i,y^i),(s^i,t^i)\}$$

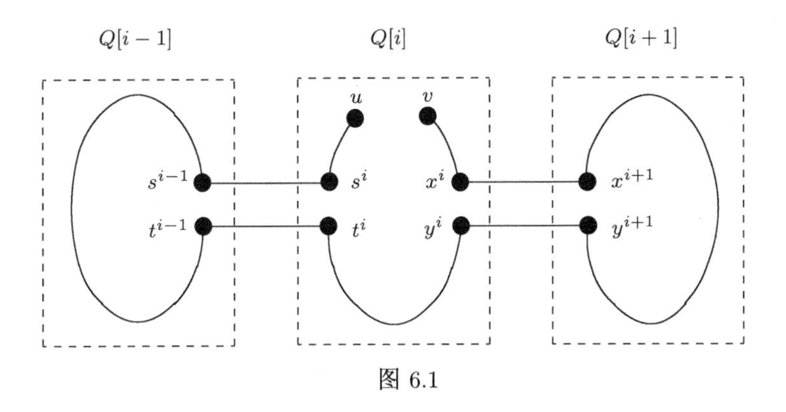

图 6.1

情形 2 $|\mathcal{P}^0|=2n-3$.

由引理 6.3.1 知, $Q[0]$ 有一个穿越 $\mathcal{P}^0$ 的哈密尔顿圈 C. 注意到此时有

$$|\mathcal{P}^1|=1 \text{ 且 } |\mathcal{P}^2|=0$$

情形 2.1 点 $u,v\in V(Q[1])$.

由归纳假设知, 在 $Q[1]$ 中有一条穿越 $\mathcal{P}^1$ 的哈密尔顿路 $P[u,v]$. 取一条边 $(s^1,t^1)\in E(P[u,v])\setminus\mathcal{P}^1$. 因为 $|E(C)\setminus\mathcal{P}^0|>2$, 故存在一条边

$$(x^0,y^0)\in E(C)\setminus\mathcal{P}^0 \text{ 且满足 } (x^2,y^2)\neq(s^2,t^2)$$

由归纳假设知, $Q[2]$ 有一条穿越 (包含) 边 (s^2,t^2) 的哈密尔顿路 $P[x^2,y^2]$. 因此, 所求的哈密尔顿路

$$\begin{aligned}HP=&\big(C\cup P[u,v]\cup P[x^2,y^2]\big)\\&+\{(x^0,x^2),(y^0,y^2),(s^1,s^2),(t^1,t^2)\}\\&-\{(x^0,y^0),(s^1,t^1),(s^2,t^2)\}\end{aligned}$$

如图 6.2 所示.

情形 2.2 $u,v\in V(Q[2])$.

因为 $|\mathcal{P}^1|=1<2n-4$, 由引理 6.2.2 可得 C 上有一条边 (x^0,y^0) 是 $(0,1)$-自由的. 由归纳假设, $Q[1]$ 中有一条穿越 $\mathcal{P}^1$ 的哈密尔顿路 $P[x^1,y^1]$. 取一条边 $(s^1,t^1)\in E(P[x^1,y^1])\setminus\mathcal{P}^1$ 且满足 $\{s^2,t^2\}\neq\{u,v\}$. 再由归纳假设知, $Q[2]$ 有一条包含边 (s^2,t^2) 的哈密尔顿路 $P[u,v]$. 如图 6.3 所示, 此时

$$
\begin{aligned}
HP = & \left(C \cup P[x^1, y^1] \cup P[u, v]\right) \\
& + \{(x^0, x^1), (y^0, y^1), (s^1, s^2), (t^1, t^2)\} \\
& - \{(x^0, y^0), (s^1, t^1), (s^2, t^2)\}
\end{aligned}
$$

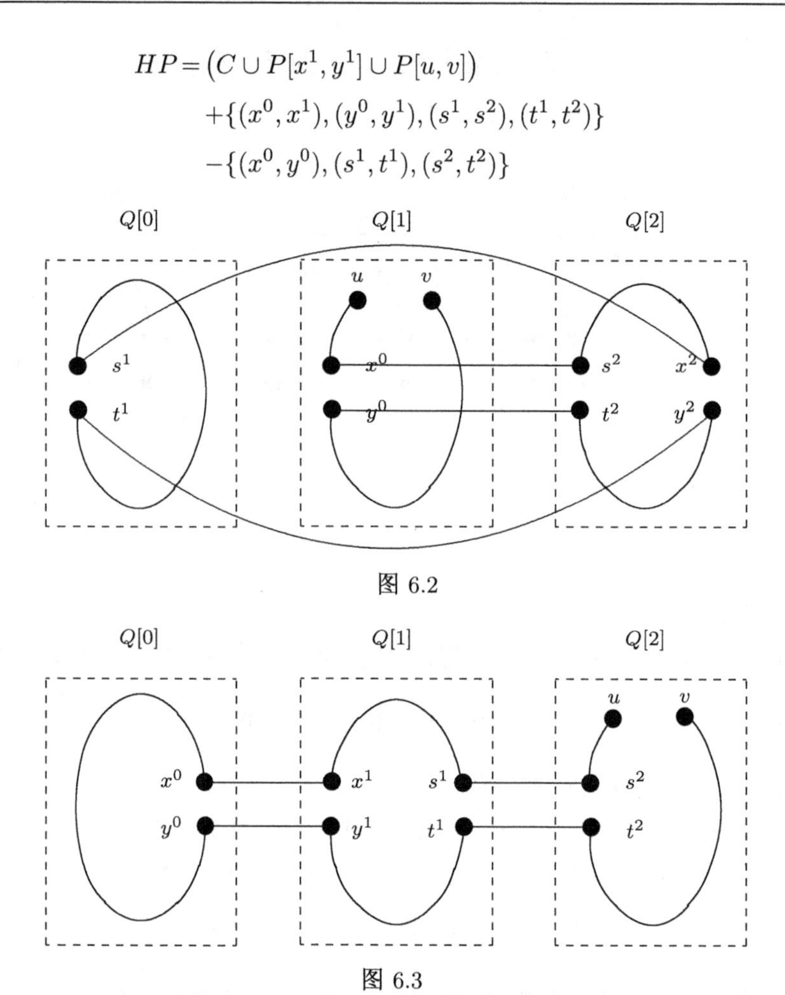

图 6.2

图 6.3

情形 2.3　$u, v \in V(Q[0])$ 且 $(u, v) \in E(C)$.

此时, $P[u, v] = C - (u, v)$ 是 $Q[0]$ 的一条穿越 $\mathcal{P}^0$ 的哈密尔顿路. 由引理 6.2.2 知, 在 $P[u, v]$ 上存在一条边 (x^0, y^0) 是 $(0, 1)$-自由的. 由归纳假设, 在 $Q[1]$ 中有一条穿越 $\mathcal{P}^1$ 的哈密尔顿路 $P[x^1, y^1]$. 令

$$
(s^1, t^1) \in E(P[x^1, y^1]) \setminus \mathcal{P}^1
$$

由引理 6.1.1 知, $Q[2]$ 中存在一条哈密尔顿路 $P[s^2, t^2]$. 因此, 如图 6.4 所示, 所求的哈密尔顿路

$$
\begin{aligned}
HP = & \left(C \cup P[x^1, y^1] \cup P[s^2, t^2]\right) \\
& + \{(x^0, x^1), (y^0, y^1), (s^1, s^2), (t^1, t^2)\} \\
& - \{(u, v), (x^0, y^0), (s^1, t^1)\}
\end{aligned}
$$

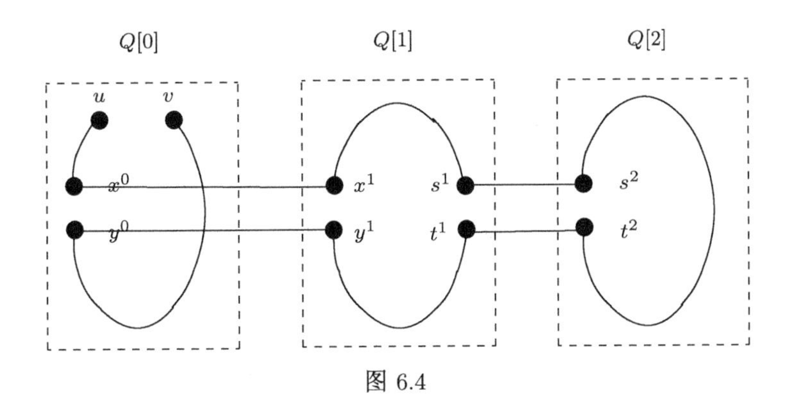

图 6.4

情形 2.4 $u, v \in V(Q[0])$ 且 $(u, v) \notin E(C)$.

因为 u (v) 同 $\mathcal{P}$ 中至多一条边关联, 故可在 C 上分别取 u 和 v 的邻点 s^0 和 t^0, 使得 (u, s^0), $(v, t^0) \notin \mathcal{P}^0$.

首先假设 $C - \{(u, s^0), (v, t^0)\}$ 由两条路 $P[u, t^0]$ 和 $P[s^0, v]$ 组成. 因为

$$|\mathcal{P}^1| = 1 \quad 且 \quad |\mathcal{P}^2| = 0$$

由引理 6.2.4 知, 存在点 $w^1 \in V(Q[1])$ 使得 $\{s^1, w^1\}$ 和 $\mathcal{P}^1$ 在 $Q[1]$ 中是兼容的, 且 $\{w^2, t^2\}$ 和 $\mathcal{P}^2$ 在 $Q[2]$ 中是兼容的. 因此, 我们可以获得 $Q_n^3 - V(Q[0])$ 的一条穿越 $\mathcal{P}^1$ 的哈密尔顿路 $P[s^1, t^2]$. 此时

$$\begin{aligned} HP = &\left(P[u, t^0] \cup P[s^0, v] \cup P[s^1, t^2]\right) \\ &+ \{(s^0, s^1), (t^0, t^2)\} \end{aligned}$$

如图 6.5 所示.

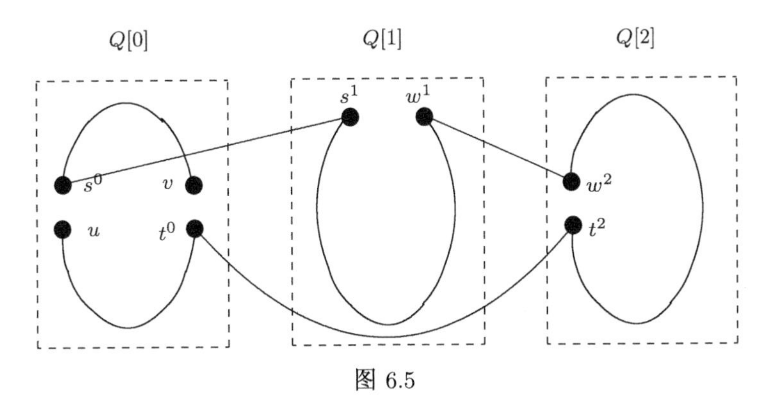

图 6.5

其次设 $C - \{(u, s^0), (v, t^0)\}$ 由两条路 $P[u, v]$ 和 $P[s^0, t^0]$ 组成. 事实上由于 $\langle \mathcal{P}^0 \rangle$ 中没有从 u 到 v 的路可知存在一条边 $(x^0, y^0) \in E(P[u, v]) \setminus \mathcal{P}^0$. 因为 $|\mathcal{P}^1| = 1$, 故

$\{x^1,s^1\}$ 或 $\{y^1,s^1\}$ 和 $\mathcal{P}^1$ 在 $Q[1]$ 中是兼容的. 不失一般性, 假设前者成立. 则 $Q[1]$ 有一条哈密尔顿路 $P[x^1,s^1]$ 穿越 $\mathcal{P}^1$ 且 $Q[2]$ 有一条哈密尔顿路 $P[y^2,t^2]$. 如图 6.6 所示, 此时

$$HP=\big(P[u,v]\cup P[s^0,t^0]\cup P[x^1,s^1]\cup P[y^2,t^2]\big)\\+\{(x^0,x^1),(s^0,s^1),(y^0,y^2),(t^0,t^2)\}-\{(x^0,y^0)\}$$

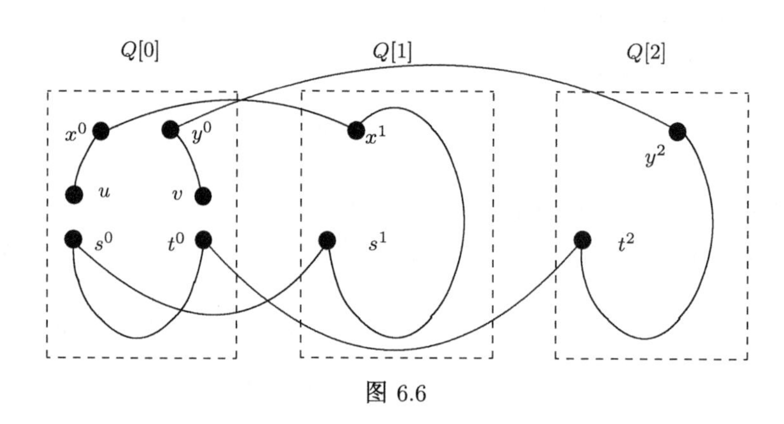

图 6.6

情形 3 $|\mathcal{P}^0|=2n-2$.

由引理 6.3.2 知, $Q[0]$ 中存在一个穿越 $\mathcal{P}^0$ 的哈密尔顿圈或路. 若前者成立, 则证明同情形 2 类似. 下面设 $Q[0]$ 中存在一个穿越 $\mathcal{P}^0$ 的哈密尔顿路 $P[w^0,t^0]$. 注意到此时 $|\mathcal{P}^1|=|\mathcal{P}^2|=0$.

情形 3.1 $u,v\in V(Q[1])$ 或 $u,v\in V(Q[2])$.

由 Q_n^3 的对称性, 我们可设 $u,v\in V(Q[1])$. 令 $P[u,v]$ 是 $Q[1]$ 的一条哈密尔顿路, 在 $P[u,v]$ 上选取一条边 (p^1,q^1) 使得 $(p^2,q^2)\neq(w^2,t^2)$. 由归纳假设知, $Q[2]$ 上存在一条包含边 (p^2,q^2) 的哈密尔顿路 $P[w^2,t^2]$. 因此所求的哈密尔顿路

$$HP=\big(P[w^0,t^0]\cup P[u,v]\cup P[w^2,t^2]\big)\\+\{(w^0,w^2),(t^0,t^2),(p^1,p^2),(q^1,q^2)\}\\-\{(p^1,q^1),(p^2,q^2)\}$$

情形 3.2 $u,v\in V(Q[0])$.

若 $\{u,v\}=\{w^0,t^0\}$, 则 $Q[0]$ 有一条哈密尔顿路 $P[u,v]$. 从而证明同情形 2.3 类似.

若 $|\{u,v\}\cap\{w^0,t^0\}|=1$, 不妨设 $u=w^0$. 令 s^0 是 $P[w^0,t^0]$ 上 v 的一个邻点使得 $(v,s^0)\notin\mathcal{P}^0$. 那么 $P[w^0,t^0]-(v,s^0)$ 由两条路 $P[u,s^0]$ 和 $P[v,t^0]$ 或 $P[u,v]$ 和 $P[s^0,t^0]$ 组成. 用同情形 2.4 类似的方法, 我们可以获得所求的哈密尔顿路.

最后只剩下 $\{u,v\}\cap\{w^0,t^0\}=\varnothing$ 的情形. 若 $(u,v)\in E(P[w^0,t^0])$, 则 $P[w^0,t^0]-(u,v)$ 由两条路 $P[u,w^0]$ 和 $P[v,t^0]$ 或 $P[u,t^0]$ 和 $P[v,w^0]$ 组成, 因此构造方法同上.

设 $(u,v)\notin E(P[w^0,t^0])$. 令 x^0, y^0 分别是 $P[w^0,t^0]$ 上 u,v 的邻点满足 (u,x^0), $(v,y^0)\notin\mathcal{P}^0$, 则 $P[w^0,t^0]-\{(u,x^0),(v,y^0)\}$ 由三条路组成. 注意到 u 和 v 都是路的端点.

当 u 和 v 属于不同的路时, 设 $P[u,a^0]$, $P[v,b^0]$ 和 $P[c^0,d^0]$ 为这三条路. 由引理 6.1.1 知, $Q[1]$ 有一条哈密尔顿路 $P[a^1,c^1]$ 且 $Q[2]$ 有一条哈密尔顿路 $P[b^2,d^2]$. 因此

$$\begin{aligned}HP=&\big(P[u,a^0]\cup P[v,b^0]\cup P[c^0,d^0]\cup P[a^1,c^1]\cup P[b^2,d^2]\big)\\&+\{(a^0,a^1),(b^0,b^2),(c^0,c^1),(d^0,d^2)\}\end{aligned}$$

当 u 和 v 是同一条路的两个端点时, 设 $P[u,v]$, $P[a^0,b^0]$ 和 $P[c^0,d^0]$ 为这三条路. 由于 $\mathcal{P}^0$ 没有从 u 到 v 的路, 故存在一条边 $(l^0,r^0)\in E(P[u,v])\setminus\mathcal{P}^0$. 由归纳假设, $Q[1]$ 中存在一条包含边 (l^1,r^1) 的哈密尔顿路 $P[a^1,c^1]$, $Q[2]$ 中存在一条哈密尔顿路 $P[b^2,d^2]$. 因此,

$$\begin{aligned}HP=&\big(P[u,v]\cup P[a^0,b^0]\cup P[c^0,d^0]\cup P[a^1,c^1]\cup P[b^2,d^2]\big)\\&+\{(l^0,l^1),(r^0,r^1),(a^0,a^1),(b^0,b^2),(c^0,c^1),(d^0,d^2)\}\\&-\{(l^0,r^0),(l^1,r^1)\}\end{aligned}$$

□

引理 6.3.4 若 $\mathcal{P}=\mathcal{P}^0\cup\mathcal{P}^1\cup\mathcal{P}^2$ 且 u,v 在不同的子立方体中, 则 Q_n^3 有一条穿越 $\mathcal{P}$ 的哈密尔顿路.

证明 显然, $|\mathcal{P}^0|\leqslant|\mathcal{P}|\leqslant 2n-2$. 下面分两种情况讨论, 在每种情况中将构造一条穿越 $\mathcal{P}$ 的哈密尔顿路 HP.

情形 1 $|\mathcal{P}^0|\leqslant 2n-4$.

设 u 在 $Q[i]$ 中, v 在 $Q[j]$ 中, 其中 $i\neq j$. 由引理 6.2.4 知, 存在一个顶点 $w^i\in V(Q[i])$ 使得 $\{u,w^i\}$ 和 $\mathcal{P}^i$ 在 $Q[i]$ 中兼容且 $\{w^j,v\}$ 和 $\mathcal{P}^j$ 在 $Q[j]$ 中兼容. 由归纳假设知 $Q[i]$ 有一条哈密尔顿路 $P[u,w^i]$ 穿越 $\mathcal{P}^i$ 且 $Q[j]$ 有一条哈密尔顿路 $P[w^j,v]$ 穿越 $\mathcal{P}^j$. 令 $k\in\{0,1,2\}\setminus\{i,j\}$, 则

$$P[u,v]=(P[u,w^i]\cup P[w^j,v])+\{(w^i,w^j)\}$$

是 $Q_n^3-V(Q[k])$ 的一条穿越 $\mathcal{P}^i\cup\mathcal{P}^j$ 的哈密尔顿路. 因为 $|\mathcal{P}^k|\leqslant 2n-4$, 引理 6.2.2 推出 $P[w^j,v]$ 中存在一条边 (p^j,q^j) 是 (j,k)-自由的. 由归纳假设, $Q[k]$ 中存在一条穿越 $\mathcal{P}^k$ 的哈密尔顿路 $P[p^k,q^k]$. 因此

$$\begin{aligned}HP=&\big(P[u,v]\cup P[p^k,q^k]\big)\\&+\{(p^j,p^k),(q^j,q^k)\}-\{(p^j,q^j)\}\end{aligned}$$

情形 2　$|\mathcal{P}^0| = 2n-3$.

由引理 6.3.1 知, $Q[0]$ 有一个穿越 $\mathcal{P}^0$ 的哈密尔顿圈 C. 注意到 $|\mathcal{P}^1| = 1$ 且 $|\mathcal{P}^2| = 0$.

首先假设 $u \in V(Q[1])$ 且 $v \in V(Q[2])$. 在 C 上取一条边 $(x^0, y^0) \notin \mathcal{P}^0$. 由引理 6.2.4 知 $Q[2]$ 中存在一个顶点 w^2 使得 $\{v, w^2\}$ 和 $\{(x^2, y^2)\}$ 在 $Q[2]$ 中兼容且 $\{u, w^1\}$ 和 $\mathcal{P}^1$ 在 $Q[1]$ 中兼容. 因此, $Q_n^3 - V(Q[0])$ 中存在一条穿越 $\mathcal{P}^1 \cup \{(x^2, y^2)\}$ 的哈密尔顿路 $P[u, v]$. 此时

$$HP = \big(C \cup P[u,v]\big) + \{(x^0, x^2), (y^0, y^2)\} \\ -\{(x^0, y^0), (x^2, y^2)\}$$

其次假设对 $i \in \{1, 2\}$, 有 $u \in V(Q[0])$ 且 $v \in V(Q[i])$. 因为 u 同 $\mathcal{P}^0$ 中最多一条边关联, C 上存在 u 的一个邻点 s^0 使得 $(u, s^0) \notin \mathcal{P}^0$. 令 $j \in \{1, 2\} \setminus \{i\}$, 则 $s^j \neq v$. 由引理 6.2.4 知, $Q[j]$ 中存在一个顶点 w^j 使得 $\{s^j, w^j\}$ 和 $\mathcal{P}^j$ 在 $Q[j]$ 中兼容, $\{w^i, v\}$ 和 $\mathcal{P}^i$ 在 $Q[i]$ 中兼容. 因此可得到 $Q_n^3 - V(Q[0])$ 的一条穿越 $\mathcal{P}^1$ 的哈密尔顿路 $P[s^j, v]$. 从而

$$HP = \big(C \cup P[s^j, v]\big) + \{(s^0, s^j)\} - \{(u, s^0)\}$$

情形 3　$|\mathcal{P}^0| = 2n-2$.

由引理 6.3.2 知 $Q[0]$ 有穿越 $\mathcal{P}^0$ 的哈密尔顿圈或哈密尔顿路. 若存在哈密尔顿圈, 则构造类似情形 2. 下面设 $Q[0]$ 有穿越 $\mathcal{P}^0$ 的一条哈密尔顿路 $P[s^0, t^0]$. 此时, $|\mathcal{P}^1| = |\mathcal{P}^2| = 0$.

情形 3.1　$u \in V(Q[1])$ 且 $v \in V(Q[2])$.

注意到 $s^1 \neq u$ 或者 $t^1 \neq u$. 不失一般性, 设 $s^1 \neq u$, 则 $Q[1]$ 有一条哈密尔顿路 $P[u, s^1]$. 若 $t^2 \neq v$, 则 $Q[2]$ 有一条哈密尔顿路 $P[t^2, v]$. 因此

$$HP = \big(P[s^0, t^0] \cup P[u, s^1] \cup P[t^2, v]\big) \\ +\{(s^0, s^1), (t^0, t^2)\}$$

若 $t^2 = v$, 在 $P[u, s^1]$ 上取一条不与 t^1 关联的边 (p^1, q^1). 由引理 6.1.1 知, $Q[2] - v$ 有一条哈密尔顿路 $P[p^2, q^2]$. 因此,

$$HP = \big(P[s^0, t^0] \cup P[u, s^1] \cup P[p^2, q^2]\big) \\ +\{(s^0, s^1), (t^0, v), (p^1, p^2), (q^1, q^2)\} - \{(p^1, p^2)\}$$

情形 3.2　$u \in V(Q[0])$ 且 $v \in V(Q[i])$, 其中 $i \in \{1, 2\}$.

不失一般性, 设 $i = 1$. 若 $u \in \{s^0, t^0\}$, 则由对称性可设 $u = s^0$. 在 $Q[2] - t^2$ 中选一个顶点 w^2 使得 $w^1 \neq v$. 由引理 6.1.1 知, $Q[1]$ 有一条哈密尔顿路 $P[v, w^1]$,

$Q[2]$ 有一条哈密尔顿路 $P[w^2,t^2]$. 因此

$$HP=\big(P[s^0,t^0]\cup P[v,w^1]\cup P[w^2,t^2]\big)$$
$$+\{(t^0,t^2),(w^1,w^2)\}$$

下面考虑 $u\notin\{s^0,t^0\}$. 令 w^0 是 $P[s^0,t^0]$ 上 u 的一个邻点使得 $(u,w^0)\notin\mathcal{P}^0$, 则 $P[s^0,t^0]-(u,w^0)$ 由两条点不交路组成, 不妨设为 $P[s^0,w^0]$ 和 $P[u,t^0]$.

若 $s^0\neq w^0$, 则 $s^1\neq v$ 或者 $w^1\neq v$. 不失一般性, 设 $s^1\neq v$, 则 $Q[1]$ 有一条哈密尔顿路 $P[s^1,v]$ 且 $Q[2]$ 有一条哈密尔顿路 $P[w^2,t^2]$. 因此

$$HP=\big(P[s^0,t^0]\cup P[s^1,v]\cup P[w^2,t^2]\big)$$
$$+\{(s^0,s^1),(w^0,w^2),(t^0,t^2)\}-\{(u,w^0)\}$$

若 $s^0=w^0$ 且 $s^1\neq v$, 则证明同上.

最后考虑 $s^0=w^0$ 且 $s^1=v$. 由引理 6.1.2 知, $Q[1]-v$ 有一个哈密尔顿圈 C'. 在 C' 上取一条边 (p^1,q^1). 因为 (p^1,q^1) 同 s^1 不关联, 我们有 $(p^2,q^2)\neq(s^2,t^2)$. 由归纳假设知, $Q[2]$ 有一条包含边 (p^2,q^2) 的哈密尔顿路 $P[s^2,t^2]$. 因此

$$HP=\big(P[s^0,t^0]\cup C'\cup P[s^2,t^2]\big)$$
$$+\{(s^0,v),(s^0,s^2),(t^0,t^2),(p^1,p^2),(q^1,q^2)\}$$
$$-\{(u,w^0),(p^1,q^1),(p^2,q^2)\}$$

□

引理 6.3.5 若 $\mathcal{P}\setminus(\mathcal{P}^0\cup\mathcal{P}^1\cup\mathcal{P}^2)=\{e\}$, $|\mathcal{P}^0|\leqslant 2n-4$ 且对某个 $i\in\{0,1,2\}$, $u,v\in V(Q[i])$, 则 Q_n^3 有一条穿越 $\mathcal{P}$ 的哈密尔顿路.

证明 分两种情形讨论, 在每种情形将构造一条穿越 $\mathcal{P}$ 的哈密尔顿路 HP.

情形 1 e 是一条位于 $Q[i-1]$ 和 $Q[i+1]$ 之间的边, 设为 $e=(x^{i-1},x^{i+1})$.

首先由归纳假设知在 $Q[i]$ 中可找到一条穿越 $\mathcal{P}^i$ 的哈密尔顿路 $P[u,v]$. 如图 6.7 所示. 因为

$$|\mathcal{P}^{i-1}\cup\mathcal{P}^{i+1}|\leqslant 2n-3$$

引理 6.2.3 推出存在 x^{i-1} 的一个邻点 y^{i-1} 使得边 (x^{i-1},y^{i-1}) 是 $(i-1,i+1)$-自由的. 因为

$$|\mathcal{P}^{i-1}|,\ |\mathcal{P}^{i+1}|\leqslant 2n-4$$

且

$$|\mathcal{P}^{i-1}\cup\mathcal{P}^{i+1}|\leqslant 2n-3$$

我们有 $|\mathcal{P}^{i-1}|\leqslant 2n-5$ 或 $|\mathcal{P}^{i+1}|\leqslant 2n-5$. 不失一般性, 设后者成立. 则

$$|\mathcal{P}^{i+1}\cup\{(x^{i+1},y^{i+1})\}|\leqslant 2n-4$$

由引理 6.2.2 知, 可取边 $(s^i,t^i)\in E(P[u,v])\setminus\mathcal{P}^i$ 使得 (s^{i+1},t^{i+1}) 对 $\mathcal{P}^{i+1}\cup\{(x^{i+1},y^{i+1})\}$ 自由. 由归纳假设, $Q[i+1]$ 中有一条穿越 $\mathcal{P}^{i+1}\cup\{(x^{i+1},y^{i+1})\}$ 的哈密尔顿路 $P[s^{i+1},t^{i+1}]$, $Q[i-1]$ 中有一条穿越 $\mathcal{P}^{i-1}$ 的哈密尔顿路 $P[x^{i-1},y^{i-1}]$. 从而

$$\begin{aligned}HP=&\big(P[x^{i-1},y^{i-1}]\cup P[u,v]\cup P[s^{i+1},t^{i+1}]\big)\\&+\{(x^{i-1},x^{i+1}),(y^{i-1},y^{i+1}),(s^i,s^{i+1}),(t^i,t^{i+1})\}\\&-\{(s^i,t^i),(x^{i+1},y^{i+1})\}\end{aligned}$$

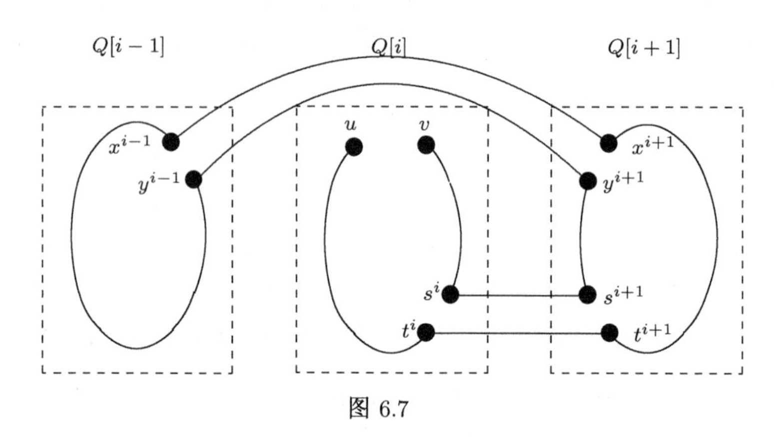

图 6.7

情形 2　e 是 $Q[i]$ 和 $Q[j]$ 之间的边, 设为 $e=(x^i,x^j)$, 其中 $j\in\{i-1,i+1\}$. 令 $k\in\{0,1,2\}\setminus\{i,j\}$.

情形 2.1　$|\mathcal{P}^2|>0$ 或 $|\mathcal{P}^2|=0$ 且 $i=2$.

此时, 我们有 $|\mathcal{P}^i|\leqslant 2n-5$. 进一步, 若 $|\mathcal{P}^2|>0$, 则

$$|\mathcal{P}^k|\geqslant|\mathcal{P}^2|>0$$

且

$$|\mathcal{P}^i\cup\mathcal{P}^k|\leqslant 2n-3-|\mathcal{P}^j|\leqslant 2n-4$$

若 $|\mathcal{P}^2|=0$ 且 $i=2$, 则 $j,k\in\{0,1\}$. 因为 $|\mathcal{P}^0|\leqslant 2n-4$ 且 $|\mathcal{P}^2|=0$, 故有

$$|\mathcal{P}^k|>0\quad 且\quad |\mathcal{P}^i\cup\mathcal{P}^k|=|\mathcal{P}^k|\leqslant 2n-4$$

由引理 6.2.5 知, $Q[i]$ 中存在 x^i 的一个邻点 y^i 使得 y^k 至多同 $\mathcal{P}^k$ 中一条边关联, $(x^i,y^i)\notin\mathcal{P}^i$, $\mathcal{P}^i\cup\{(x^i,y^i)\}$ 是一个线性集, 且 $\{u,v\}$ 和 $\mathcal{P}^i\cup\{(x^i,y^i)\}$ 是兼容的. 如图 6.8 所示. 注意到 $|\mathcal{P}^i|\leqslant 2n-5$, 有

$$|\mathcal{P}^i\cup\{(x^i,y^i)\}|\leqslant 2n-4$$

由归纳假设知, $Q[i]$ 中存在一条穿越 $\mathcal{P}^i\cup\{(x^i,y^i)\}$ 的哈密尔顿路 $P[u,v]$. 因为 x^j (y^k) 同 $\mathcal{P}^j$ $(\mathcal{P}^k)$ 中最多一条边关联, 引理 6.2.4 推出存在一个顶点 $w^j\in V(Q[j])$, 使

得 $\{x^j, w^j\}$ 和 $\mathcal{P}^j$ 是兼容的且 $\{w^k, y^k\}$ 和 $\mathcal{P}^k$ 是兼容的. 因此, 可获得 $Q_n^3 - V(Q[i])$ 的一条穿越 $\mathcal{P}^j \cup \mathcal{P}^k$ 的哈密尔顿路 $P[x^j, y^k]$ 且

$$\begin{aligned} HP = &\big(P[u,v] \cup P[x^j, y^k]\big) \\ &+\{(x^i, x^j), (y^i, y^k)\} - \{(x^i, y^i)\} \end{aligned}$$

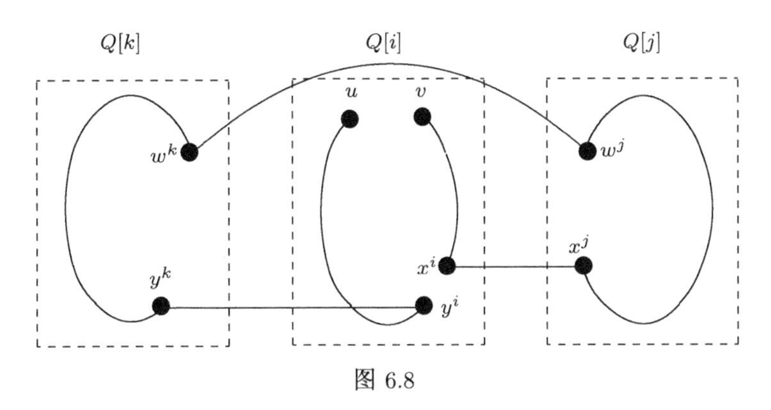

图 6.8

情形 2.2　$|\mathcal{P}^2| = 0$ 且 $i \in \{0,1\}$.

运用归纳假设, 我们可以在 $Q[i]$ 中找到一条穿越 $\mathcal{P}^i$ 的哈密尔顿路 $P[u,v]$. 因为 $(x^i, x^j) \in \mathcal{P}$, 故存在一条边 $(x^i, y^i) \in E(P[u,v]) \setminus \mathcal{P}^i$.

首先设 $j \in \{0,1\}$, 则 $k = 2$. 注意到 x^j 同 $\mathcal{P}^j$ 中至多一条边关联且 $|\mathcal{P}^2| = 0$. 由引理 6.2.4 和一个同上类似的证明, 我们可以得到一个所求得哈密尔顿路.

其次设 $j = 2$, 则 $k \in \{0,1\}$. 由引理 6.1.1 知, $Q[2]$ 有一条哈密尔顿路 $P[x^2, y^2]$. 因为 $|\mathcal{P}^k| \leqslant 2n-4$, 由引理 6.2.2, $P[x^2, y^2]$ 上存在一条边 (s^2, t^2) 是 $(2,k)$-自由的. 由归纳假设知, $Q[k]$ 中存在一条穿越 $\mathcal{P}^k$ 的哈密尔顿路 $P[s^k, t^k]$. 因此,

$$\begin{aligned} HP = &\big(P[u,v] \cup P[s^k, t^k] \cup P[x^2, y^2]\big) \\ &+\{(x^i, x^2), (y^i, y^2), (s^k, s^2), (t^k, t^2)\} \\ &-\{(x^i, y^i), (s^2, t^2)\} \end{aligned}$$

证毕. □

引理 6.3.6　若 $\mathcal{P} \setminus (\mathcal{P}^0 \cup \mathcal{P}^1 \cup \mathcal{P}^2) = \{e\}$, $|\mathcal{P}^0| = 2n-3$ 且对某个 $i \in \{0,1,2\}$, 有 $u, v \in V(Q[i])$, 则 Q_n^3 有一条穿越 $\mathcal{P}$ 的哈密尔顿路.

证明　因为 $|\mathcal{P}^1| = |\mathcal{P}^2| = 0$, 由对称性我们可以分两种情形讨论, 每种情形将构造一条穿越 $\mathcal{P}$ 的哈密尔顿路 HP.

情形 1　点 $u, v \in V(Q[0])$.

因为

$$|\mathcal{P}^0| = 2n-3 \geqslant 3$$

故可取一条边 $(s^0,t^0)\in\mathcal{P}^0$, 使得 t^0 是 $\langle\mathcal{P}^0\rangle$ 中一条路的一个端点且边 (s^0,t^0) 既不同 u 也不同 v 关联. 由归纳假设, $Q[0]$ 中存在一条穿越 $\mathcal{P}^0\setminus\{(s^0,t^0)\}$ 的哈密尔顿路 $P[u,v]$. 若 $(s^0,t^0)\in E(P[u,v])$, 则用同引理 6.3.3 中类似的构造, 我们可以获得所求的哈密尔顿路. 因此, 设 $(s^0,t^0)\notin E(P[u,v])$, 如图 6.9 所示.

因为 $(s^0,t^0)\in\mathcal{P}^0$, 故 $P[u,v]$ 上存在 s^0 的一个邻点 p^0 使得 $(s^0,p^0)\notin\mathcal{P}^0$. 由 (s^0,t^0) 的选取知, 我们可取 $P[u,v]$ 上 t^0 的一个邻点 q^0 使得

$$P[u,v]-\{(s^0,p^0),(t^0,q^0)\}+\{(s^0,t^0)\}$$

由两条点不交路 P_1, P_2 组成, 其中每一条以 u 或 v 作为一个端点. 显然, $\mathcal{P}^0\subset E(P_1)\cup E(P_2)$. 不失一般性, 设 P_1 是从点 u 到点 p^0 的路且 P_2 是从点 v 到点 q^0 的路.

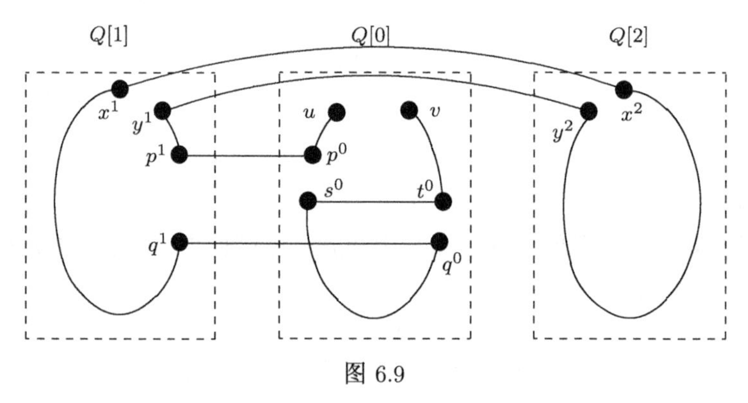

图 6.9

情形 1.1 边 e 在 $Q[1]$ 和 $Q[2]$ 之间, 不妨设 $e=(x^1,x^2)$.

显然, $Q[1]$ 有一条哈密尔顿路 $P[p^1,q^1]$. 令 $(x^1,y^1)\in E(P[p^1,q^1])$ 且 $P[x^2,y^2]$ 是 $Q[2]$ 的一条哈密顿路, 则

$$\begin{aligned}HP=&\big(P_1\cup P_2\cup P(p^1,q^1)\cup P[x^2,y^2]\big)\\&+\{(p^0,p^1),(q^0,q^1),(x^1,x^2),(y^1,y^2)\}-\{(x^1,y^1)\}\end{aligned}$$

情形 1.2 边 e 在 $Q[0]$ 和 $Q[i]$ 之间, 其中 $i=1,2$, 不妨设 $e=(x^0,x^i)$.

由对称性我们仅考虑 $i=1$ 的情形. 此时, $e=(x^0,x^1)$. 不失一般性, 设 x^0 在 P_1 上.

若 $x^0=p^0$, 则构造同情形 1.1 一样, 故下面考虑 $p^0\neq x^0$ 的情形.

若 x^0 是 P_1 的内部顶点, 则存在一条边 $(x^0,y^0)\in E(P_1)\setminus\mathcal{P}^0$. 若 $x^0=u$, 因为 u 同 $\mathcal{P}$ 中至多一条边关联, 故存在一条边 $(x^0,y^0)\in E(P_0)\setminus\mathcal{P}^0$. 注意到 $P_1-(x^0,y^0)$ 由两条路组成, 且每一条以 x^0 或 y^0 作为一个端点. 令 $P[x^1,y^1]$ 是 $Q[1]$ 的一条哈密尔顿路且 $P[p^2,q^2]$ 是 $Q[2]$ 的一条哈密尔顿路, 则

$$HP = \big(P_1 \cup P_2 \cup P[x^1, y^1] \cup P[p^2, q^2]\big) + \{(x^0, x^1), (y^0, y^1), (p^0, p^2), (q^0, q^2)\} - \{(x^0, y^0)\}$$

情形 2 点 $u, v \in V(Q[1])$.

由引理 6.1.2 知, $Q[0]$ 有一个穿越 $\mathcal{P}^0$ 的哈密尔顿圈 C.

情形 2.1 边 e 在 $Q[1]$ 和 $Q[2]$ 之间, 不妨设 $e = (x^1, x^2)$.

因为

$$|E(C) \setminus \mathcal{P}^0| = 3^{n-1} - (2n-3) > 2$$

故存在一条边 $(s^0, t^0) \in E(C) \setminus \mathcal{P}^0$ 且不与 x^0 关联. 令 y^2 是 x^2 的一个邻点. 显然, $(x^2, y^2) \neq (s^2, t^2)$. 由归纳假设知 $Q[2]$ 有一条包含边 (x^2, y^2) 的哈密尔顿路 $P[s^2, t^2]$ 且 $Q[1]$ 有一条包含边 (x^1, y^1) 的哈密尔顿路 $P[u, v]$. 因此

$$\begin{aligned} HP = &\big(C \cup P[u, v] \cup P[s^2, t^2]\big) \\ &+ \{(s^0, s^2), (t^0, t^2), (x^1, x^2), (y^1, y^2)\} \\ &- \{(s^0, t^0), (x^1, y^1), (x^2, y^2)\} \end{aligned}$$

情形 2.2 边 e 在 $Q[0]$ 和 $Q[2]$ 之间, 不妨设 $e = (x^0, x^2)$.

因为 $(x^0, x^2) \in \mathcal{P}$, 故存在一条边 $(x^0, y^0) \in E(C) \setminus \mathcal{P}^0$. 由归纳假设知, $Q[2]$ 有一条哈密尔顿路 $P[x^2, y^2]$. 取 $P[x^2, y^2]$ 上一条边 (s^2, t^2) 使得 $(s^1, t^1) \neq (u, v)$. 设 $P[u, v]$ 是 $Q[1]$ 的一条包含边 (s^1, t^1) 的哈密尔顿路, 则

$$\begin{aligned} HP = &\big(C \cup P[u, v] \cup P[x^2, y^2]\big) \\ &+ \{(x^0, x^2), (y^0, y^2), (s^1, s^2), (t^1, t^2)\} \\ &- \{(x^0, y^0), (s^1, t^1), (s^2, t^2)\} \end{aligned}$$

情形 2.3 边 e 在 $Q[0]$ 和 $Q[1]$ 之间, 不妨设 $e = (x^0, x^1)$.

因为 $(x^0, x^1) \in \mathcal{P}$, 故存在一条边 $(x^0, y^0) \in E(C) \setminus \mathcal{P}^0$. 注意到 x^1 在 $Q[1]$ 中有 $2n-2 \geqslant 4$ 个邻点, 故可取 x^1 的邻点 z^1 使得 $\{x^1, z^1\} \neq \{u, v\}$ 且 $z^2 \neq y^2$. 令 $P[u, v]$ 是 $Q[1]$ 的包含边 (x^1, z^1) 的哈密尔顿路且 $P[y^2, z^2]$ 是 $Q[2]$ 的哈密尔顿路, 则

$$\begin{aligned} HP = &\big(C \cup P[u, v] \cup P[z^2, y^2]\big) \\ &+ \{(x^0, x^1), (y^0, y^2), (z^1, z^2)\} \\ &- \{(x^0, y^0), (x^1, z^1)\} \end{aligned}$$

证毕. □

引理 6.3.7 若 $\mathcal{P} \setminus (\mathcal{P}^0 \cup \mathcal{P}^1 \cup \mathcal{P}^2) = \{e\}$, $|\mathcal{P}^0| \leqslant 2n-4$ 且 u, v 在不同的子立方体中, 则 Q_n^3 有一条穿越 $\mathcal{P}$ 的哈密尔顿路.

证明　设 $u \in V(Q[i])$ 且 $v \in V(Q[j])$. 令 $k \in \{0,1,2\} \setminus \{i,j\}$. 为完成证明, 我们考虑两种情况且在每种情况我们将获得一条穿越 $\mathcal{P}$ 的哈密尔顿路 HP.

情形 1　边 e 在 $Q[i]$ 和 $Q[k]$ 之间或者 $Q[j]$ 和 $Q[k]$ 之间.

由对称性, 不妨设 e 在 $Q[j]$ 和 $Q[k]$ 之间, 且 $e = (x^j, x^k)$.

若 $v \neq x^j$ 且 $\langle \mathcal{P}^j \rangle$ 中没有连接 v 和 x^j 的路, 则 $\{v, x^j\}$ 和 $\mathcal{P}^j$ 是兼容的. 因为

$$|\mathcal{P}^j| \leqslant |\mathcal{P}^0| \leqslant 2n-4$$

由归纳假设知, $Q[j]$ 中存在一条穿越 $\mathcal{P}^j$ 的哈密尔顿路 $P[v, x^j]$. 注意到点 x^k 同 $\mathcal{P}^k$ 中至多一条边关联, 点 u 同 $\mathcal{P}^i$ 中至多一条边关联. 由引理 6.2.4 知, 在 $Q[k]$ 中存在一个点 w^k 使得 $\{x^k, w^k\}$ 和 $\mathcal{P}^k$ 是兼容的, $\{w^i, u\}$ 和 $\mathcal{P}^i$ 是兼容的. 因为 $|\mathcal{P}^k|, |\mathcal{P}^i| \leqslant 2n-4$, 由归纳假设不难得到 $Q_n^3 - V(Q[j])$ 的一条穿越 $\mathcal{P}^k \cup \mathcal{P}^i$ 的哈密尔顿路 $P[x^k, u]$. 因此, 所求的哈密尔顿路

$$HP = \big(P[v, x^j] \cup P[x^k, u]\big) + \{(x^j, x^k)\}$$

下面我们考虑 $v = x^j$ 或 $\langle \mathcal{P}^j \rangle$ 中有一条连接 v 和 x^j 的路.

情形 1.1　$|\mathcal{P}^j| \leqslant 2n-5$.

因为

$$|\mathcal{P}^j \cup \mathcal{P}^k| \leqslant 2n-3$$

由引理 6.2.3 可知存在 x^j 的一个邻点 y^j 使得边 (x^j, y^j) 是 (j,k)-自由的, 如图 6.10 所示. 显然, $y^j \neq v$ 且 v 同 $\mathcal{P}^j \cup \{(x^j, y^j)\}$ 中至多一条边关联. 由归纳假设知, $Q[k]$ 有一条穿越 $\mathcal{P}^k$ 的哈密尔顿路 $P[x^k, y^k]$. 因为

$$|\mathcal{P}^j \cup \{(x^j, y^j)\} \cup \mathcal{P}^i| \leqslant 2n-2$$

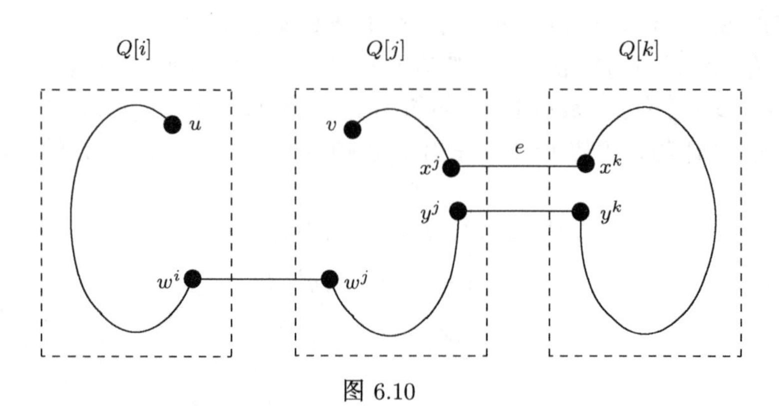

图 6.10

由引理 6.2.4 知, 在 $Q[j]$ 中存在一个点 w^j 使得 $\{v, w^j\}$ 和 $\mathcal{P}^j \cup \{(x^j, y^j)\}$ 是兼容的且 $\{w^i, u\}$ 和 $\mathcal{P}^i$ 是兼容的. 因为

$$|\mathcal{P}^j \cup \{(x^j, y^j)\}| \leqslant 2n-4 \quad \text{且} \quad |\mathcal{P}^i| \leqslant 2n-4$$

由归纳假设, 我们容易得到 $Q_n^3 - V(Q[k])$ 的一条穿越 $\mathcal{P}^i \cup \mathcal{P}^j \cup \{(x^j, y^j)\}$ 的哈密尔顿路 $P[u,v]$. 因此

$$HP = \big(P[u,v] \cup P[x^k, y^k]\big) + \{(x^j, x^k), (y^j, y^k)\} - \{(x^j, y^j)\}$$

情形 1.2 $|\mathcal{P}^j| = 2n-4$.

因为

$$|\mathcal{P}^j \cup \mathcal{P}^i| < 2n-2$$

由引理 6.2.4 知, 在 $Q[j]$ 中存在一个点 w^j 满足 $\{v, w^j\}$ 和 $\mathcal{P}^j$ 是兼容的且 $\{w^i, u\}$ 和 $\mathcal{P}^i$ 是兼容的. 因为 $|\mathcal{P}^j| = 2n-4$, 由归纳假设知, $Q[j]$ 有一条穿越 $\mathcal{P}^j$ 的哈密尔顿路 $P[w^j, v]$. 注意到 $v = x^j$ 或 $\langle \mathcal{P}^j \rangle$ 有一条路连接 v 和 x^j, 我们有 $x^j \neq w^j$. 由 $(x^j, x^k) \in \mathcal{P}$ 知, 存在一条边

$$(x^j, y^j) \in E(P[w^j, v]) \setminus \mathcal{P}^j$$

首先假设 $(x^k, y^k) \notin \mathcal{P}^k$. 令 $P[x^k, y^k]$ 是 $Q[k]$ 的一条穿越 $\mathcal{P}^k$ 的哈密尔顿路且 $P[u, w^i]$ 是 $Q[i]$ 的一条穿越 $\mathcal{P}^i$ 的哈密尔顿路. 则

$$\begin{aligned} HP = &\big(P[u, w^i] \cup P[w^j, v] \cup P[x^k, y^k]\big) \\ &+ \{(w^i, w^j), (x^j, x^k), (y^j, y^k)\} - \{(x^j, y^j)\} \end{aligned}$$

其次假设 $(x^k, y^k) \in \mathcal{P}^k$, 则

$$|\mathcal{P}^k| = 1 \quad \text{且} \quad |\mathcal{P}^j| = 2n-3-|\mathcal{P}^i| - |\mathcal{P}^k| = 0$$

由引理 6.1.2 知, $Q[k] - \{x^k, y^k\}$ 有一个哈密尔顿圈 C'. 取 C' 中一条边 (s^k, t^k) 使得 $\{s^i, t^i\} \neq \{u, w^i\}$. 由归纳假设知, $Q[i]$ 有一条哈密尔顿路 $P[u, w^i]$ 包含边 (s^i, t^i). 因此, 所求的哈密尔顿路

$$\begin{aligned} HP = &\big(P[u, w^i] \cup P[w^j, v] \cup C'\big) \\ &+ \{(w^i, w^j), (x^j, x^k), (y^j, y^k), (x^k, y^k), (s^i, s^k), (t^i, t^k)\} \\ &- \{(s^i, t^i), (s^k, t^k), (x^j, y^j)\} \end{aligned}$$

情形 2 边 e 在 $Q[i]$ 和 $Q[j]$ 之间, 不妨设为 $e = (x^i, x^j)$.

若 $\{u, x^i\}$ 和 $\mathcal{P}^i$ 是兼容的且 $\{x^j, v\}$ 和 $\mathcal{P}^j$ 是兼容的, 则存在 $Q[i]$ 和 $Q[j]$ 的两条哈密尔顿路 $P[u, x^i]$ 和 $P[x^j, v]$, 分别穿越 $\mathcal{P}^i$ 和 $\mathcal{P}^j$. 由引理 6.2.2 知, 在 $P[x^j, v]$ 上存在一条边 (s^j, t^j) 是 (j,k)-自由的. 令 $P[s^k, t^k]$ 是 $Q[k]$ 的一条穿越 $\mathcal{P}^k$ 的哈密尔顿路, 则

$$
\begin{aligned}
HP = & \big(P[u,x^i] \cup P[x^j,v] \cup P[s^k,t^k]\big) \\
& + \{(x^i,x^j),(s^j,s^k),(t^j,t^k)\} - \{(s^j,t^j)\}
\end{aligned}
$$

设 $\{u,x^i\}$ 和 $\mathcal{P}^i$ 不兼容或者 $\{x^j,v\}$ 和 $\mathcal{P}^j$ 不兼容. 由对称性我们仅考虑情形 $\{x^j,v\}$ 和 $\mathcal{P}^j$ 是不兼容的, 则

$$v = x^j \text{ 或 } \langle \mathcal{P}^j \rangle \text{ 中有一条路连接点 } x^j \text{ 和点 } v$$

又因为 $\langle \mathcal{P} \rangle$ 中没有 (u,v) 路, 故 $\{u,x^i\}$ 和 $\mathcal{P}^i$ 在 $Q[i]$ 中兼容.

情形 2.1　$|\mathcal{P}^j| = 0$.

此时, $\langle \mathcal{P}^j \rangle$ 中没有连接 x^j 和 v 的路. 因此 $v = x^j$. 令 $P[u,x^i]$ 是 $Q[i]$ 的一条穿越 $\mathcal{P}^i$ 的哈密尔顿路. 因为

$$|\mathcal{P}^k| \leqslant 2n-4$$

故由引理 6.2.2 知, $P[u,x^i]$ 中存在一条边 (s^i,t^i) 是 (i,k)-自由的. 令 $P[s^k,t^k]$ 是 $Q[k]$ 中一条穿越 $\mathcal{P}^k$ 的哈密尔顿路. 因为

$$|E(P[u,x^i]) \setminus (\mathcal{P}^i \cup \{(s^i,t^i)\})| \geqslant 3^{n-1} - 1 - (2n-3) > 2$$

所以在 $E(P[u,x^i]) \setminus (\mathcal{P}^i \cup \{(s^i,t^i)\})$ 中可以选取一条同 x^i 不关联的边 (p^i,q^i). 由引理 6.1.1 知, $Q[j]-v$ 有一条哈密尔顿路 $P[p^j,q^j]$. 因此,

$$
\begin{aligned}
HP = & \big(P[s^k,t^k] \cup P[u,x^i] \cup P[p^j,q^j]\big) \\
& + \{(s^k,s^i),(t^k,t^i),(x^i,x^j),(p^i,p^j),(q^i,q^j)\} \\
& - \{(s^i,t^i),(p^i,q^i)\}
\end{aligned}
$$

情形 2.2　$0 < |\mathcal{P}^j| \leqslant 2n-5$ 且 $|\mathcal{P}^i| = 0$.

此时, $|\mathcal{P}^k| > 0$. 因为

$$|\mathcal{P}^j \cup \mathcal{P}^k| \leqslant 2n-3 < 2n-2$$

由引理 6.2.6 知, 存在 x^j 的一个邻点 y^j 使得 y^k 最多同 $\mathcal{P}^k$ 中一条边关联且边 (x^j,y^j) 对 $\mathcal{P}^j$ 自由. 如图 6.11 所示. 注意到 v 同 $\mathcal{P}^j \cup \{(x^j,y^j)\}$ 中最多一条边关联.

因为

$$|\mathcal{P}^j \cup \{(x^j,y^j)\} \cup \mathcal{P}^k| \leqslant 2n-2$$

故由引理 6.2.4 知在 $Q[j]$ 中存在一个点 w^j 使得 $\{v,w^j\}$ 和 $\mathcal{P}^j \cup \{(x^j,y^j)\}$ 是兼容的且 $\{w^k,y^k\}$ 和 $\mathcal{P}^k$ 是兼容的. 因为

$$|\mathcal{P}^j \cup \{(x^j,y^j)\}| \leqslant 2n-4$$

且

$$|\mathcal{P}^k| \leqslant 2n-4$$

由归纳假设, $Q[j]$ 有一条穿越 $\mathcal{P}^j \cup \{(x^j, y^j)\}$ 的哈密尔顿路 $P[v, w^j]$ 且 $Q[k]$ 有一条穿越 $\mathcal{P}^k$ 的哈密尔顿路 $P[y^k, w^k]$. 取 $P[y^k, w^k]$ 上一条边 $(s^k, t^k) \notin \mathcal{P}^k$ 使得 $\{s^i, t^i\} \neq \{u, x^i\}$. 因为 $|\mathcal{P}^i| = 0$, 所以 $Q[i]$ 有一条包含边 (s^i, t^i) 的哈密尔顿路 $P[u, x^i]$. 因此

$$\begin{aligned} HP = &\left(P[u, x^i] \cup P[v, w^j] \cup P[w^k, y^k]\right) \\ &+\{(x^i, x^j), (s^i, s^k), (t^i, t^k), (y^j, y^k), (w^j, w^k)\} \\ &-\{(s^i, t^i), (s^k, t^k), (x^j, y^j)\} \end{aligned}$$

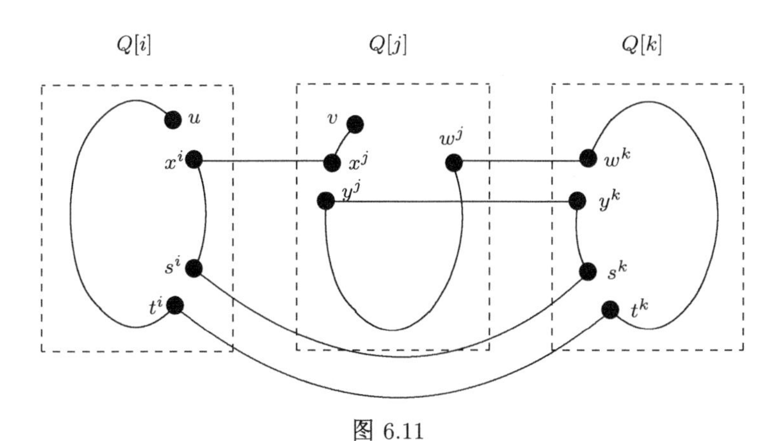

图 6.11

情形 2.3 $0 < |\mathcal{P}^j| \leqslant 2n-5$ 且 $|\mathcal{P}^i| > 0$.

此时, $|\mathcal{P}^k| \leqslant 2n-5$. 令 $P[u, x^i]$ 是 $Q[i]$ 的一条穿越 $\mathcal{P}^i$ 的哈密尔顿路. 因为 $|\mathcal{P}^k| \leqslant 2n-5$, 由引理 6.2.2 知, $P[u, x^i]$ 上有一条边 (s^i, t^i) 是 (i, k)-自由的. 因为

$$|\mathcal{P}^k \cup \{(s^k, t^k)\}| > 0$$

且

$$|\mathcal{P}^j \cup \mathcal{P}^k \cup \{(s^k, t^k)\}| \leqslant 2n-2$$

由引理 6.2.6 知, 存在 x^j 的一个邻点 y^j 使得 y^k 最多同 $\mathcal{P}^k \cup \{(s^k, t^k)\}$ 中一条边关联且 (x^j, y^j) 对 $\mathcal{P}^j$ 自由. 注意到 v 同 $\mathcal{P}^j \cup \{(x^j, y^j)\}$ 中最多一条边关联. 由 $|\mathcal{P}^i| > 0$ 得,

$$|\mathcal{P}^j \cup \{(x^j, y^j)\} \cup \mathcal{P}^k \cup \{(s^k, t^k)\}| \leqslant 2n-4+2 \leqslant 2n-2$$

由引理 6.2.4 知, $Q[j]$ 中存在一个顶点 w^j 使得 $\{v, w^j\}$ 和 $\mathcal{P}^j \cup \{(x^j, y^j)\}$ 是兼容的且 $\{w^k, y^k\}$ 和 $\mathcal{P}^k \cup \{(s^k, t^k)\}$ 是兼容的. 因为

$$|\mathcal{P}^j \cup \{(x^j, y^j)\}| \leqslant 2n-4$$

由归纳假设知 $Q[j]$ 有一条穿越 $\mathcal{P}^j \cup \{(x^j, y^j)\}$ 的哈密尔顿路 $P[v, w^j]$. 同样地, $Q[k]$ 有一条穿越 $\mathcal{P}^k \cup \{(s^k, t^k)\}$ 的哈密尔顿路 $P[y^k, w^k]$. 因此

$$\begin{aligned} HP = &\left(P[u, x^i] \cup P[v, w^j] \cup P[w^k, y^k]\right) \\ &+\{(x^i, x^j), (s^i, s^k), (t^i, t^k), (y^j, y^k), (w^j, w^k)\} \\ &-\{(s^i, t^i), (s^k, t^k), (x^j, y^j)\} \end{aligned}$$

情形 2.4　$|\mathcal{P}^j| = 2n-4$.

此时

$$|\mathcal{P}^k| \leqslant 1 \quad \text{且} \quad |\mathcal{P}^i| \leqslant 1$$

因为点 v 在 $Q[j]$ 中有至少 $2n-2 \geqslant 4$ 个邻点, 我们可以取 v 的一个邻点 w^j 使得 w^k 同 $\mathcal{P}^k$ 中边不关联. 由归纳假设知, $Q[j]$ 有一条穿越 $\mathcal{P}^j$ 的哈密尔顿路 $P[v, w^j]$. 令 y^j 是 C 上 x^j 的邻点使得

$$(x^j, y^j) \notin \mathcal{P}^j$$

显然, $y^j \neq w^j$. 因为 w^k 同 $\mathcal{P}^k$ 中的边不关联, 故由归纳假设知 $Q[k]$ 有一条穿越 $\mathcal{P}^k$ 的哈密尔顿路 $P[w^k, y^k]$. 取 $P[w^k, y^k]$ 上一条边 (s^k, t^k) 使得

$$(s^i, t^i) \notin \mathcal{P}^i \quad \text{且} \quad \{s^i, t^i\} \neq \{u, x^i\}$$

由归纳假设得 $Q[i]$ 有一条穿越 $\mathcal{P}^i \cup \{(s^i, t^i)\}$ 的哈密尔顿路 $P[u, x^i]$. 因此

$$\begin{aligned} HP = &\left(P[u, x^i] \cup P[v, w^j] \cup P[w^k, y^k]\right) \\ &+\{(x^i, x^j), (y^j, y^k), (w^j, w^k), (s^i, s^k), (t^i, t^k)\} \\ &-\{(s^i, t^i), (s^k, t^k), (x^j, y^j)\} \end{aligned}$$

证毕.　□

引理 6.3.8　若 $\mathcal{P} \setminus (\mathcal{P}^0 \cup \mathcal{P}^1 \cup \mathcal{P}^2) = \{e\}$, $|\mathcal{P}^0| = 2n-3$ 且 u, v 在不同的子立方体中, 则 Q_n^3 有一条穿越 $\mathcal{P}$ 的哈密尔顿路.

证明　因为 $|\mathcal{P}^0| = 2n-3$, 我们有 $|\mathcal{P}^1| = |\mathcal{P}^2| = 0$. 由引理 6.3.1, $Q[0]$ 有一个穿越 $\mathcal{P}^0$ 的哈密尔顿圈 C. 为完成证明我们分两种情形讨论, 在每种情形中将构造一条穿越 $\mathcal{P}$ 的哈密尔顿路 HP.

情形 1　$u \in V(Q[1])$ 且 $v \in V(Q[2])$.

情形 1.1　边 e 在 $Q[1]$ 和 $Q[2]$ 之间, 不妨设 $e = (x^1, x^2)$.

由

$$|E(C) \setminus \mathcal{P}^0| = 3^{n-1} - (2n-3) > 4$$

我们可以取 $C - \mathcal{P}^0$ 上两条不与 x^0 关联的边 $(s^0, t^0), (p^0, q^0)$. 注意到 $\langle \mathcal{P} \rangle$ 中没有连接 u 和 v 的路, 故 $u \neq x^1$ 或 $v \neq x^2$. 不失一般性, 设 $u \neq x^1$. 由归纳假设, $Q[1]$ 有一条包含边 (s^1, t^1) 的哈密尔顿路 $P[u, x^1]$.

若 $x^2 \neq v$, 令 $P[x^2, v]$ 是 $Q[2]$ 的一条哈密尔顿路. 则

$$\begin{aligned} HP = & \big(C \cup P[u, x^1] \cup P[x^2, v]\big) \\ & + \{(s^0, s^1), (t^0, t^1), (x^1, x^2)\} \\ & - \{(s^0, t^0), (s^1, t^1)\} \end{aligned}$$

设 $x^2 = v$. 因为 $|\mathcal{P}^2| = 0$, 故由引理 6.1.1 知, $Q[2] - v$ 有一条哈密尔顿路 $P[p^2, q^2]$. 因此,

$$\begin{aligned} HP = & \big(C \cup P[u, x^1] \cup P[p^2, q^2]\big) \\ & + \{(s^0, s^1), (t^0, t^1), (x^1, x^2), (p^0, p^2), (q^0, q^2)\} \\ & - \{(s^0, t^0), (p^0, q^0), (s^1, t^1)\} \end{aligned}$$

情形 1.2 边 e 在 $Q[0]$ 和 $Q[i]$ 之间, 其中 $i \in \{1, 2\}$.

由对称性, 不妨设边 e 在 $Q[0]$ 和 $Q[1]$ 之间, 记 $e = (x^0, x^1)$. 显然, 存在一条边 $(x^0, y^0) \in E(C) \setminus \mathcal{P}^0$. 令 $P[x^0, y^0] = C - (x^0, y^0)$.

若 $x^1 \neq u$ 且 $y^2 \neq v$, 令 $P[u, x^1]$ 和 $P[y^2, v]$ 分别是 $Q[1]$ 和 $Q[2]$ 的两条哈密尔顿路, 则

$$\begin{aligned} HP = & \big(P[x^0, y^0] \cup P[u, x^1] \cup P[y^2, v]\big) \\ & + \{(x^0, x^1), (y^0, y^2)\} \end{aligned}$$

下面考虑 $x^1 = u$ 或 $y^2 = v$ 的情形. 不失一般性, 设 $x^1 = u$, 因为

$$|E(P[x^0, y^0]) \setminus \mathcal{P}^0| = 3^{n-1} - 1 - (2n-3) > 4$$

故可取 $E(P[x^0, y^0]) \setminus \mathcal{P}^0$ 中两条不同的边 $(s^0, t^0), (p^0, q^0)$ 使得它们都不与 x^0 和 y^0 关联. 由引理 6.1.1 知, $Q[1] - u$ 有一条哈密尔顿路 $P[s^1, t^1]$, 令

$$\begin{aligned} P[u, y^2] = & \big(P[x^0, y^0] \cup P[s^1, t^1]\big) \\ & + \{(x^0, u), (y^0, y^2), (s^0, s^1), (t^0, t^1)\} - \{(s^0, t^0)\} \end{aligned}$$

若 $y^2 \neq v$, 令 $P[y^2, v]$ 是 $Q[2]$ 的一条哈密尔顿路, 则

$$HP = P[u, y^2] \cup P[y^2, v]$$

若 $y^2 = v$, 令 $P[p^2, q^2]$ 是 $Q[2] - v$ 的一条哈密尔顿路, 则

$$\begin{aligned} HP = & \big(P[u, y^2] \cup P[p^2, q^2]\big) \\ & + \{(p^0, p^2), (q^0, q^2)\} - \{(p^0, q^0)\} \end{aligned}$$

情形 2　$u \in V(Q[0])$ 且 $v \in V(Q[i])$, 其中 $i \in \{1, 2\}$.

由对称性, 不妨设 $v \in V(Q[1])$. 因为 u 最多同 $\mathcal{P}$ 中一条边关联, 故存在一条边 $(u, w^0) \in E(C) \setminus \mathcal{P}^0$. 令 $P[u, w^0] = C - (u, w^0)$.

情形 2.1　边 e 在 $Q[1]$ 和 $Q[2]$ 之间, 记 $e = (x^1, x^2)$.

因为

$$|E(P[u, w^0]) \setminus \mathcal{P}^0| = 3^{n-1} - 1 - (2n - 3) > 2$$

故可取 $E(P[u, w^0]) \setminus \mathcal{P}^0$ 中两条不与 x^0 关联的边 $(s^0, t^0), (p^0, q^0)$.

首先设 $x^1 \neq v$, 则 $Q[1]$ 有一条哈密尔顿路 $P[x^1, v]$. 若 $w^2 \neq x^2$, 则 $Q[2]$ 有一条哈密尔顿路 $P[w^2, x^2]$. 因此

$$\begin{aligned} HP = & \big(P[u, w^0] \cup P[x^1, v] \cup P[w^2, x^2]\big) \\ & + \{(x^1, x^2), (w^0, w^2)\} \end{aligned}$$

若 $w^2 = x^2$, 令 $P[p^2, q^2]$ 是 $Q[2] - x^2$ 的一条哈密尔顿路, 则

$$\begin{aligned} HP = & \big(P[u, w^0] \cup P[x^1, v] \cup P[p^2, q^2]\big) \\ & + \{(w^0, w^2), (x^1, x^2), (p^0, p^2), (q^0, q^2)\} - \{(p^0, q^0)\} \end{aligned}$$

其次设 $x^1 = v$. 令 $P[s^1, t^1]$ 是 $Q[1] - v$ 的一条哈密尔顿路. 若 $w^2 \neq x^2$, 则 $Q[2]$ 有一条哈密尔顿路 $P[w^2, x^2]$, 因此

$$\begin{aligned} HP = & \big(P[u, w^0] \cup P[s^1, t^1] \cup P[w^2, x^2]\big) \\ & + \{(x^1, x^2), (w^0, w^2), (s^0, s^1), (t^0, t^1)\} - \{(s^0, t^0)\} \end{aligned}$$

若 $w^2 = x^2$, 令 $P[p^2, q^2]$ 是 $Q[2] - x^2$ 的一条哈密尔顿路, 则

$$\begin{aligned} HP = & \big(P[u, w^0] \cup P[s^1, t^1] \cup P[p^2, q^2]\big) \\ & + \{(x^1, x^2), (w^0, w^2), (s^0, s^1), (t^0, t^1), (p^0, p^2), (q^0, q^2)\} \\ & - \{(s^0, t^0), (p^0, q^0)\} \end{aligned}$$

情形 2.2　边 e 在 $Q[0]$ 和 $Q[2]$ 之间, 不妨设 $e = (x^0, x^2)$.

假设 $x^0 = w^0$. 不难看出 $Q_n^3 - V(Q[0])$ 中存在一条哈密尔顿路 $P[v, x^2]$. 因此

$$HP = \big(P[u, w^0] \cup P[v, x^2]\big) + \{(x^0, x^2)\}$$

下面考虑 $x^0 \neq w^0$. 若 $x^0 = u$ 或 x^0 是 $P[u,w^0]$ 的一个内点, 由于 $(x^0,x^2) \in \mathcal{P}$ 且 u 同 $\mathcal{P}$ 中至多一条边关联, 故存在一条边 $(x^0,y^0) \in E(P[u,w^0]) \setminus \mathcal{P}^0$.

设 $w^1 \neq v$. 令 $P[w^1,v]$, $P[x^2,y^2]$ 分别是 $Q[1]$, $Q[2]$ 的两条哈密尔顿路, 则

$$\begin{aligned}HP=&\big(P[u,w^0] \cup P[w^1,v] \cup P[x^2,y^2]\big)\\&+\{(w^0,w^1),(y^0,y^2),(x^0,x^2)\}-\{(x^0,y^0)\}\end{aligned}$$

设 $w^1 = v$. 取一条边 $(s^0,t^0) \in E(P[u,w^0]-(x^0,y^0)) \setminus \mathcal{P}^0$ 使其不与 w^0 关联. 由引理 6.1.1 知, $Q[1]-v$ 有一条哈密尔顿路 $P[s^1,t^1]$. 令 $P[x^2,y^2]$ 是 $Q[2]$ 的一条哈密尔顿路. 则

$$\begin{aligned}HP=&\big(P[u,w^0] \cup P[s^1,t^1] \cup P[x^2,y^2]\big)\\&+\{(w^0,v),(x^0,x^2),(y^0,y^2),(s^0,s^1),(t^0,t^1)\}\\&-\{(x^0,y^0),(s^0,t^0)\}\end{aligned}$$

情形 2.3 边 e 在 $Q[0]$ 和 $Q[1]$ 之间, 不妨设 $e=(x^0,x^1)$.

假设 $x^0 = w^0$. 在 $E(P[u,w^0]) \setminus \mathcal{P}^0$ 中取一条边 (s^0,t^0) 使其不与 w^0 关联.

若 $x^1 \neq v$, 令 $P[x^1,v]$ 是 $Q[1]$ 的一条哈密尔顿路, $P[s^2,t^2]$ 是 $Q[2]$ 的一条哈密尔顿路, 则

$$\begin{aligned}HP=&\big(P[u,w^0] \cup P[x^1,v] \cup P[s^2,t^2]\big)\\&+\{(x^0,x^1),(s^0,s^2),(t^0,t^2)\}-\{(s^0,t^0)\}\end{aligned}$$

若 $x^1 = v$, 则 $Q[1]-v$ 有一条哈密尔顿路 $P[s^1,t^1]$. 取 $P[s^1,t^1]$ 中一条边 (p^1,q^1) 且令 $P[p^2,q^2]$ 是 $Q[2]$ 的一条哈密尔顿路, 则

$$\begin{aligned}HP=&\big(P[u,w^0] \cup P[s^1,t^1] \cup P[p^2,q^2]\big)\\&+\{(x^0,x^1),(s^0,s^1),(t^0,t^1),(p^1,p^2),(q^1,q^2)\}\\&-\{(s^0,t^0),(p^1,q^1)\}\end{aligned}$$

下面考虑情形 $x^0 \neq w^0$. 注意到存在一条边 $(x^0,y^0) \in E(P[u,w^0]) \setminus \mathcal{P}^0$.

设 $P[u,w^0]-(x^0,y^0)$ 由两条点不交路 $P[u,y^0]$ 和 $P[w^0,x^0]$ 组成. 若 $x^1 \neq v$, 令 $P[x^1,v]$, $P[y^2,w^2]$ 分别是 $Q[1]$,$Q[2]$ 的两条哈密尔顿路, 则

$$\begin{aligned}HP=&\big(P[u,y^0] \cup P[w^0,x^0] \cup P[x^1,v] \cup P[y^2,w^2]\big)\\&+\{(x^0,x^1),(w^0,w^2),(y^0,y^2)\}\end{aligned}$$

若 $x^1 = v$, 取一条边 $(s^0,t^0) \in E(P[u,w^0]-(x^0,y^0)) \setminus \mathcal{P}^0$ 使其不与 x^0 关联. 令 $P[s^1,t^1]$ 是 $Q[1]-v$ 的一条哈密尔顿路且 $P[y^2,w^2]$ 是 $Q[2]$ 的一条哈密尔顿路, 则

$$HP = \big(P[u,y^0] \cup P[w^0,x^0] \cup P[s^1,t^1] \cup P[y^2,w^2]\big) \\ +\{(x^0,x^1),(s^0,s^1),(t^0,t^1),(y^0,y^2),(w^0,w^2)\} - \{(s^0,t^0)\}$$

最后只需考虑 $P[u,w^0]-(x^0,y^0)$ 由两条点不交路 $P[u,x^0]$ 和 $P[w^0,y^0]$ 组成的情形. 设 $x^1 \neq v$. 因为 y^1 在 $Q[1]$ 中至少有 $2n-2 \geqslant 4$ 个邻点, 所以存在一个邻点 z^1 使得 $z^1 \notin \{x^1,v\}$ 且 $z^2 \neq w^2$. 由归纳假设知, $Q[1]$ 有一条哈密尔顿路 $P[x^1,v]$ 包含边 (y^1,z^1). 令 $P[z^2,w^2]$ 是 $Q[2]$ 的一条哈密尔顿路, 则

$$HP = \big(P[u,x^0] \cup P[w^0,y^0] \cup P[x^1,v] \cup P[z^2,w^2]\big) \\ +\{(x^0,x^1),(y^0,y^1),(z^1,z^2),(w^0,w^2)\} - \{(y^1,z^1)\}$$

若 $x^1 = v$, 由于 $\{u,v\}$ 和 $\langle \mathcal{P} \rangle$ 是兼容的, 则 $u \neq x^0$ 且存在一条边 $(s^0,t^0) \in E(P[u,x^0]) \setminus \mathcal{P}^0$. 不失一般性, 设 $s^0 \neq x^0$. 令 $P[s^1,y^1]$ 是 $Q[1]-v$ 的一条哈密尔顿路且 $P[t^2,w^2]$ 是 $Q[2]$ 的一条哈密尔顿路, 则

$$HP = \big(P[u,x^0] \cup P[w^0,y^0] \cup P[s^1,y^1] \cup P[t^2,w^2]\big) \\ +\{(s^0,s^1),(t^0,t^2),(x^0,v),(y^0,y^1),(w^0,w^2)\} - \{(s^0,t^0)\}$$

证毕. □

定理 6.3.1 设 $\mathcal{P}$ 是 Q_n^3 $(n \geqslant 2)$ 的一个边集满足 $|\mathcal{P}| \leqslant 2n-2$, u, v 是两个不同的顶点. 则 Q_n^3 包含一条穿越 $\mathcal{P}$ 中所有边的从 u 到 v 的哈密尔顿路当且仅当 $\mathcal{P}$ 是一个线性集且 $\{u,v\}$ 和 $\mathcal{P}$ 是兼容的.

证明 因为必要性是显然的, 故只需证明充分性, 也就是证明 Q_n^3 是 $(2n-2)$-指定哈密尔顿–连通的. 显然, 可设 $|\mathcal{P}| = 2n-2$. 用数学归纳法对 n 进行归纳.

当 $n=2$ 时, 我们有 $2n-2=2$. 由对称性知 Q_2^3 中的两条指定边共有 6 种不同的分布, 如图 6.12 所示. 在每种分布中, 对任意两个与 $\mathcal{P}$ 兼容的顶点 u, v, 不难

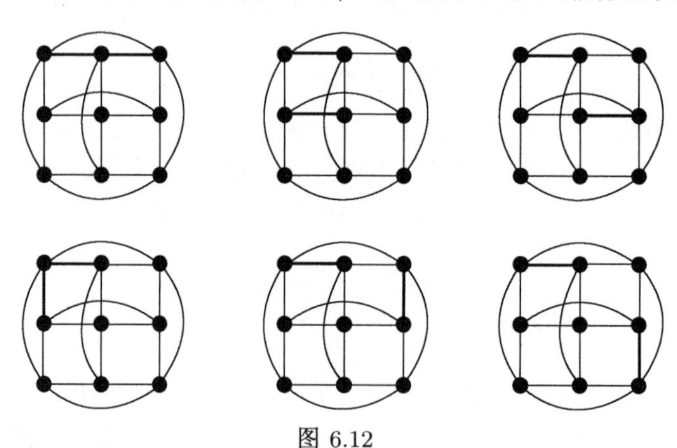

图 6.12

验证 Q_2^3 中存在一条穿越这两条边的从 u 到 v 的哈密尔顿路.

由归纳假设知, 当 $n \geqslant 3$ 时, 对 Q_{n-1}^3 结论成立, 也就是说, Q_{n-1}^3 是 $(2n-4)$-指定哈密尔顿连通的. 由引理 6.2.1 知, 存在 Q_n^3 的一个划分 $Q[0], Q[1]$ 和 $Q[2]$ 使得 $|\mathcal{P} \setminus (\mathcal{P}^0 \cup \mathcal{P}^1 \cup \mathcal{P}^2)| \leqslant 1$. 不失一般性, 可设 $|\mathcal{P}^0| \geqslant |\mathcal{P}^1| \geqslant |\mathcal{P}^2|$. 因为引理 6.3.3~ 引理 6.3.8 已经对所有可能情况进行了讨论, 我们可以看到定理成立. □

由上一定理, 我们可以得到下面的推论.

推论 6.3.1 令 $\mathcal{P}$ 是 Q_n^3 $(n \geqslant 2)$ 的一个边集满足 $|\mathcal{P}| \leqslant 2n-1$, 则 Q_n^3 有一个哈密尔顿圈穿越 $\mathcal{P}$ 当且仅当 $\mathcal{P}$ 是一个线性集.

6.4 一些说明

穿越指定边的哈密尔顿路和圈的存在性问题同具有故障边的哈密尔顿路和圈的存在性问题是相关的. 事实上, 如果两条指定边都与同一个点 v 关联, 则任何一条穿越它们的路和圈必然不会经过其他与 v 关联的边. 将这些边看成是故障边, 那么这就是具有故障边的哈密尔顿路和圈的存在性问题.

本章证明了 Q_n^3 是 $(2n-2)$-指定哈密尔顿连通的. 需要指出的是, 这里指定边数目的上界 $2n-2$ 仍然不是最优的上界. 今后继续研究的方向之一是确定保持指定哈密尔顿连通性的指定边数目的最优上界. 此外, 对 $k > 3$ 时 Q_n^k 的指定哈密尔顿连通性的研究是有意义的.

第 7 章 指定哈密尔顿性

k-元 n-立方中哈密尔顿路和哈密尔顿圈嵌入问题近年来得到了学者的广泛关注[33, 39, 61, 62, 65, 137, 138]. 由于在实际的并行与分布式系统中元器件或通信线路的故障在所难免, 故障的 k-元 n-立方中哈密尔顿路和圈嵌入问题得到了深入的研究[54, 63, 66, 81, 135, 139, 140]. 另一方面, 关于经过指定边的哈密尔顿路和圈嵌入问题也得到一些学者的兴趣[83–86, 88, 136].

本章是第 6 章工作的延续和拓展, 对 $k > 3$ 的 k-元 n-立方上经过指定边的哈密尔顿圈嵌入问题进行讨论. 设 $n \geqslant 2$, $k \geqslant 3$ 都是整数, L 是 Q_n^k 中的一个线性森林. 我们证明了: 若 $|E(L)| \leqslant 2n-1$, 则 Q_n^k 中存在一个穿越 L 的哈密尔顿圈.

7.1 相关概念和结果

与上一章不同, 在这一章中, 我们将引进关于指定边集的导出子图的一个新的定义.

定义 7.1.1 线性森林是连通分支均为路的图.

定义 7.1.2 设 L 是图 G 中的一个线性森林, 称一条路 P (一个圈 C) 穿越 L 若 $E(L) \subseteq E(P)$ ($E(L) \subseteq E(C)$).

在本章中, 我们仅考虑 $k \geqslant 3$ 的 k-元 n-立方网络.

给定 Q_{n+1}^k 的一个线性森林 L 和 Q_{n+1}^k 的一个划分 $Q[0], Q[1], \cdots, Q[k-1]$, 对于 $i \in \{0, 1, \cdots, k-1\}$, 记 L 在 $Q[i]$ 中的部分为 L^i, 即 $L^i = L \cap Q[i]$. 并令 $V_i = V(Q[i])$, $E_i = E(Q[i])$. 对于 $Q[i]$ 的一个子图 H^i, 令

$$S_i = \{(u^i, v^i) \in E(H^i) |\ d_{L^i}(u^i) = 2 \text{ 或 } d_{L^i}(v^i) = 2\}$$

$$T_i = \{(u^i, v^i) \in E(H^i) |\ d_{\mathcal{C}}(u^i) = d_{\mathcal{C}}(v^i) = 1, \text{ 其中 } \mathcal{C} \text{ 是 } L^i \text{的连通分支}\}$$

记 L^i 中连通分支数为 m_i. 因为 L^i 是线性森林, 不难得出 $|T_i| \leqslant m_i$ 且 L^i 中 2 度顶点的个数为 $|E(L^i)| - m_i$. 如果 $e = (u^i, v^i)$ 是 H^i 中使得 $e \in E(L^i)$ 或 $L^i + e$ 不是线性森林的一条边, 则要么 e 与 L^i 中的某个 2 度顶点关联, 要么 u^i 和 v^i 是 L^i 中某个连通分支 (一条路) 的两个端点, 即要么 $e \in S_i$, 要么 $e \in T_i$. 因此, 在 H^i 中使得 $e \in E(L^i)$ 或 $L^i + e$ 不是线性森林的边 e 的数目不超过 $|S_i| + |T_i| \leqslant |S_i| + m_i$. 我们有下面的引理.

引理 7.1.1 设 H^i 是圈或线性森林. 若对于 $j=i\pm1$ 有 $|E(H^i)|-2|E(L^j)|>0$, 则存在 $(u^i,v^i)\in E(H^i)$ 使得 $(u^j,v^j)\notin E(L^j)$ 且 $L^j+(u^j,v^j)$ 是线性森林.

证明 设 H^j 是由 $E(H^i)$ 在 $Q[j]$ 中的对应边导出的子图. 显然, H^i 是圈或线性森林. 因此, L^j 中的每个 2 度顶点均与 $E(H^j)$ 中的两条边关联, 这两条边也必在 S_j 中. 由此可得, S_j 中的边数至多是 L^j 中的 2 度顶点数的 2 倍. 因为 L^j 中的 2 度顶点数是 $|E(L^j)|-m_j$, 所以 $|S_j|\leqslant 2(|E(L^j)|-m_j)$. 由于 H^j 中使得 $(u^j,v^j)\in E(L^j)$ 或 $L^j+(u^j,v^j)$ 不是线性森林的边 (u^j,v^j) 的数目不超过 $|S_j|+m_j$, 故这一数目不超过 $2(|E(L^j)|-m_j)+m_j\leqslant 2|E(L^j)|$. 因此, 若 $|E(H^i)|-2|E(L^j)|>0$ $(|E(H^j)|-2|E(L^j)|>0)$, 则存在 $(u^i,v^i)\in E(H^i)$ 使得 $(u^j,v^j)\notin E(L^j)$ 且 $L^j+(u^j,v^j)$ 是线性森林. 证毕. □

引理 7.1.2 设 $(u^i,u^j)\in E(L)$, 其中 $j=i\pm1$. 若 $2n-(|E(L^i)|+|E(L^j)|)>0$, 则在 $Q[i]$ 中存在 u^i 的一个邻点 v^i 使得对于任意的 $r\in\{i,j\}$ 有 $(u^r,v^r)\notin E(L^r)$ 且 $L^r+(u^r,v^r)$ 是线性森林.

证明 令 H^i 是 $Q[i]$ 中与 u^i 关联的所有边导出的子图, H^j 是 $Q[j]$ 中与 u^j 关联的所有边导出的子图. 因为 L 是线性森林且 $(u^i,u^j)\in E(L)$, 所以 u^i 不是 L^i 中的 2 度顶点. 显然, 每个 $V(H^i)\setminus\{u^i\}$ 中的顶点均是 H^i 的 1 度顶点. 因此, L^i 中的每个 2 度顶点至多与 H^i 的一条边关联, 且这条边必在 S_i 中. 由此可得, S_i 中的边数不超过 L^i 中的 2 度顶点数. 由于 L^i 中的 2 度顶点数是 $|E(L^i)|-m_i$, 故 $|S_i|\leqslant|E(L^i)|-m_i$. 由于 H^i 中使得 $(u^i,v^i)\in E(L^i)$ 或 $L^i+(u^i,v^i)$ 不是线性森林的边 (u^i,v^i) 的数目不超过 $|S_i|+m_i$, 故这一数目不超过 $|E(L^i)|-m_i+m_i=|E(L^i)|$. 注意到 $d_{Q[i]}(u^i)=2n$, 我们有 $|E(H^i)|=2n$. 因此, 若 $2n-(|E(L^i)|+|E(L^j)|)>0$, 则在 $Q[i]$ 中存在 u^i 的一个邻点 v^i 使得对于任意的 $r\in\{i,j\}$ 有 $(u^r,v^r)\notin E(L^r)$ 且 $L^r+(u^r,v^r)$ 是线性森林. 证毕. □

下面两个引理将分别在 7.2 节和 7.3 节的定理的证明过程中用到.

引理 7.1.3[66] 设 $n\geqslant 2$ 是一个整数, $k\geqslant 3$ 是一个奇数, $\mathcal{F}\subset V(Q_n^k)\cup E(Q_n^k)$ 且满足 $|\mathcal{F}|\leqslant 2n-3$, 则 $Q_n^k-\mathcal{F}$ 是哈密尔顿连通的.

引理 7.1.4[62, 137] 设 $n\geqslant 2$ 是一个整数, $k\geqslant 4$ 是一个偶数, u 和 v 是 Q_n^k 中两个奇偶性不同的顶点, 则 Q_n^k 中存在一条连接点 u 和点 v 的哈密尔顿路.

7.2 奇元 n-立方的指定哈密尔顿性

设 L 是 Q_n^k (k 为奇数) 中边数不超过 $2n-1$ 的一个线性森林. 本节将对 n 归纳证明 Q_n^k 中存在一个穿越 L 的哈密尔顿圈. 下面两个引理将处理归纳基础.

引理 7.2.1 设 L 是 Q_2^3 中的一个线性森林. 若 $|E(L)|\leqslant 3$, 则 Q_2^3 中存在一个穿越 L 的哈密尔顿圈.

证明　因为 L 是一个线性森林, 故 $E(L)$ 是一个线性集. 由 $|E(L)| \leqslant 3$ 和推论 6.3.1 知引理成立. □

引理 7.2.2　设 $k \geqslant 5$ 是一个奇数, L 是 Q_2^k 中的一个线性森林. 若 $|E(L)| \leqslant 3$, 则 Q_2^k 中存在一个穿越 L 的哈密尔顿圈.

证明　显然, 只需证该引理对于 $|E(L)| = 3$ 成立. 不失一般性, 假设 L 中至多有一条 1 维边. 沿第 1 维将 Q_2^k 划分为 k 个互不相交的长为 k 的圈 $C_0, C_1, \cdots, C_{k-1}$. 我们分两种情形考虑.

情形 1　$\sum\limits_{i=0}^{k-1}|E(L^i)| = |E(L)| = 3$. 即 L 中没有 1 维边.

因为

$$|E_0| - (|E(L^0)| + |E(L^1)|) \geqslant k - 3 \geqslant 5 - 3 > 0$$

所以存在 $(u^0, u_1^0) \in E_0$, 使得 $(u^0, u_1^0) \notin E(L^0)$ 且 $(u^1, u_1^1) \notin E(L^1)$. 令

$$D_2 = C_0 \cup C_1 + \{(u^0, u^1), (u_1^0, u_1^1)\} - \{(u^0, u_1^0), (u^1, u_1^1)\}$$

则 D_2 是 $\langle V_0 \cup V_1 \rangle$ 的一条穿越 $L^0 \cup L^1$ 的哈密尔顿圈. 因为

$$|E_1| - (|E(L^1)| + |E(L^2)|) - |(u^1, u_1^1)| \geqslant k - 3 - 1 \geqslant 5 - 3 - 1 > 0$$

所以存在 $(v^1, v_1^1) \in E_1$ 使得 $(v^1, v_1^1) \notin E(L^1)$ 且 $(v^2, v_1^2) \notin E(L^2)$. 故而,

$$D_3 = D_2 \cup C_2 + \{(v^1, v^2), (v_1^1, v_1^2)\} - \{(v^1, v_1^1), (v^2, v_1^2)\}$$

是 $\langle V_0 \cup V_1 \cup V_2 \rangle$ 的一条穿越 $L^0 \cup L^1 \cup L^2$ 的哈密尔顿圈. 对于剩余的 $C_3, C_4, \cdots, C_{k-1}$ 依次重复类似的构造过程, 将得到 Q_2^k 的一个穿越 L 的哈密尔顿圈.

情形 2　$\sum\limits_{i=0}^{k-1}|E(L^i)| = |E(L)| - 1 = 2$. 即 L 中恰有一条 1 维边 e_*.

令 $e_* = (u^d, u^{d+1})$, 其中, $d \in \{0, 1, \cdots, k-1\}$. 不失一般性, 假设在 $C_0, C_1, \cdots, C_{k-1}$ 中, C_0 包含 L 中的边最多.

情形 2.1　$1 \leqslant d \leqslant k-2$.

注意到 $(u^d, u^{d+1}) \in E(L)$ 且 $|E(L^d)| + |E(L^{d+1})| \leqslant 1$, 我们可以在 C_d 上选取 u^d 的一个邻点 u_1^d 使得 $(u^d, u_1^d) \notin E(L^d)$ 且 $(u^{d+1}, u_1^{d+1}) \notin E(L^{d+1})$. 令

$$D_2 = C_d \cup C_{d+1} + \{(u^d, u^{d+1}), (u_1^d, u_1^{d+1})\} - \{(u^d, u_1^d), (u^{d+1}, u_1^{d+1})\}$$

则 D_2 是 $\langle V_d \cup V_{d+1} \rangle$ 的一条穿越 $L^d \cup L^{d+1}$ 的哈密尔顿圈. 与情形 1 类似, 我们可以构造 Q_2^k 的一个穿越 L 的哈密尔顿圈.

情形 2.2 $d \in \{0, k-1\}$.

由对称性, 只需考虑 $d=0$ 的情况. 注意到 $(u^0, u^1) \in E(L)$ 且 L 是一个线性森林, 我们可以在 C_0 上选取 u^0 的一个邻点 u_1^0 使得 $(u_1^0, u^0) \notin E(L^0)$.

若 $(u_1^1, u^1) \notin E(L^1)$, 则类似于情形 2.1, 我们可以构造一个 Q_2^k 的穿越 L 的哈密尔顿圈.

若 $(u_1^1, u^1) \in E(L^1)$ 且 $(u^0, u_{k-1}^0) \notin E(L^0)$, 其中, u_{k-1}^0 是 C_0 上 u^0 的另一个邻点, 则 $|E(L^1)|=1$, 因此 $(u^1, u_{k-1}^1) \notin E(L^1)$. 类似地, 我们可以构造 Q_2^k 的一个穿越 L 的哈密尔顿圈.

若 $(u_1^1, u^1) \in E(L^1)$ 且 $(u^0, u_{k-1}^0) \in E(L^0)$, 则 $E(L)=\{(u^0, u^1), (u_1^1, u^1), (u^0, u_{k-1}^0)\}$. 为便于表达, 对于每个 $i=0,1,\cdots,k-1$, 记 C_i 为 $\langle u_0^i, u_1^i, \cdots, u_{k-1}^i \rangle$, 其中, $u_0^0=u^0$, $u_0^1=u^1$. 于是

$$D_2=\langle u_{k-1}^1, u_{k-1}^0, u_0^0, u_0^1, u_1^1, u_1^0, u_2^0, \cdots, u_{k-3}^1, u_{k-2}^1, u_{k-2}^0 \rangle$$

是 $\langle V_0 \cup V_1 \rangle$ 的一条从 u_{k-1}^1 到 u_{k-2}^0 的穿越 L 的哈密尔顿路. 令 $P_i=C_i-(u_{k-1}^i, u_{k-2}^i)$, 其中 $i=2,3,\cdots,k-1$. 则

$$\begin{aligned} D_3 = D_2 \cup & \left(\bigcup_{i=2}^{k-1} P_i\right) \\ & +\{(u_{k-1}^i, u_{k-1}^{i+1}) |\ i=1,3,\cdots,k-2\} \\ & +\{(u_{k-2}^i, u_{k-2}^{i+1}) |\ i=2,4,\cdots,k-1\} \end{aligned}$$

是 Q_2^k 的一个穿越 L 的哈密尔顿圈. 证毕. □

定理 7.2.1 设 $n \geqslant 2$ 是一个整数, $k \geqslant 3$ 是一个奇数, L 是 Q_n^k 中的一个线性森林. 若 $|E(L)| \leqslant 2n-1$, 则 Q_n^k 中存在一个穿越 L 的哈密尔顿圈.

证明 显然只需证明该定理对 $|E(L)|$ 的上界成立. 由引理 7.2.1 和引理 7.2.2 知, 当 $n=2$ 时定理成立. 假设当 $n \geqslant 2$ 时, 定理对 Q_n^k 成立. 接下来, 我们证明该定理对 Q_{n+1}^k 成立. 设 L 是 Q_{n+1}^k 中任意一个边数为 $2n+1$ 的线性森林. 不妨设 L 中至多有一条 1 维边. 沿第 1 维将 Q_n^k 划分为 k 个互不相交的且与 Q_n^k 同构的子立方 $Q[0]$, $Q[1]$, $\cdots$, $Q[k-1]$. 不失一般性, 假设在 $Q[0]$, $Q[1]$, $\cdots$, $Q[k-1]$ 中, $Q[0]$ 包含 L 中的边最多, 即 $|E(L^0)| \geqslant |E(L^i)|$, 其中 $i \in \{1,2,\cdots,k-1\}$. 分两种情形考虑.

情形 1 $\sum\limits_{i=0}^{k-1} |E(L^i)|=|E(L)|=2n+1$. 即 L 中没有 1 维边.

情形 1.1 $|E(L^0)| \leqslant 2n-1$.

由 $|E(L^i)| \leqslant |E(L^0)|$ 且 $|E(L)|=2n+1$ 可知, 对于任意 $i \in \{1,2,\cdots,k-1\}$ 有

$$|E(L^i)| \leqslant \lfloor |E(L)|/2 \rfloor = n$$

成立. 由归纳假设, $Q[0]$ 中有一个穿越 L^0 的哈密尔顿圈 C_0. 由于

$$\begin{aligned}
&|E(C_0-E(L^0))|-2|E(L^1)|\\
=&|E(C_0)|-(|E(L^0)|+|E(L^1)|)-|E(L^1)|\\
\geqslant&|E(C_0)|-|E(L)|-|E(L^1)|\\
\geqslant&k^n-(2n+1)-n\\
\geqslant&3^2-(2\times 2+1)-2\\
>&0
\end{aligned}$$

由引理 7.1.1 知, 在 $C_0-E(L^0)$ 中存在一条边 (u^0,v^0) 使得 $(u^1,v^1)\notin E(L^1)$ 且 $L^1+(u^1,v^1)$ 是线性森林. 由于

$$\begin{aligned}
|E(L^1+(u^1,v^1))|=&|E(L^1)|+|\{(u^1,v^1)\}|\\
\leqslant&n+1\\
\leqslant&2n-1
\end{aligned}$$

由归纳假设得, $Q[1]$ 中有一个穿越 $L^1+(u^1,v^1)$ 的哈密尔顿圈 C_1. 易知

$$D_2=C_0\cup C_1+\{(u^0,u^1),(v^0,v^1)\}-\{(u^0,v^0),(u^1,v^1)\}$$

是 $\langle V_0\cup V_1\rangle$ 的一条穿越 $L^0\cup L^1$ 的哈密尔顿圈. 由于

$$\begin{aligned}
&|E(C_1-E(L^1+(u^1,v^1)))|-2|E(L^2)|\\
=&|E(C_1)|-|\{(u^1,v^1)\}|-|E(L^1)|-2|E(L^2)|\\
\geqslant&k^n-1-n-2n\\
\geqslant&3^2-1-2-2\times 2\\
>&0
\end{aligned}$$

由引理 7.1.1 知, 在 $C_1-E(L^1+(u^1,v^1))$ 中存在一条边 (u_1^1,v_1^1) 使得 $(u_1^2,v_1^2)\notin E(L^2)$ 且 $L^2+(u_1^2,v_1^2)$ 是线性森林. 因为

$$\begin{aligned}
&|E(L^2+(u_1^2,v_1^2))|\\
=&|E(L^2)|+|\{(u_1^2,v_1^2)\}|\\
\leqslant&n+1\\
\leqslant&2n-1
\end{aligned}$$

由归纳假设得, $Q[2]$ 中有一个穿越 $L^2+(u_1^2,v_1^2)$ 的哈密尔顿圈 C_2. 于是我们可以构造 $\langle V_0\cup V_1\cup V_2\rangle$ 的一个穿越 $L^0\cup L^1\cup L^2$ 的哈密尔顿圈

$$D_3 = D_2 \cup C_2 + \{(u_1^1, u_1^2), (v_1^1, v_1^2)\} - \{(u_1^1, v_1^1), (u_1^2, v_1^2)\}$$

对于剩余的 $Q[3], Q[4], \cdots, Q[k-1]$ 依次重复类似的构造过程, 将得到 Q_{n+1}^k 的一个穿越 L 的哈密尔顿圈 (注意, 在构造过程中得到的 $\left\langle \bigcup_{j=1}^{k-1} V_i \right\rangle$ 的哈密尔顿圈 D_{i+1} 在 $Q[i]$ 中的部分是 $Q[i]$ 的一个哈密尔顿路, 其中, $i = 1, 2, \cdots, k-1$.).

情形 1.2 $|E(L^0)| = 2n$.

在 L^0 中选取一条边 (u^0, v^0), 使得 v^0 是 L^0 的一个连通分支的 1 度顶点. 由归纳假设, $Q[0]$ 中有一个穿越 $L^0 - (u^0, v^0)$ 的哈密尔顿圈 C_0.

若 $(u^0, v^0) \in E(C_0)$, 则类似于情形 1.1, 我们可以构造一个 Q_{n+1}^k 的穿越 L 的哈密尔顿圈.

若 $(u^0, v^0) \notin E(C_0)$, 首先, 在 C_0 上选取 u^0 的一个邻点 u_1^0 使得 $(u^0, u_1^0) \notin E(L^0)$; 然后, 在 C_0 上选取 v^0 的一个邻点 v_1^0 使得在 C_0 上的从 u^0 到 v^0 的两条路分别通过 u_1^0 和 v_1^0. 显然, $(v^0, v_1^0) \notin E(L^0)$. 注意 $Q[1]$ 和 $Q[k-1]$ 中至少有一个不包含 L 中的边. 不妨设 $Q[1]$ 不包含 L 中的边. 由引理 7.1.3 知, $Q[1]$ 中有一条连接 u_1^1 和 v_1^1 的哈密尔顿路 P_1. 于是,

$$D_2 = C_0 \cup P_1 + \{(u^0, v^0), (u_1^0, u_1^1), (v_1^0, v_1^1)\} - \{(u^0, u_1^0), (v^0, v_1^0)\}$$

是 $\langle V_0 \cup V_1 \rangle$ 的一个穿越 $L^0 \cup L^1$ 的哈密尔顿圈. 接下来, 类似于情形 1.1, 我们可以构造 Q_{n+1}^k 的一个穿越 L 的哈密尔顿圈.

情形 1.3 $|E(L^0)| = |E(L)| = 2n+1$.

在 L^0 中按照下面的方法选取两条不同的边 (u^0, v^0), (x^0, y^0). 如果 $E(L^0)$ 是一个匹配, 任选两条不同边即可; 如果 $E(L^0)$ 不是一个匹配, 则选取 u^0 和 x^0 使得它们是 L^0 的某个连通分支的 1 度顶点. 由归纳假设, $Q[0]$ 有一个穿越 $L^0 - \{(u^0, v^0), (x^0, y^0)\}$ 的哈密尔顿圈 C_0. 若 C_0 通过 (u^0, v^0) 和 (x^0, y^0) 中的至少一条边, 则类似于情形 1.1 或情形 1.2, 我们可以构造 Q_{n+1}^k 的一个穿越 L 的哈密尔顿圈. 下面考虑 $(u^0, v^0), (x^0, y^0) \notin E(C_0)$ 的情况. 若 $E(L^0)$ 是一个匹配, 则 C_0 上要么有一条 $(u^0,\ x^0)$ 路通过 v^0 和 y^0, 要么有一条 (u^0, y^0) 路通过 v^0 和 x^0. 不失一般性, 假设前者成立. 若 $E(L^0)$ 不是一个匹配, 则 L^0 中包含 u^0 和 x^0 的连通分支是一条路 $P = (u^0, v^0, \cdots, y^0, x^0)$. 因为 C_0 穿越 $L^0 - \{(u^0, v^0), (x^0, y^0)\}$, 所以路 $P - \{u^0, x^0\}$ 是 C_0 的一节. 由此可知, C_0 上有一条 (u^0, x^0) 路通过点 v^0 和 y^0. 在 C_0 上分别选取 v^0 的邻点 v_1^0 和 y^0 的邻点 y_1^0 使得 C_0 上从 v_1^0 到 y_1^0 的两条路分别通过 u^0, x^0 和 v^0, y^0. 显然, $(v^0, v_1^0), (y^0, y_1^0) \notin E(L^0)$ 且 $d_{C_0}(u^0, x^0) \geqslant 1$.

若 $d_{C_0}(u^0, x^0) = 1$, 则

$$P_0 = C_0 + \{(u^0, v^0), (x^0, y^0)\} - \{(u^0, x^0), (v^0, v_1^0), (y^0, y_1^0)\}$$

是 $Q[0]$ 的一条穿越 L^0 的哈密尔顿路. 由引理 7.1.3 知, $Q[1]$ 有一条连接 v_1^1 和 y_1^1 的哈密尔顿路 P_1. 于是,

$$D_2 = P_0 \cup P_1 + \{(v_1^0, v_1^1), (y_1^0, y_1^1)\}$$

是 $\langle V_0 \cup V_1 \rangle$ 的一个穿越 L^0 的哈密尔顿圈. 注意到 $L^0 = L$, 类似于情形 1.1, 不难构造 Q_{n+1}^k 的一个穿越 L 的哈密尔顿圈 (见图 7.1 (a)).

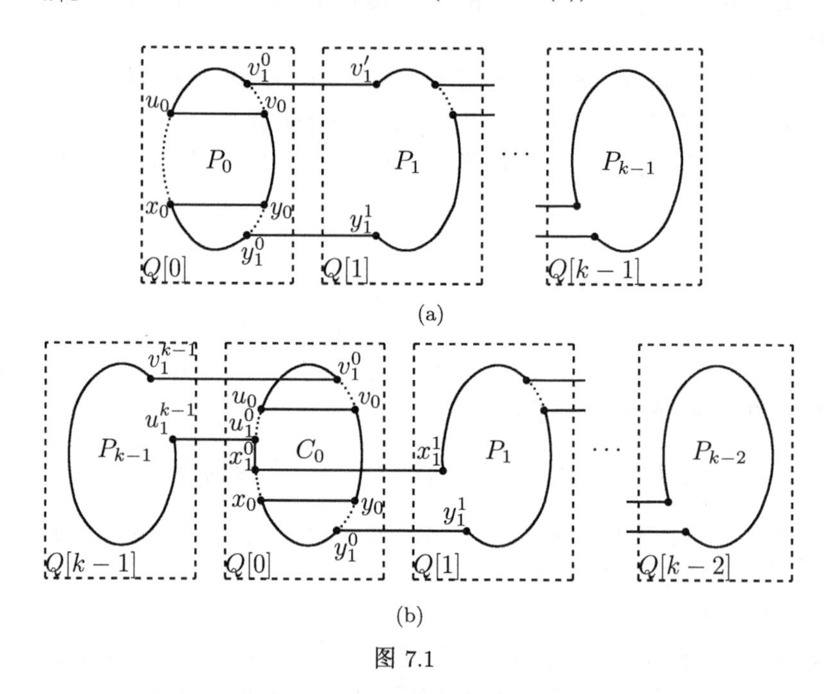

(a)

(b)

图 7.1

若 $d_{C_0}(u^0, x^0) \geqslant 2$, 在 C_0 上分别选取 u^0 的邻点 u_1^0 和 x^0 的邻点 x_1^0 使得 C_0 上从 u^0 到 x^0 的两条路分别通过 v_1^0, y_1^0 和 u_1^0, x_1^0. 注意, 若 $d_{C_0}(u^0, x^0) = 2$, 则 $u_1^0 = x_1^0$. 由引理 7.1.3 知, $Q[1]$ 有一条连接 x_1^1 和 y_1^1 的哈密尔顿路 P_1; $Q[k-1]$ 有一条连接 u_1^{k-1} 和 v_1^{k-1} 的哈密尔顿路 P_{k-1}. 令

$$\begin{aligned} D_3 = & C_0 \cup P_{k-1} \cup P_1 \\ & + \{(u^0, v^0), (x^0, y^0), (x_1^0, x_1^1), (y_1^0, y_1^1), (u_1^0, u_1^{k-1}), (v_1^0, v_1^{k-1})\} \\ & - \{(u^0, u_1^0), (v^0, v_1^0), (x^0, x_1^0), (y^0, y_1^0)\} \end{aligned}$$

因为 $(u^0, u_1^0), (v^0, v_1^0), (x^0, x_1^0), (y^0, y_1^0) \notin E(L^0)$, 所以 D_3 是 $\langle V_0 \cup V_1 \cup V_{k-1} \rangle$ 的一条穿越 L 的哈密尔顿圈. 类似于情形 1.1, 可以将 D_3 扩展为 Q_{n+1}^k 的一个穿越 L 的哈密尔顿圈 (如图 7.1(b) 所示).

情形 2　$\sum\limits_{i=0}^{k-1} |E(L^i)| = |E(L)| - 1 = 2n$. 即 L 中恰有一条 1 维边 e_*.

令 $e_* = (u^d, u^{d+1})$, 其中, $d \in \{0, 1, \cdots, k-1\}$. 分三种情况考虑.

情形 2.1 $1 \leqslant d \leqslant k-2$.

情形 2.1.1 $|E(L^0)| \leqslant 2n-1$.

类似于情形 1.1, 我们可以构造 $\left\langle \bigcup_{i=0}^{d-1} V_i \right\rangle$ 的一个穿越 $\bigcup_{i=0}^{d-1} L^i$ 的哈密尔顿圈 D_d. 令 $P_0 = \langle E_0 \cap E(D_d) \rangle$. 由 D_d 的构造方法可知, P_0 是 $Q[0]$ 的一条哈密尔顿路. 令 $I = \{0, 1, \cdots, k-1\} \setminus \{d, d+1\}$. 由于

$$
\begin{aligned}
&|E(P_0 - E(L^0))| - 2|E(L^{k-1})| \\
=&|E(P_0)| - (|E(L^0)| + |E(L^{k-1})|) - |E(L^{k-1})| \\
\geqslant&(k^n - 1) - 2n - n \\
=&k^n - 3n - 1 \\
\geqslant&3^2 - 3 \times 2 - 1 \\
>&0
\end{aligned}
$$

类似于情形 1.1, 可以将 D_d 扩展为 $\left\langle \bigcup_{i \in I} V_i \right\rangle$ 的一个穿越 $\bigcup_{i \in I} L^i$ 的哈密尔顿圈.

因为 $|E(L^d)| + |E(L^{d+1})| \leqslant \left(\sum_{i=0}^{k-1} |E(L^i)| \right) - |E(L^0)| \leqslant 2n-1$, 所以 $Q[d]$ 和 $Q[d+1]$ 中至少有一个包含 L 中至多 $\lfloor (2n-1)/2 \rfloor = n-1$ 条边. 不妨设 $Q[d]$ 包含 L 中至多 $n-1$ 条边, 即 $|E(L^d)| \leqslant n-1$. 由于

$$
2n - (|E(L^d)| + |E(L^{d+1})|) \geqslant 2n - (2n-1) > 0
$$

由引理 7.1.2 知, $Q[d]$ 中存在 u^d 的一个邻点 u_1^d 使得 $(u^d, u_1^d) \notin E(L^d)$, $(u^{d+1}, u_1^{d+1}) \notin E(L^{d+1})$ 且 $L^d + (u^d, u_1^d)$, $L^{d+1} + (u^{d+1}, u_1^{d+1})$ 都是线性森林. 令 $P_{d-1} = \langle E(D) \cap E_{d-1} \rangle$. 显然, P_{d-1} 是 $Q[d-1]$ 的一条穿越 L^{d-1} 的哈密尔顿路. 由于

$$
\begin{aligned}
&|E(P_{d-1} - E(L^{d-1}))| - 2|E(L^d + (u^d, u_1^d))| \\
=&|E(P_{d-1})| - 2|\{(u^d, u_1^d)\}| - (|E(L^{d-1})| + |E(L^d)|) - |E(L^d)| \\
\geqslant&(k^n - 1) - 2 - 2n - (n-1) \\
=&k^n - 3n - 2 \\
\geqslant&3^2 - 3 \times 2 - 2 \\
>&0
\end{aligned}
$$

由引理 7.1.1 知, $P_{d-1} - E(L^{d-1})$ 中存在一条边 (v^{d-1}, v_1^{d-1}), 使得 $(v^d, v_1^d) \notin E(L^d + (u^d, u_1^d))$, 并且 $L^d + \{(u^d, u_1^d), (v^d, v_1^d)\}$ 是线性森林. 注意到 $|E(L^d)| \leqslant n-1$ 且

$|E(L^{d+1})| \leqslant \left\lfloor \left(\sum_{i=0}^{k-1} |E(L^i)|\right) \Big/ 2 \right\rfloor = n$, 我们有

$$\begin{aligned}&|E(L^d) \cup \{(u^d, u_1^d), (v^d, v_1^d)\}| \\ =&|E(L^d)| + |\{(u^d, u_1^d), (v^d, v_1^d)\}| \\ \leqslant&(n-1)+2 \\ \leqslant&2n-1\end{aligned}$$

且

$$\begin{aligned}&|E(L^{d+1} + (u^{d+1}, u_1^{d+1}))| \\ =&|E(L^{d+1})| + |\{(u^{d+1}, u_1^{d+1})\}| \\ \leqslant&n+1 \\ \leqslant&2n-1\end{aligned}$$

由归纳假设, $Q[d]$ 有一个穿越 $L^d + \{(u^d, u_1^d), (v^d, v_1^d)\}$ 的哈密尔顿圈 C_d; $Q[d+1]$ 有一个穿越 $L^{d+1} + (u^{d+1}, u_1^{d+1})$ 的哈密尔顿圈 C_{d+1}. 于是,

$$\begin{aligned}&D \cup C_d \cup C_{d+1} \\ &+\{(v^{d-1}, v^d), (v_1^{d-1}, v_1^d), (u^d, u^{d+1}), (u_1^d, u_1^{d+1})\} \\ &-\{(v^{d-1}, v_1^{d-1}), (v^d, v_1^d), (u^d, u_1^d), (u^{d+1}, u_1^{d+1})\}\end{aligned}$$

是 Q_{n+1}^k 的一条穿越 L 的哈密尔顿圈.

情形 2.1.2　$|E(L^0)| = 2n$.

在 L^0 中选取一条边 (x^0, y^0) 使得 x^0 是 L^0 的某个连通分支的 1 度顶点. 由归纳假设, $Q[0]$ 有一个穿越 $L^0 - (x^0, y^0)$ 的哈密尔顿圈 C_0.

如果 $(x^0, y^0) \in E(C_0)$, 类似于情形 2.1.1, 不难构造 Q_{n+1}^k 的一条穿越 L 的哈密尔顿圈.

下面考虑 $(x^0, y^0) \notin E(C_0)$ 的情形. 首先在 C_0 上选取 y^0 的一个邻点 y_1^0 使得 $(y^0, y_1^0) \notin E(L^0)$; 然后在 C_0 上选取 x^0 的一个邻点 x_1^0 使得 C_0 上从 x^0 到 y^0 的两条路分别通过 x_1^0 和 y_1^0. 因为 x^0 是 L^0 的某个连通分支的一个 1 度顶点并且 $(x^0, y^0) \in E(L^0)$, 所以 $(x^0, x_1^0) \notin E(L^0)$. 于是,

$$P_0 = C_0 + (x^0, y^0) - \{(x^0, x_1^0), (y^0, y_1^0)\}$$

是 $Q[0]$ 的一条从 x_1^0 到 y_1^0 的穿越 L^0 的哈密尔顿路.

假设 $k = 3$. 此时 $d = 1$, 进而 $e_* = (u^1, u^2)$. 由引理 7.1.3 知, $Q[1]$ 有一条从 x_1^1 到 y_1^1 的哈密尔顿路 P_1. 设 u_1^1 是 u^1 在 P_1 上的一个邻点. 由引理 7.1.3 知, $Q[2]$ 有

一条从 u^2 到 u_1^2 的哈密尔顿路 P_2. 注意 $|E(L^1)|=|E(L^2)|=0$. 因此,

$$P_0\cup P_1\cup P_2+\{(x_1^0,x_1^1),(y_1^0,y_1^1),(u^1,u^2),(u_1^1,u_1^2)\}-(u^1,u_1^1)$$

是 Q_{n+1}^k 的一条穿越 L 的哈密尔顿圈.

假设 $k\geqslant 5$. 此时 $k-2\geqslant 3$. 由此可得 $d\neq 1$ 或 $d\neq k-2$. 不失一般性, $d\neq 1$. 由引理 7.1.3 知, $Q[1]$ 有一条从 x_1^1 到 y_1^1 的哈密尔顿路 P_1. 于是,

$$D_2=P_0\cup P_1+\{(x_1^0,x_1^1),(y_1^0,y_1^1)\}$$

是 $\langle V_0\cup V_1\rangle$ 的一个穿越 L^0 的哈密尔顿圈. 令 $I=\{0,1,\cdots,k-1\}\setminus\{d+1\}$. 类似于情形 2.1.1, 可以将 D_2 扩展为 $\left\langle\bigcup\limits_{i\in I}V_i\right\rangle$ 的一个穿越 L^0 的哈密尔顿圈 D. 令 $P_d=\langle E_d\cap E(D)\rangle$, 则 P_d 是 $Q[d]$ 的一条哈密尔顿路. 设 u_1^d 是 u^d 在 P_d 上的一个邻点. 由引理 7.1.3 知, $Q[d+1]$ 有一条从 u^{d+1} 到 u_1^{d+1} 的哈密尔顿路 P_{d+1}. 注意对任意 $i\in\{1,2,\cdots,k-1\}$ 有 $|E(L^i)|=0$ 成立. 于是,

$$D\cup P_{d+1}+\{(u^d,u^{d+1}),(u_1^d,u_1^{d+1})\}-(u^d,u_1^d)$$

是 Q_{n+1}^k 的一条穿越 L 的哈密尔顿圈.

情形 2.2 $d\in\{0,k-1\}$.

由对称性, 只需考虑 $d=0$ 的情况. 此时, $e_*=(u^0,u^1)$. 分以下 4 种情形考虑.

情形 2.2.1 $|E(L^0)|\leqslant 2n-2$ 且 $|E(L^0)|+|E(L^1)|<2n$.

由于 $2n-(|E(L^0)|+|E(L^1)|)>0$, 由引理 7.1.2 知, 在 $Q[0]$ 中存在 u^0 的一个邻点 u_1^0 使得 $(u^0,u_1^0)\notin E(L^0)$, $(u^1,u_1^1)\notin E(L^1)$ 且 $L^0+(u^0,u_1^0)$ 和 $L^1+(u^1,u_1^1)$ 都是线性森林. 由于

$$\begin{aligned}&|E(L^0+(u^0,u_1^0))|\\=&|E(L^0)|+|\{(u^0,u_1^0)\}|\\\leqslant&(2n-2)+1\\=&2n-1\end{aligned}$$

由归纳假设, $Q[0]$ 有一个穿越 $L^0+(u^0,u_1^0)$ 的哈密尔顿圈 C_0. 类似地, $Q[1]$ 有一个穿越 $L^1+(u^1,u_1^1)$ 的哈密尔顿圈 C_1. 于是,

$$D_2=C_0\cup C_1+\{(u^0,u^1),(u_1^0,u_1^1)\}-\{(u^0,u_1^0),(u^1,u_1^1)\}$$

是 $\langle V_0\cup V_1\rangle$ 的一个穿越 $L^0\cup L^1+e_*$ 的哈密尔顿圈. 接下来, 类似于情形 1.1, 可以构造 Q_{n+1}^k 的一个穿越 L 的哈密尔顿圈.

情形 2.2.2 $|E(L^0)|\leqslant 2n-1$ 且 $|E(L^0)|+|E(L^1)|=2n$.

注意 $|E(L^1)| \leqslant |E(L^0)| \leqslant 2n-1$. 由归纳假设, $Q[0]$ 有一个穿越 L^0 的哈密尔顿圈 C_0; $Q[1]$ 有一个穿越 L^1 的哈密尔顿圈 C_1. 因为 L 是线性森林且 $(u^0, u^1) \in E(L)$, 我们可以在 C_0 上找到 u^0 的一个邻点 v^0, u^1 的一个邻点 w^1 分别使得 $(v^0, u^0) \notin E(L^0)$ 和 $(u^1, w^1) \notin E(L^1)$. 注意, 对任意 $i \in \{0, 1, \cdots, k-1\} \setminus \{0, 1\}$ 均有 $|E(L^i)| = 0$ 成立. 于是,

$$D_2 = C_0 \cup C_1 + (u^0, u^1) - \{(u^0, v^0), (u^1, w^1)\}$$

是 $\langle V_0 \cup V_1 \rangle$ 的一条从 v^0 到 w^1 的穿越 L 的哈密尔顿路.

若 w^1 是 v^0 在 $Q[1]$ 中的对应顶点, 则 $D_2' = D_2 + (v^0, w^1)$ 是 $\langle V_0 \cup V_1 \rangle$ 的一个穿越 L 的哈密尔顿圈. 接下来, 类似于情形 1.1, 可以将 D_2' 扩展为 Q_{n+1}^k 的一个穿越 L 的哈密尔顿圈.

若 w^1 不是 v^0 在 $Q[1]$ 中的对应顶点, 由引理 7.1.3 知, 对任意 $i \in \{0, 1, \cdots, k-1\} \setminus \{0, 1\}$, $Q[i]$ 有一条从 v^i 到 w^i 的哈密尔顿路 P_i. 于是,

$$\begin{aligned} & D_2 \cup \left(\bigcup_{i=2}^{k-1} P_i \right) \\ & + \{(w^i, w^{i+1}) |\ i = 1, 3, \cdots, k-2\} \\ & + \{(v^i, v^{i+1}) |\ i = 2, 4, \cdots, k-1\} \end{aligned}$$

是 Q_{n+1}^k 的一个穿越 L 的哈密尔顿圈.

情形 2.2.3　$|E(L^0)| = 2n-1$ 且 $|E(L^0)| + |E(L^1)| = 2n-1$.

由归纳假设, $Q[0]$ 有一个穿越 L^0 的哈密尔顿圈 C_0. 注意到 $e_* = (u^0, u^1) \in E(L)$ 且 L 是线性森林, 我们可以在 C_0 上选取 u^0 的邻点 u_1^0 使得 $(u^0, u_1^0) \notin E(L^0)$. 由引理 7.1.3 知, $Q[1]$ 有一条从 u^1 到 u_1^1 的哈密尔顿路 P_1. 于是,

$$D_2 = C_0 \cup P_1 + \{(u^0, u^1), (u_1^0, u_1^1)\} - (u^0, u_1^0)$$

是 $\langle V_0 \cup V_1 \rangle$ 的一个穿越 $L^0 + e_*$ 的哈密尔顿圈. 接下来, 类似于情形 1.1, 可以构造 Q_{n+1}^k 的一个穿越 L 的哈密尔顿圈.

情形 2.2.4　$|E(L^0)| = 2n$.

显然, L^0 中存在一条边 (v^0, v_1^0) 使得 v^0 是 L^0 中某个连通分支的 1 度顶点且 $v^0 \neq u^0$, $v_1^0 \neq u^0$. 由归纳假设, $Q[0]$ 有一个穿越 $L^0 - (v^0, v_1^0)$ 的哈密尔顿圈 C_0.

如果 $(v^0, v_1^0) \in E(C_0)$, 类似于情形 2.2.3, 可以构造 Q_{n+1}^k 的一个穿越 L 的哈密尔顿圈.

下面考虑 $(v^0, v_1^0) \notin E(C_0)$ 的情况. 因为 L 是一个线性森林, 我们可以在 C_0 上先找到 v_1^0 的一个邻点 x_1^0 使得 $(v_1^0, x_1^0) \notin E(L^0)$, 再找到 v^0 的一个邻点 x^0 使得 C_0 上从 v^0 到 v_1^0 的两条路分别通过 x^0 和 x_1^0. 显然, $(v^0, x^0) \notin E(L^0)$. 因此,

$$P_0 = C_0 + (v^0, v_1^0) - \{(v_1^0, x_1^0), (v^0, x^0)\}$$

是 $Q[0]$ 的一条从 x^0 到 x_1^0 的穿越 L^0 的哈密尔顿路.

假设 $u^0 \in \{x^0, x_1^0\}$. 由引理 7.1.3 知, $Q[1]$ 有一条从 x^1 到 x_1^1 的哈密尔顿路 P_1. 于是,

$$D_2 = P_0 \cup P_1 + \{(x^0, x^1), (x_1^0, x_1^1)\}$$

是 $\langle V_0 \cup V_1 \rangle$ 的一个穿越 L 的哈密尔顿圈. 接下来, 类似于情形 1.1, 可以将 D_2 扩展为 Q_{n+1}^k 的一个穿越 L 的哈密尔顿圈.

现在假设 $u^0 \notin \{x^0, x_1^0\}$. 注意到 L 是一个线性森林且 $(u^0, u^1) \in E(L)$, 我们可以在 P_0 找到 u^0 的一个邻点 u_1^0 使得 $(u^0, u_1^0) \notin E(L^0)$. 由引理 7.1.3 知, $Q[1]$ 有一条从 u^1 到 u_1^1 的哈密尔顿路 P_1; $Q[k-1]$ 有一条从 x^{k-1} 到 x_1^{k-1} 的哈密尔顿路 P_{k-1}. 令

$$\begin{aligned} D_3 = & P_0 \cup P_{k-1} \cup P_1 \\ & + \{(u^0, u^1), (u_1^0, u_1^1), (x^0, x^{k-1}), (x_1^0, x_1^{k-1})\} \\ & - (u^0, u_1^0) \end{aligned}$$

则 D_3 是 $\langle V_{k-1} \cup V_0 \cup V_1 \rangle$ 的一个穿越 L 的哈密尔顿圈. 接下来, 类似于情形 1.1, 可以将 D_3 扩展为 Q_{n+1}^k 的一个穿越 L 的哈密尔顿圈.

我们已经考虑了所有可能的情形, 定理 7.2.1 证毕. □

7.3 偶元 n-立方的指定哈密尔顿性

设 L 是 Q_n^k ($k \geqslant 4$ 为偶数) 中边数不超过 $2n-1$ 的一个线性森林. 本节将对 n 归纳证明 Q_n^k 中存在一个穿越 L 的哈密尔顿圈. 其证明方法与 k 为奇数时类似, 但必须对顶点的奇偶性加以关注. 下面的引理将处理归纳基础.

引理 7.3.1 设 $k \geqslant 4$ 是一个偶数, L 是 Q_2^k 中的一个线性森林. 若 $|E(L)| \leqslant 3$, 则 Q_2^k 中存在一个穿越 L 的哈密尔顿圈.

证明 只需证该引理对于 $|E(L)| = 3$ 成立. 不失一般性, 假设 L 中至多有一条 1 维边. 沿第 1 维将 Q_2^k 划分为 k 个互不相交的长为 k 的圈 $C_0, C_1, \cdots, C_{k-1}$. 不失一般性, 设 C_0 包含 L 中的边最多. 即对于 $i = 1, 2, \cdots, k-1$ 均有 $|E(L^i)| \leqslant |E(L^0)|$ 成立. 我们分两种情形考虑.

情形 1 $\sum\limits_{i=0}^{k-1} |E(L^i)| = |E(L)| = 3$. 即, L 中没有 1 维边.

因为

$$|E_0| - (|E(L^0)| + |E(L^1)|) \geqslant k - 3 \geqslant 4 - 3 > 0$$

所以存在 $(u^0,u_1^0)\in E_0$ 使得 $(u^0,u_1^0)\notin E(L^0)$ 且 $(u^1,u_1^1)\notin E(L^1)$. 则

$$D_2=C_0\cup C_1+\{(u^0,u^1),(u_1^0,u_1^1)\}-\{(u^0,u_1^0),(u^1,u_1^1)\}$$

是 $\langle V_0\cup V_1\rangle$ 的一条穿越 $L^0\cup L^1$ 的哈密尔顿圈. 因为

$$\begin{aligned}|E(L^i)|+|E(L^{i+1})|&\leqslant|E(L)|-|E(L^0)|\\&\leqslant|E(L)|-1=2\end{aligned}$$

所以

$$\begin{aligned}&|E_1|-(|E(L^1)|+|E(L^2)|)-|(u^1,u_1^1)|\\\geqslant&k-2-1\geqslant4-2-1>0.\end{aligned}$$

因此, 存在 $(v^1,v_1^1)\in E_1$ 使得 $(v^1,v_1^1)\notin E(L^1)$ 且 $(v^2,v_1^2)\notin E(L^2)$. 故而,

$$D_3=D_2\cup C_2+\{(v^1,v^2),(v_1^1,v_1^2)\}-\{(v^1,v_1^1),(v^2,v_1^2)\}$$

是 $\langle V_0\cup V_1\cup V_2\rangle$ 的一条穿越 $L^0\cup L^1\cup L^2$ 的哈密尔顿圈. 对于剩余的 $C_3,C_4,\cdots,C_{k-1}$ 依次重复类似的构造过程, 将得到 Q_2^k 的一个穿越 L 的哈密尔顿圈.

情形 2 $\sum\limits_{i=0}^{k-1}|E(L^i)|=|E(L)|-1=2$. 即, L 中恰有一条 1 维边 e_*.

令 $e_*=(u^d,u^{d+1})$, 其中, $d\in\{0,1,\cdots,k-1\}$. 我们考虑两种情形.

情形 2.1 $1\leqslant d\leqslant k-2$.

注意到 $(u^d,u^{d+1})\in E(L)$ 且 $|E(L^d)|+|E(L^{d+1})|\leqslant1$, 我们可以在 C_d 上选取 u^d 的一个邻点 u_1^d 使得 $(u^d,u_1^d)\notin E(L^d)$ 且 $(u^{d+1},u_1^{d+1})\notin E(L^{d+1})$. 令

$$D_2=C_d\cup C_{d+1}+\{(u^d,u^{d+1}),(u_1^d,u_1^{d+1})\}-\{(u^d,u_1^d),(u^{d+1},u_1^{d+1})\}$$

则 D_2 是 $\langle V_d\cup V_{d+1}\rangle$ 的一条穿越 $L^d\cup L^{d+1}$ 的哈密尔顿圈. 与情形 1 类似, 我们可以构造 Q_2^k 的一个穿越 L 的哈密尔顿圈.

情形 2.2 $d\in\{0,k-1\}$.

由对称性, 只需考虑 $d=0$ 的情况. 注意 $C_0=Q[0]$ 是一个长为 k 的圈. $(u^0,u^1)\in E(L)\setminus E(L^0)$ 且 L 是一个线性森林, 我们可以在 C_0 上选取 u^0 的一个邻点 u_1^0 使得 $(u_1^0,u^0)\notin E(L^0)$.

若 $(u_1^1,u^1)\notin E(L^1)$, 则类似于情形 2.1, 我们可以构造一个 Q_2^k 的穿越 L 的哈密尔顿圈.

若 $(u_1^1,u^1)\in E(L^1)$ 且 $(u^0,u_{k-1}^0)\notin E(L^0)$, 其中, u_{k-1}^0 是 C_0 上 u^0 的另一个邻点, 则 $|E(L^1)|=1$, 因此 $(u^1,u_{k-1}^1)\notin E(L^1)$. 类似地, 我们可以构造 Q_2^k 的一个穿越 L 的哈密尔顿圈.

若 $(u_1^1, u^1) \in E(L^1)$ 且 $(u^0, u_{k-1}^0) \in E(L^0)$, 则 $E(L) = \{(u^0, u^1), (u_1^1, u^1), (u^0, u_{k-1}^0)\}$. 为便于表达, 对于 $i = 0, 1, \cdots, k-1$, 我们记 C_i 为 $(u_0^i, u_1^i, \cdots, u_{k-1}^i)$, 其中, $u_0^0 = u^0$, $u_0^1 = u^1$. 于是

$$D_2 = (u_{k-1}^1, u_{k-1}^0, u_0^0, u_0^1, u_1^1, u_1^0, u_2^0, u_2^1 \cdots, u_{k-3}^0, u_{k-2}^0, u_{k-2}^1)$$

是 $\langle V_0 \cup V_1 \rangle$ 的一条从 u_{k-1}^1 到 u_{k-2}^1 的穿越 L 的哈密尔顿路. 不难构造 $\left\langle \bigcup_{i=2}^{k-1} V_i \right\rangle$ 的一条从 u_2^{k-1} 到 u_2^{k-2} 的哈密尔顿路 P. 于是,

$$D_2 \cup P + \{(u_{k-1}^1, u_{k-1}^2), (u_{k-2}^1, u_{k-2}^2)\}$$

是 Q_2^k 的一个穿越 L 的哈密尔顿圈. 证毕. □

定理 7.3.1 设 $n \geqslant 2$ 是一个整数, $k \geqslant 4$ 是一个偶数, L 是 Q_n^k 中的一个线性森林. 若 $|E(L)| \leqslant 2n-1$, 则 Q_n^k 中存在一个穿越 L 的哈密尔顿圈.

证明 只需证明该定理对 $|E(L)|$ 的上界成立. 由引理 7.3.1 知, 当 $n=2$ 时定理成立. 假设当 $n \geqslant 2$ 时, 定理对 Q_n^k 成立. 接下来, 我们证明该定理对 Q_{n+1}^k 也成立. 设 L 是 Q_{n+1}^k 中任意一个边数为 $2n+1$ 的线性森林. 不妨设 L 中至多有一条 1 维边. 沿第 1 维将 Q_n^k 划分为 k 个互不相交的且与 Q_n^k 同构的子立方 $Q[0]$, $Q[1], \cdots, Q[k-1]$. 不失一般性, 假设 $|E(L^0)| \geqslant |E(L^i)|$ 对任意 $i \in \{1, 2, \cdots, k-1\}$ 成立. 分两种情形考虑.

情形 1 $\sum_{i=0}^{k-1} |E(L^i)| = |E(L)| = 2n+1$. 即 L 中没有 1 维边.

情形 1.1 $|E(L^0)| \leqslant 2n-1$.

由 $|E(L^i)| \leqslant |E(L^0)|$ 且 $|E(L)| = 2n+1$ 可知, 对任意 $i \in \{1, 2, \cdots, k-1\}$ 有

$$|E(L^i)| \leqslant \lfloor |E(L)|/2 \rfloor = n$$

成立. 由归纳假设, $Q[0]$ 中有一个穿越 L^0 的哈密尔顿圈 C_0. 由于

$$\begin{aligned}
&|E(C_0 - E(L^0))| - 2|E(L^1)| \\
=&|E(C_0)| - (|E(L^0)| + |E(L^1)|) - |E(L^1)| \\
\geqslant&|E(C_0)| - |E(L)| - |E(L^1)| \\
\geqslant&k^n - (2n+1) - n \\
\geqslant&4^2 - (2 \times 2 + 1) - 2 \\
>&0
\end{aligned}$$

由引理 7.1.1 知, 在 $C_0 - E(L^0)$ 中存在一条边 (u^0, v^0) 使得 $(u^1, v^1) \notin E(L^1)$ 且 $L^1 + (u^1, v^1)$ 是线性森林. 由于

$$|E(L^1+(u^1,v^1))|=|E(L^1)|+|\{(u^1,v^1)\}|\leqslant n+1\leqslant 2n-1$$

由归纳假设, $Q[1]$ 中有一个穿越 $L^1+(u^1,v^1)$ 的哈密尔顿圈 C_1. 于是,

$$D_2=C_0\cup C_1+\{(u^0,u^1),(v^0,v^1)\}-\{(u^0,v^0),(u^1,v^1)\}$$

是 $\langle V_0\cup V_1\rangle$ 的一条穿越 $L^0\cup L^1$ 的哈密尔顿圈. 由于

$$\begin{aligned}&|E(C_1-E(L^1+(u^1,v^1)))|-2|E(L^2)|\\=&|E(C_1)|-|\{(u^1,v^1)\}|-|E(L^1)|-2|E(L^2)|\\\geqslant& k^n-1-n-2n\\\geqslant& 4^2-1-2-2\times 2\\>&0\end{aligned}$$

由引理 7.1.1 知, 在 $C_1-E(L^1+(u^1,v^1))$ 中存在一条边 (u_1^1,v_1^1) 使得 $(u_1^2,v_1^2)\notin E(L^2)$ 且 $L^2+(u_1^2,v_1^2)$ 是线性森林. 因为

$$\begin{aligned}&|E(L^2+(u_1^2,v_1^2))|\\=&|E(L^2)|+|\{(u_1^2,v_1^2)\}|\\\leqslant& n+1\\\leqslant& 2n-1\end{aligned}$$

由归纳假设, $Q[2]$ 中有一个穿越 $L^2+(u_1^2,v_1^2)$ 的哈密尔顿圈 C_2. 于是我们可以构造 $\langle V_0\cup V_1\cup V_2\rangle$ 的一个穿越 $L^0\cup L^1\cup L^2$ 的哈密尔顿圈

$$D_3=D_2\cup C_2+\{(u_1^1,u_1^2),(v_1^1,v_1^2)\}-\{(u_1^1,v_1^1),(u_1^2,v_1^2)\}$$

对于剩余的 $Q[3],Q[4],\cdots,Q[k-1]$ 依次重复类似的构造过程, 将得到 Q_{n+1}^k 的一个穿越 L 的哈密尔顿圈.

情形 1.2 $|E(L^0)|=2n$.

在 L^0 中选取一条边 (u^0,v^0), 使得 v^0 是 L^0 的一个连通分支的 1 度顶点. 由归纳假设, $Q[0]$ 中有一个穿越 $L^0-(u^0,v^0)$ 的哈密尔顿圈 C_0.

若 $(u^0,v^0)\in E(C_0)$, 则类似于情形 1.1, 我们可以构造一个 Q_{n+1}^k 的穿越 L 的哈密尔顿圈.

若 $(u^0,v^0)\notin E(C_0)$, 首先, 在 C_0 上选取 u^0 的一个邻点 u_1^0 使得 $(u^0,u_1^0)\notin E(L^0)$; 然后, 在 C_0 上选取 v^0 的一个邻点 v_1^0 使得在 C_0 上的从 u^0 到 v^0 的两条路分别通过 u_1^0 和 v_1^0. 显然, $(v^0,v_1^0)\notin E(L^0)$. 注意 $Q[1]$ 和 $Q[k-1]$ 中至少有一个不包含 L 中的边. 不妨设 $Q[1]$ 不包含 L 中的边. 因为 v_1^0 是 v^0 的一个邻点, 所以 v_1^0

和 v^0 的奇偶性不同, 进而 v_1^0 和 u_1^0 的奇偶性不同. 于是, 不难验证 v_1^1 和 u_1^1 的奇偶性不同. 由引理 7.1.4 知, $Q[1]$ 中有一条连接 u_1^1 和 v_1^1 的哈密尔顿路 P_1. 于是,

$$D_2 = C_0 \cup P_1 + \{(u^0, v^0), (u_1^0, u_1^1), (v_1^0, v_1^1)\} - \{(u^0, u_1^0), (v^0, v_1^0)\}$$

是 $\langle V_0 \cup V_1 \rangle$ 的一个穿越 $L^0 \cup L^1$ 的哈密尔顿圈. 接下来, 类似于情形 1.1, 我们可以构造 Q_{n+1}^k 的一个穿越 L 的哈密尔顿圈.

情形 1.3 $|E(L^0)| = |E(L)| = 2n+1$.

在 L^0 中按照下面的方法选取两条不同的边 (u^0, v^0) 和 (x^0, y^0). 如果 $E(L^0)$ 是一个匹配, 任选两条不同边即可; 如果 $E(L^0)$ 不是一个匹配, u^0 和 x^0 必须是 L^0 的某个连通分支的 1 度顶点. 由归纳假设, $Q[0]$ 有一个穿越 $L^0 - \{(u^0, v^0), (x^0, y^0)\}$ 的哈密尔顿圈 C_0. 若 C_0 通过 (u^0, v^0) 和 (x^0, y^0) 中的至少一条边, 则类似于情形 1.1 或情形 1.2, 我们可以构造 Q_{n+1}^k 的一个穿越 L 的哈密尔顿圈.

下面考虑 $(u^0, v^0), (x^0, y^0) \notin E(C_0)$ 的情况. 若 $E(L^0)$ 是一个匹配, 则 C_0 上要么有一条 (u^0, x^0) 路通过点 v^0 和 y^0, 要么有一条 (u^0, y^0) 路通过点 v^0 和 x^0. 不失一般性, 假设前者成立. 若 $E(L^0)$ 不是一个匹配, 则 L^0 中包含 u^0 和 x^0 的连通分支是一条路 $P = (u^0, v^0, \cdots, y^0, x^0)$. 因为 C_0 穿越 $L^0 - \{(u^0, v^0), (x^0, y^0)\}$, 所以路 $P - \{u^0, x^0\}$ 是 C_0 的一节. 由此可知, C_0 上有一条 (u^0, x^0) 路通过点 v^0 和 y^0. 在 C_0 上分别选取 v^0 的邻点 v_1^0 和 y^0 的邻点 y_1^0 使得 C_0 上从 v_1^0 到 y_1^0 的两条路分别通过 u^0, x^0 和 v^0, y^0. 显然, $(v^0, v_1^0), (y^0, y_1^0) \notin E(L^0)$ 且 $d_{C_0}(u^0, x^0) \geqslant 1$.

若 $d_{C_0}(u^0, x^0) = 1$, 则

$$P_0 = C_0 + \{(u^0, v^0), (x^0, y^0)\} - \{(u^0, x^0), (v^0, v_1^0), (y^0, y_1^0)\}$$

是 $Q[0]$ 的一条穿越 L^0 的哈密尔顿路. 不难验证 v_1^1 和 y_1^1 具有不同的奇偶性. 由引理 7.1.4 知, $Q[1]$ 有一条连接 v_1^1 和 y_1^1 的哈密尔顿路 P_1. 于是,

$$D_2 = P_0 \cup P_1 + \{(v_1^0, v_1^1), (y_1^0, y_1^1)\}$$

是 $\langle V_0 \cup V_1 \rangle$ 的一个穿越 L^0 的哈密尔顿圈. 注意到 $L^0 = L$, 类似于情形 1.1, 不难构造 Q_{n+1}^k 的一个穿越 L 的哈密尔顿圈.

若 $d_{C_0}(u^0, x^0) \geqslant 2$, 在 C_0 上分别选取 u^0 的邻点 u_1^0 和 x^0 的邻点 x_1^0 使得 C_0 上从 u^0 到 x^0 的两条路分别通过 v_1^0, y_1^0 和 u_1^0, x_1^0. 特别地, 若 $d_{C_0}(u^0, x^0) = 2$ 则 $u_1^0 = x_1^0$. 注意 x_1^1 和 y_1^1 具有不同的奇偶性且 $|E(L^1)| = 0$. 由引理 7.1.4 知, $Q[1]$ 有一条连接 x_1^1 和 y_1^1 的哈密尔顿路 P_1. 类似地, $Q[k-1]$ 有一条连接 u_1^{k-1} 和 v_1^{k-1} 的哈密尔顿路 P_{k-1}. 令

$$D_3 = C_0 \cup P_{k-1} \cup P_1$$

$$+\{(u^0,v^0),(x^0,y^0),(x_1^0,x_1^1),(y_1^0,y_1^1),(u_1^0,u_1^{k-1}),(v_1^0,v_1^{k-1})\}$$
$$-\{(u^0,u_1^0),(v^0,v_1^0),(x^0,x_1^0),(y^0,y_1^0)\}$$

因为 $(u^0,u_1^0),(v^0,v_1^0),(x^0,x_1^0),(y^0,y_1^0)\notin E(L^0)$, 所以 D_3 是 $\langle V_0\cup V_1\cup V_{k-1}\rangle$ 的一条穿越 L 的哈密尔顿圈. 类似于情形 1.1, 可以将 D_3 扩展为 Q_{n+1}^k 的一个穿越 L 的哈密尔顿圈.

情形 2 $\sum\limits_{i=0}^{k-1}|E(L^i)|=|E(L)|-1=2n$. 即, L 中恰有一条 1 维边 e_*.

令 $e_*=(u^d,u^{d+1})$, 其中, $d\in\{0,1,\cdots,k-1\}$. 分两种情况考虑.

情形 2.1 $1\leqslant d\leqslant k-2$.

情形 2.1.1 $|E(L^0)|\leqslant 2n-1$.

类似于情形 1.1, 我们可以构造 $\left\langle\bigcup\limits_{i=0}^{d-1}V_i\right\rangle$ 的一个穿越 $\bigcup\limits_{i=0}^{d-1}L^i$ 的哈密尔顿圈 D_d. 令 $P_0=\langle E_0\cap E(D_d)\rangle$. 由 D_d 的构造方法可知, P_0 是 $Q[0]$ 的一条哈密尔顿路. 令 $I=\{0,1,\cdots,k-1\}\setminus\{d,d+1\}$. 由于

$$\begin{aligned}&|E(P_0-E(L^0))|-2|E(L^{k-1})|\\=&|E(P_0)|-(|E(L^0)|+|E(L^{k-1})|)-|E(L^{k-1})|\\\geqslant&(k^n-1)-2n-n\\=&k^n-3n-1\\\geqslant&4^2-3\times2-1\\>&0\end{aligned}$$

类似于情形 1.1, 可以将 D_d 扩展为 $\left\langle\bigcup\limits_{i\in I}V_i\right\rangle$ 的一个穿越 $\bigcup\limits_{i\in I}L^i$ 的哈密尔顿圈.

因为 $|E(L^d)|+|E(L^{d+1})|\leqslant\left(\sum\limits_{i=0}^{k-1}|E(L^i)|\right)-|E(L^0)|\leqslant 2n-1$, 所以 $Q[d]$ 和 $Q[d+1]$ 中至少有一个包含 L 中至多 $\lfloor(2n-1)/2\rfloor=n-1$ 条边. 不妨设 $Q[d]$ 包含 L 中至多 $n-1$ 条边, 即 $|E(L^d)|\leqslant n-1$. 由于

$$2n-(|E(L^d)|+|E(L^{d+1})|)\geqslant 2n-(2n-1)>0$$

由引理 7.1.2 知, $Q[d]$ 中存在 u^d 的一个邻点 u_1^d 使得 $(u^d,u_1^d)\notin E(L^d)$, $(u^{d+1},u_1^{d+1})\notin E(L^{d+1})$ 且 $L^d+(u^d,u_1^d)$, $L^{d+1}+(u^{d+1},u_1^{d+1})$ 都是线性森林. 令 $P_{d-1}=\langle E(D)\cap E_{d-1}\rangle$. 显然, P_{d-1} 是 $Q[d-1]$ 的一条穿越 L^{d-1} 的哈密尔顿路.

由于

$$|E(P_{d-1}-E(L^{d-1}))|-2|E(L^d+(u^d,u_1^d))|$$

$$
\begin{aligned}
&=|E(P_{d-1})|-2|\{(u^d,u_1^d)\}|-(|E(L^{d-1})|+|E(L^d)|)-|E(L^d)|\\
&\geqslant(k^n-1)-2-2n-(n-1)\\
&=k^n-3n-2\\
&\geqslant 4^2-3\times 2-2\\
&>0
\end{aligned}
$$

由引理 7.1.1 知, $P_{d-1}-E(L^{d-1})$ 中存在一条边 (v^{d-1},v_1^{d-1}) 使得 $(v^d,v_1^d)\notin E(L^d+(u^d,u_1^d))$ 并且 $L^d+\{(u^d,u_1^d),(v^d,v_1^d)\}$ 是线性森林. 注意到 $|E(L^d)|\leqslant n-1$ 且 $|E(L^{d+1})|\leqslant\left\lfloor\left(\sum\limits_{i=0}^{k-1}|E(L^i)|\right)\Big/2\right\rfloor=n$, 我们有

$$
\begin{aligned}
&|E(L^d)\cup\{(u^d,u_1^d),(v^d,v_1^d)\}|\\
=&|E(L^d)|+|\{(u^d,u_1^d),(v^d,v_1^d)\}|\\
\leqslant&(n-1)+2\\
\leqslant&2n-1
\end{aligned}
$$

且

$$
\begin{aligned}
&|E(L^{d+1}+(u^{d+1},u_1^{d+1}))|\\
=&|E(L^{d+1})|+|\{(u^{d+1},u_1^{d+1})\}|\\
\leqslant&n+1\\
\leqslant&2n-1
\end{aligned}
$$

由归纳假设, $Q[d]$ 有一个穿越 $L^d+\{(u^d,u_1^d),(v^d,v_1^d)\}$ 的哈密尔顿圈 C_d; $Q[d+1]$ 有一个穿越 $L^{d+1}+(u^{d+1},u_1^{d+1})$ 的哈密尔顿圈 C_{d+1}. 于是,

$$
\begin{aligned}
&D\cup C_d\cup C_{d+1}\\
&+\{(v^{d-1},v^d),(v_1^{d-1},v_1^d),(u^d,u^{d+1}),(u_1^d,u_1^{d+1})\}\\
&-\{(v^{d-1},v_1^{d-1}),(v^d,v_1^d),(u^d,u_1^d),(u^{d+1},u_1^{d+1})\}
\end{aligned}
$$

是 Q_{n+1}^k 的一条穿越 L 的哈密尔顿圈.

情形 2.1.2 $|E(L^0)|=2n$.

在 L^0 中选取一条边 (x^0,y^0) 使得 x^0 是 L^0 的某个连通分支的 1 度顶点. 由归纳假设, $Q[0]$ 有一个穿越 $L^0-(x^0,y^0)$ 的哈密尔顿圈 C_0.

如果 $(x^0,y^0)\in E(C_0)$, 类似于情形 2.1.1, 不难构造 Q_{n+1}^k 的一条穿越 L 的哈密尔顿圈.

下面考虑 $(x^0,y^0)\notin E(C_0)$ 的情形. 首先在 C_0 上选取 y^0 的一个邻点 y_1^0 使

得 $(y^0, y_1^0) \notin E(L^0)$; 然后在 C_0 上选取 x^0 的一个邻点 x_1^0 使得 C_0 上从 x^0 到 y^0 的两条路分别通过 x_1^0 和 y_1^0. 因为 x^0 是 L^0 的某个连通分支的一个 1 度顶点并且 $(x^0, y^0) \in E(L^0)$, 所以 $(x^0, x_1^0) \notin E(L^0)$. 于是,

$$P_0 = C_0 + (x^0, y^0) - \{(x^0, x_1^0), (y^0, y_1^0)\}$$

是 $Q[0]$ 的一条从 x_1^0 到 y_1^0 的穿越 L^0 的哈密尔顿路.

注意到 $k \geqslant 4$, 我们有 $k-2 \geqslant 2$. 因此, $d \neq 1$ 或 $d \neq k-2$. 不失一般性, 假设 $d \neq 1$. 不难验证 x_1^1 和 y_1^1 的奇偶性不同. 由引理 7.1.4 知, $Q[1]$ 有一条连接 x_1^1 和 y_1^1 的哈密尔顿路 P_1.

$$D_2 = P_0 \cup P_1 + \{(x_1^0, x_1^1), (y_1^0, y_1^1)\}$$

是 $\langle V_0 \cup V_1 \rangle$ 的一个穿越 L^0 的哈密尔顿圈. 令 $I = \{0, 1, \cdots, k-1\} \setminus \{d+1\}$. 类似于情形 2.1.1, 可以将 D_2 扩展为 $\left\langle \bigcup_{i \in I} V_i \right\rangle$ 的一个穿越 L^0 的哈密尔顿圈 D. 令 $P_d = \langle E_d \cap E(D) \rangle$, 则 P_d 是 $Q[d]$ 的一条哈密尔顿路. 设 u_1^d 是 u^d 在 P_d 上的一个邻点. 由引理 7.1.4 知, $Q[d+1]$ 有一条从 u^{d+1} 到 u_1^{d+1} 的哈密尔顿路 P_{d+1}. 注意对任意 $i \in \{1, 2, \cdots, k-1\}$ 有 $|E(L^i)| = 0$ 成立. 于是,

$$D \cup P_{d+1} + \{(u^d, u^{d+1}), (u_1^d, u_1^{d+1})\} - (u^d, u_1^d)$$

是 Q_{n+1}^k 的一条穿越 L 的哈密尔顿圈.

情形 2.2 $d \in \{0, k-1\}$.

由对称性, 只需考虑 $d = 0$ 的情况. 此时, $e_* = (u^0, u^1)$. 分以下四种情形考虑.

情形 2.2.1 $|E(L^0)| \leqslant 2n-2$ 且 $|E(L^0)| + |E(L^1)| < 2n$.

由于 $2n - (|E(L^0)| + |E(L^1)|) > 0$, 由引理 7.1.2 知, 在 $Q[0]$ 中存在 u^0 的一个邻点 u_1^0 使得 $(u^0, u_1^0) \notin E(L^0)$, $(u^1, u_1^1) \notin E(L^1)$ 且 $L^0 + (u^0, u_1^0)$ 和 $L^1 + (u^1, u_1^1)$ 都是线性森林. 由于

$$\begin{aligned}
&|E(L^0 + (u^0, u_1^0))| \\
=&|E(L^0)| + |\{(u^0, u_1^0)\}| \\
\leqslant&(2n-2) + 1 \\
=&2n-1
\end{aligned}$$

由归纳假设, $Q[0]$ 有一个穿越 $L^0 + (u^0, u_1^0)$ 的哈密尔顿圈 C_0. 类似地, $Q[1]$ 有一个穿越 $L^1 + (u^1, u_1^1)$ 的哈密尔顿圈 C_1. 于是,

$$D_2 = C_0 \cup C_1 + \{(u^0, u^1), (u_1^0, u_1^1)\} - \{(u^0, u_1^0), (u^1, u_1^1)\}$$

是 $\langle V_0 \cup V_1 \rangle$ 的一个穿越 $L^0 \cup L^1 + e_*$ 的哈密尔顿圈. 接下来, 类似于情形 1.1, 可以构造 Q_{n+1}^k 的一个穿越 L 的哈密尔顿圈.

情形 2.2.2 $|E(L^0)| \leqslant 2n-1$ 且 $|E(L^0)| + |E(L^1)| = 2n$.

注意 $|E(L^1)| \leqslant |E(L^0)| \leqslant 2n-1$. 由归纳假设, $Q[0]$ 有一个穿越 L^0 的哈密尔顿圈 C_0; $Q[1]$ 有一个穿越 L^1 的哈密尔顿圈 C_1. 因为 L 是线性森林且 $(u^0, u^1) \in E(L)$, 我们可以在 C_0 上找到 u^0 的一个邻点 v^0, u^1 的一个邻点 w^1 分别使得 $(v^0, u^0) \notin E(L^0)$ 和 $(u^1, w^1) \notin E(L^1)$. 注意, 对任意 $i \in \{0, 1, \cdots, k-1\} \setminus \{0, 1\}$ 均有 $|E(L^i)| = 0$ 成立. 于是,

$$D_2 = C_0 \cup C_1 + (u^0, u^1) - \{(u^0, v^0), (u^1, w^1)\}$$

是 $\langle V_0 \cup V_1 \rangle$ 的一条从 v^0 到 w^1 的穿越 L 的哈密尔顿路.

若 w^1 是 v^0 在 $Q[1]$ 中的对应顶点, 则 $D_2' = D_2 + (v^0, w^1)$ 是 $\langle V_0 \cup V_1 \rangle$ 的一个穿越 L 的哈密尔顿圈. 接下来, 类似于情形 1.1, 可以将 D_2' 扩展为 Q_{n+1}^k 的一个穿越 L 的哈密尔顿圈.

若 w^1 不是 v^0 在 $Q[1]$ 中的对应顶点, 不难验证, 对任意 $i \in \{2, 3, \cdots, k-2\}$, w^i 和 u^i 的奇偶性不同. 由引理 7.1.4 知, $Q[i]$ 有一条从 v^i 到 w^i 的哈密尔顿路 P_i. 注意 u^{k-1} 和 v^{k-1} 的奇偶性不同. 由引理 7.1.4 知, $Q[k-1]$ 有一条从 v^{k-1} 到 w^{k-1} 的哈密尔顿路 P_{k-1}. 于是,

$$\begin{aligned}
&D_2 \cup \left(\bigcup_{i=2}^{k-1} P_i \right) \\
&+\{(w^i, w^{i+1}) | \ i = 1, 3, \cdots, k-3\} \\
&+\{(u^i, u^{i+1}) | \ i = 2, 4, \cdots, k-2\} + (v^0, v^{k-1})
\end{aligned}$$

是 Q_{n+1}^k 的一个穿越 L 的哈密尔顿圈.

情形 2.2.3 $|E(L^0)| = 2n-1$ 且 $|E(L^0)| + |E(L^1)| = 2n-1$.

由归纳假设, $Q[0]$ 有一个穿越 L^0 的哈密尔顿圈 C_0. 注意到 $e_* = (u^0, u^1) \in E(L)$ 且 L 是线性森林, 我们可以在 C_0 上选取 u^0 的邻点 u_1^0 使得 $(u^0, u_1^0) \notin E(L^0)$. 由引理 7.1.4 知, $Q[1]$ 有一条从 u^1 到 u_1^1 的哈密尔顿路 P_1. 于是,

$$D_2 = C_0 \cup P_1 + \{(u^0, u^1), (u_1^0, u_1^1)\} - (u^0, u_1^0)$$

是 $\langle V_0 \cup V_1 \rangle$ 的一个穿越 $L^0 + e_*$ 的哈密尔顿圈. 接下来, 类似于情形 1.1, 可以将 D_2 扩展为 Q_{n+1}^k 的一个穿越 L 的哈密尔顿圈.

情形 2.2.4 $|E(L^0)| = 2n$.

显然, L^0 中存在一条边 (v^0, v_1^0) 使得 v^0 是 L^0 中某个连通分支的 1 度顶点且 $u^0 \notin \{v^0, v_1^0\}$. 由归纳假设, $Q[0]$ 有一个穿越 $L^0 - (v^0, v_1^0)$ 的哈密尔顿圈 C_0.

如果 $(v^0, v_1^0) \in E(C_0)$, 类似于情形 2.2.3, 可以构造 Q_{n+1}^k 的一个穿越 L 的哈密尔顿圈.

下面考虑 $(v^0, v_1^0) \notin E(C_0)$ 的情况. 因为 L 是一个线性森林, 我们可以在 C_0 上先找到 v_1^0 的一个邻点 x_1^0 使得 $(v_1^0, x_1^0) \notin E(L^0)$, 再找到 v^0 的一个邻点 x^0 使得 C_0 上从 v^0 到 v_1^0 的两条路分别通过 x^0 和 x_1^0. 显然, $(v^0, x^0) \notin E(L^0)$. 因此,

$$P_0 = C_0 + (v^0, v_1^0) - \{(v_1^0, x_1^0), (v^0, x^0)\}$$

是 $Q[0]$ 的一条从 x^0 到 x_1^0 的穿越 L^0 的哈密尔顿路.

假设 $u^0 \in \{x^0, x_1^0\}$. 注意 x^1 和 x_1^1 的奇偶性不同. 由引理 7.1.4 知, $Q[1]$ 有一条从 x^1 到 x_1^1 的哈密尔顿路 P_1. 于是,

$$D_2 = P_0 \cup P_1 + \{(x^0, x^1), (x_1^0, x_1^1)\}$$

是 $\langle V_0 \cup V_1 \rangle$ 的一个穿越 $L^0 \cup L^1 + e_*$ 的哈密尔顿圈. 接下来, 类似于情形 1.1, 可以将 D_2 扩展为 Q_{n+1}^k 的一个穿越 L 的哈密尔顿圈.

现在假设 $u^0 \notin \{x^0, x_1^0\}$. 注意到 L 是一个线性森林且 $(u^0, u^1) \in E(L)$, 我们可以在 P_0 找到 u^0 的一个邻点 u_1^0 使得 $(u^0, u_1^0) \notin E(L^0)$. 注意 u^1 和 u_1^1 的奇偶性不同. 由引理 7.1.4 知, $Q[1]$ 有一条从 u^1 到 u_1^1 的哈密尔顿路 P_1. 类似地, $Q[k-1]$ 有一条从 x^{k-1} 到 x_1^{k-1} 的哈密尔顿路 P_{k-1}. 令

$$\begin{aligned} D_3 = & P_0 \cup P_{k-1} \cup P_1 \\ & +\{(u^0, u^1), (u_1^0, u_1^1), (x^0, x^{k-1}), (x_1^0, x_1^{k-1})\} \\ & -(u^0, u_1^0) \end{aligned}$$

则 D_3 是 $\langle V_{k-1} \cup V_0 \cup V_1 \rangle$ 的一个穿越 $L^0 \cup L^1 \cup L^{k-1} + e_*$ 的哈密尔顿圈. 接下来, 类似于情形 1.1, 可以将 D_3 扩展为 Q_{n+1}^k 的一个穿越 L 的哈密尔顿圈.

我们已经考虑了所有可能的情形, 定理 7.3.1 证毕. □

由定理 7.2.1 和定理 7.3.1 可得如下定理.

定理 7.3.2 设 $n \geqslant 2$, $k \geqslant 3$ 都是整数, L 是 Q_n^k 中的一个线性森林. 若 $|E(L)| \leqslant 2n-1$, 则 Q_n^k 中存在一个穿越 L 的哈密尔顿圈.

推论 7.3.1 设 $n \geqslant 2, k \geqslant 3$ 都是整数, 则 Q_n^k 中任意一条长度不超过 $2n-1$ 的路均可嵌入 Q_n^k 的一个哈密尔顿圈中.

7.4 一些说明

本章对 $k \geqslant 3$ 的 k-元 n-立方的指定哈密尔顿性进行了研究. 证明了若指定边

(给定线性森林的边) 数目不超过 $2n-1$ 时, k-元 n-立方是指定哈密尔顿的. 然而, 需要指出的是, 这一边数的上界 $2n-1$ 仍有提升的空间.

首先, 对 Q_2^3 而言, 指定边数目的上界 $2n-1$ 是最优的. 在 Q_2^3 中, 任意一个哈密尔顿圈均不会穿越长为 $4=2n$ 的路 $P_0=(00,01,11,12,22)$. 理由如下: 由于 P_0 经过所有与 02 相邻的顶点, 故 Q_2^3 中任意穿越 P_0 且经过点 02 的圈必定经过边 $(00,02)$ 和边 $(02,22)$. 在 Q_2^3 中, 只有圈 $P_0+\{(00,02),(02,22)\}$ 满足上述条件. 然而该圈却不是哈密尔顿的. 因此, Q_2^3 中不存在一个穿越 P_0 的哈密尔顿圈.

其次, 当 $n\geqslant 2$, $k=3$ 时, 我们可以构造 Q_n^3 中一条长为 $3n-2$ 的路使得 Q_n^3 中不存在任何穿越该路的哈密尔顿圈. 下面我们将构造一条这样的路. 首先在 Q_3^3 中找到一条路 $P_0'=(000,001,011,012,022)$. 观察到除路 P_0' 上的顶点之外只有两个点 102 和 202 与点 002 相邻. 令 $P_1=P_0'+\{(202,102),(102,100),(100,000)\}$. 则 P_1 是一条长为 $7=3n-2$ 的经过点 002 的所有邻点的路. 类似上面的讨论, 不难验证 Q_3^3 中不存在穿越 P_1 的哈密尔顿圈. 对 $Q_4^3, Q_5^3, \cdots, Q_n^3$ 依次执行类似的构造过程, 通过每次在路中增加 3 条边, 最终可构造一条长为 $3n-2$ 的路 P, 使得 Q_n^3 中不存在穿越 P 的哈密尔顿圈.

最后, 当 $n\geqslant 2$, $k\geqslant 4$ 时, 通过相似的构造方法, 我们可以在 Q_n^k 中构造一条长为 $4n-2$ 的路 P, 使得 Q_n^k 中不存在穿越 P 的哈密尔顿圈.

综上讨论, 我们提出如下猜想.

猜想 7.4.1 设 $k\geqslant 3, n\geqslant 2$ 都是整数, L 是 Q_n^k 中的一个线性森林. Q_n^k 中存在一个穿越 L 的哈密尔顿圈, 当且仅当

$$\begin{cases} |E(L)|\leqslant 3n-3, & \text{当 } k=3 \text{ 时} \\ |E(L)|\leqslant 4n-3, & \text{当 } k\geqslant 4 \text{ 时} \end{cases}$$

第 8 章　匹配排除和条件匹配排除

一个图的匹配排除数是指最小的边数, 使得从图中删除这些边后形成的图既没有完美匹配, 也没有几乎完美匹配. 匹配排除数是衡量网络在边故障情况下的鲁棒性的参数之一. 人们期望一个网络只有平凡的最优匹配排除集, 即该匹配排除集的每条边均与某个顶点相关联. 然而, 在随机故障模型下, 这种情形是几乎不可能发生的. 在此情形下, 条件匹配排除数的概念被提出来. 一个图的条件匹配排除数是最小的边数, 使得从图中删除这些边后形成的图既没有孤立点, 也没有完美匹配和几乎完美匹配. 它们和其他一些图理论, 如条件连通度等密切相关. 本章我们将证明 k-元 n-立方网络的匹配排除数和条件匹配排除数分别为 $2n$ 和 $4n-2$, 其中 $k \geqslant 4$ 是偶数, $n \geqslant 1$ 是整数. 此外, 我们对最小匹配排除集进行了刻画.

8.1　相关概念和结果

图的一个完美匹配是指一个边两两不相邻的边集使得每个顶点都恰同这个集合中一条边关联. 图的一个几乎完美匹配是指一个边两两不相邻的边集使得除一个顶点外其余每个顶点都恰同这个集合中一条边关联. 可见, 如果一个图具有完美匹配, 则图的阶必为偶数. 若图具有几乎完美匹配, 则图的阶必为奇数.

令 G 是一个图且 $F \subseteq E(G)$. 若 $G-F$ 既没有完美匹配, 也没有几乎完美匹配, 则称 F 是 G 的一个匹配排除集. G 的一个最小匹配排除集的势叫 G 的匹配排除数, 记作 $mp(G)$. 如果 G 本身既没有完美匹配, 也没有几乎完美匹配, 则定义 $mp(G)=0$.

匹配排除这一概念最先由 Brigham 等[89] 提出。在文献 [89] 中, 作者对 Petersen 图、完全图、完全二部图以及超立方的匹配排除数和最小匹配排除集进行了讨论. 随后 Cheng 等[90] 给出了 Cayley 图和 (n,k)-星图的匹配排除数并对所有最小匹配排除集进行了刻画; 而 Park 等[91] 对类超立方和限制类超立方网络的匹配排除数和最小匹配排除集进行了刻画.

在一个阶为偶数的图中, 与同一个顶点相关联的所有边构成图的一个匹配排除集. 由此可得以下性质.

性质 8.1.1[92]　设 G 是一个阶为偶数的图, 则 $mp(G) \leqslant \delta(G)$, 其中 $\delta(G)$ 是 G 的最小度.

若一个匹配排除集的所有边均和某个顶点关联, 则称该匹配排除集是平凡的.

但是, 在随机边故障模式下, 与一个顶点相关联的所有边同时发生故障的概率是比较低的. 自然而然, 这样一个问题产生了: 除了产生孤立点以外, 下一个造成没有完美匹配或几乎完美匹配的最基本的条件是什么? 基于此, Cheng 等[92] 提出条件匹配排除数的概念. 令 $F \subseteq E(G)$. 若 $G-F$ 中既没有孤立点, 也没有完美匹配和几乎完美匹配, 则称 F 是 G 的一个条件匹配排除集. G 的一个最小条件匹配排除集的势叫 G 的匹配排除数, 记作 $mp_1(G)$. 如果 G 本身既没有完美匹配, 也没有几乎完美匹配, 或 G 没有条件匹配排除集, 则定义 $mp_1(G)=0$.

回到上面提到的问题, 文献 [92] 中给出了回答: 当我们在不会产生孤立点的前提下删除一些边, 图中不会产生完美匹配的一个基本情形是存在一条长为 2 的路 $\langle u,v,w\rangle$, 其中, $d(u)=d(w)=1$. 因此, 为了构造这样一个障碍集, 我们可以在原图中选择一条路 $\langle u,v,w\rangle$ 并删除所有与 u 或 w 关联但不与 v 关联的边. 令

$$\nu_e(G)=\min\{d_G(u)+d_G(w)-2-y_G(u,w): \text{存在 } v\in V(G) \text{ 使得 } \langle u,v,w\rangle \text{ 是一条路}\}$$

其中,

$$y_G(u,w)=\begin{cases}1, & \text{若 } u \text{ 和 } w \text{ 相邻}\\ 0, & \text{若 } u \text{ 和 } w \text{ 不相邻}\end{cases}$$

与性质 8.1.1 呼应, 下面的性质是显然的.

性质 8.1.2[92] 设 G 是一个阶为偶数且最小度至少为 3 的图, 则 $mp_1(G)\leqslant \nu_e(G)$.

若一个条件匹配排除集的所有边均与 u 或 w 关联但不与 v 关联, 则称该匹配排除集是平凡的, 其中, $\langle u,v,w\rangle$ 是一条 2- 路.

不难看出, 对于任意的图 G 均有 $mp(G)\leqslant mp_1(G)$ 成立. 特别地, 若 $mp(G)<mp_1(G)$, 则 G 的最小匹配排除集一定是平凡的.

完全图、完全二部图以及超立方体的条件匹配排除数和最小的条件匹配排除集已经在文献 [92] 中得到研究. Park 等[141] 和 Bhaskar 等[142] 分别考虑了类超立方体和扭立方的条件匹配排除数和最小的条件匹配排除集. 本章中, 我们将确定 k-元 n-立方 (k 为偶数) 的匹配排除数和条件匹配排除数, 并对最小匹配排除集进行刻画.

8.2 k-元 n-立方的匹配排除

本节我们不再定义而直接使用有关 k-元 n-立方的各种记号. 特别地, 对于 $i\in\{0,1,\cdots,n-1\}$, 记由 i 维边组成的集合为 E^i. 下面的引理对我们的定理证明具有重要作用.

引理 8.2.1[4] 设 $k>0$ 是一个整数. 则每个 k-正则的二部图有 k 个边不交的完美匹配.

引理 8.2.2 设 G 是一个 k-正则的二部图. 则 $mp(G)=k$.

证明 由性质 8.1.1 和引理 8.2.1 知该引理成立. □

令 $k\geqslant 4$ 是一个偶数, C_k 是一个 k 圈. 显然, C_k 是二部图. 由引理 8.2.1 得, $mp(C_k)=2$. 不难看出

$$\begin{cases} mp_1(C_4)=0, \\ mp_1(C_k)=2, \quad \text{当} \quad k\geqslant 6 \end{cases}$$

引理 8.2.3 设 $k\geqslant 4$ 是一个偶数. 则

(i) $mp(\text{Row-Torus}(2,k))=3$.

(ii) Row-Torus$(2,k)$ 的每个最小匹配排除集都是平凡的.

(iii) $mp_1(\text{Row-Torus}(2,k))=4$.

证明 (i) 因为 Row-Torus$(2,k)$ 是 3- 正则的二部图, 由引理 8.2.2 得, $mp(\text{Row-Torus}(2,k))=3$.

(ii) 设 F 是 Row-Torus$(2,k)$ 的一个最小匹配排除集. 由 (i) 得, $|F|=3$. 令

$$M_e=\{(v_{i,j},v_{i,j+1}):\ i=0,1,j=0,2,\cdots,k-2\}$$

$$M_o=\{(v_{i,j},v_{i,j+1}):\ i=0,1,j=1,3,\cdots,k-1\}$$

$$M_c=\{(v_{0,j},v_{1,j}):\ j=0,1,\cdots,k-1\}$$

则 M_e、M_o 和 M_c 是 Row-Torus$(2,k)$ 的三个边不交的完美匹配. 所以 M_e、M_o 和 M_c 中的每一个都恰好包含 F 中的一条边. 对于 $i=0,1$, 记

$$C_i=\langle v_{i,0},v_{i,1},\cdots,v_{i,k-1},v_{i,0}\rangle$$

因为 k 是偶数, 所以 C_i 有两个边不交的完美匹配. 如果 C_0-F 和 C_1-F 均有完美匹配, 则 Row-Torus$(2,k)-F$ 有完美匹配, 矛盾. 所以 C_0-F 和 C_1-F 中至少有一个没有完美匹配. 不妨设 C_0-F 没有完美匹配. 由于 $mp(C_0)=2$ 且 M_c 恰包含 F 中的一条边, 故 C_0 恰包含 F 中的两条边, M_e 恰包含 F 中的一条边, C_1 不包含 F 中的边.

由对称性, 不妨设 $(v_{0,0},v_{1,0})\in F$. 设 F 包含 $(v_{0,0},v_{0,1})$ 和 $(v_{0,0},v_{0,k-1})$ 中至多一条边. 不失一般性, 设 $(v_{0,0},v_{0,k-1})\in F$. 则

$$(M_c\cup\{(v_{0,0},v_{0,1}),(v_{1,0},v_{1,1})\})\backslash\{(v_{0,0},v_{1,0}),(v_{0,1},v_{1,1})\}$$

是 Row-Torus$(2,k)-F$ 的一个完美匹配, 矛盾. 因此 $(v_{0,0},v_{0,1})$ 和 $(v_{0,0},v_{0,k-1})$ 均在 F 中, 这意味着 F 是平凡的.

(iii) 因为 Row-Torus$(2,k)$ 是 3- 正则的且 Row-Torus$(2,k)$ 中没有三角形, 所以 $\nu_e(\text{Row-Torus}(2,k))=4$. 由性质 8.1.2 知, $mp_1(\text{Row-Torus}(2,k))\leqslant 4$. 由 (ii) 可得, $mp_1(\text{Row-Torus}(2,k))=4$. 证毕. □

引理 8.2.4 设 $k\geqslant 4$ 是一个偶数. 则

(i) $mp(\text{Torus}(k,k))=4$.

(ii) Torus(k,k) 的每个最小匹配排除集都是平凡的.

(iii) $mp_1(\text{Torus}(k,k))=6$.

证明 首先, 令

$$M_{re}=\{(v_{i,j},v_{i,j+1}):\ i=0,1,\cdots,k-1,\ j=0,2,\cdots,k-2\}$$

$$M_{ro}=\{(v_{i,j},v_{i,j+1}):\ i=0,1,\cdots,k-1,\ j=1,3,\cdots,k-1\}$$

$$M_{ce}=\{(v_{i,j},v_{i+1,j}):\ i=0,2,\cdots,k-2,\ j=0,1,\cdots,k-1\}$$

$$M_{co}=\{(v_{i,j},v_{i+1,j}):\ i=1,3,\cdots,k-1,\ j=0,1,\cdots,k-1\}$$

则 M_{ro}、M_{re}、M_{ce} 和 M_{co} 是 Torus(k,k) 的 4 个边不交的完美匹配, 同时也是 $E(\text{Torus}(k,k))$ 的划分.

(i) 因为 Torus(k,k) 是 4- 正则的二部图, 由引理 8.2.2 得, $mp(\text{Torus}(k,k))=4$.

(ii) 设 F 是 Torus(k,k) 的一个最小匹配排除集. 由 (i) 得, $|F|=4$. 不难看出, M_{ro}、M_{re}、M_{ce} 和 M_{co} 中的每一个都恰好包含 F 中的一条边. 若对 $i=0,2,\cdots,k-2$, Row$[i:i+1]-F$ 均有一个完美匹配, 则 Torus$(k,k)-F$ 有一个完美匹配, 矛盾. 不失一般性, 假设 Row$[0:1]-F$ 没有完美匹配. 因为 Row$[0:1]\cong$ Row-Torus$(2,k)$, 由引理 8.2.3 (i) 得, $mp(\text{Row}[0:1])=3$. 故 Row$[0:1]$ 至少包含 F 中的 3 条边. 因为

$$E(\text{Row}[0:1])\cap M_{co}=\varnothing\ \text{且}\ M_{co}\ \text{恰包含}\ F\ \text{中的一条边}$$

所以, Row$[0:1]$ 恰包含 F 中的 3 条边, 由引理 8.2.3 (i) 和 (ii) 知, 这三条边恰与 Row$[0:1]$ 中的某个顶点相关联. 不失一般性, 设这个顶点是 $v_{0,0}$. 接下来只需证明 $(v_{0,0},v_{k-1,0})$ 也在 F 中. 用反证法. 假设 $(v_{0,0},v_{k-1,0})\notin F$. 因为 M_{co} 恰包含 F 中的一条边, 所以 $(v_{0,1},v_{k-1,1})$ 和 $(v_{0,k-1},v_{k-1,k-1})$ 中至少有一条不在 F 中. 不失一般性, 设 $(v_{0,1},v_{k-1,1})\notin F$. 注意到 Row$[0]$ 包含 F 中的两条边; Row$[i]$ 不包含 F 中的边, 其中 $i=1,2,\cdots,k-2$. 因此, M_{re} 是 Torus$(k,k)-F+(v_{0,0},v_{0,1})$ 的一个完美匹配. 而

$$(M_{re}\cup\{(v_{0,0},v_{k-1,0}),(v_{0,1},v_{k-1,1})\})\backslash\{(v_{0,0},v_{0,1}),(v_{k-1,0},v_{k-1,1})\}$$

是 Torus$(k,k)-F$ 的一个完美匹配, 矛盾.

(iii) 首先, 易观察 $\nu_e(\text{Torus}(k,k)) = 6$. 由性质 8.1.1 以及 (i) 和 (ii) 得,

$$5 \leqslant mp_1(\text{Torus}(k,k)) \leqslant 6$$

假设 $mp_1(\text{Torus}(k,k)) = 5$ 且 F 是对应的条件匹配排除集. 因为 M_{ro}、M_{re}、M_{ce} 和 M_{co} 是 $\text{Torus}(k,k)$ 的 4 个边不交的完美匹配, 同时也是 $E(\text{Torus}(k,k))$ 的划分, 所以, 不失一般性, 可以设 $|M_{co} \cap F| = 2$. 故

$$\bigcup_{i=0}^{k/2-1} E(\text{Row}[2i : 2i+1])$$

包含 F 中 3 条边. 若对 $i = 0, 2, \cdots, k-2$, $\text{Row}[i : i+1] - F$ 均有一个完美匹配, 则 $\text{Torus}(k,k) - F$ 有一个完美匹配, 矛盾.

不失一般性, 假设 $\text{Row}[0 : 1] - F$ 没有完美匹配. 因为 $\text{Row}[0 : 1] \cong \text{Row-Torus}(2,k)$, 由引理 8.2.3 (i) 和 (ii) 得, $\text{Row}[0 : 1]$ 包含 F 中 3 条边且这些边均与 $\text{Row}[0 : 1]$ 的某个顶点相关联. 不失一般性, 设这个顶点是 $v_{0,0}$. 因为 F 是一个条件匹配排除集, 所以 $(v_{0,0}, v_{k-1,0}) \notin F$. 假设要么 $(v_{0,1}, v_{k-1,1}) \notin F$, 要么 $(v_{0,k-1}, v_{k-1,k-1}) \notin F$. 类似于 (ii) 的证明, 亦可得到一个矛盾.

接下来, 假设 $(v_{0,1}, v_{k-1,1}), (v_{0,k-1}, v_{k-1,k-1}) \in F$. 此时,

$$F = \{(v_{0,0}v_{0,1}), (v_{0,0}, v_{1,0}), (v_{0,0}, v_{0,k-1}), (v_{0,1}, v_{k-1,1}), (v_{0,k-1}, v_{k-1,k-1})\}$$

对每个 $i = 0, 1, \cdots, k-1$, 考虑 $\text{Col}(i)$. 注意到对于 $i = 2, 3, \cdots, k-2$ 均有

$$|E(\text{Col}(i)) \cap F| = 0$$

对于 $j = 0, 1, k-1$ 有

$$|E(\text{Col}(j)) \cap F| = 1$$

由于 $\text{Col}(i)$ 是一个有两条边不交的完美匹配组成的 k 圈, 故 $\text{Col}(i) - F$ 有一个完美匹配 M_i, 其中 $i = 0, 1, \cdots, k-1$, 则 $\bigcup\limits_{i=0}^{k-1} M_i$ 是 $\text{Torus}(k,k) - F$ 的一个完美匹配, 矛盾. 证毕. □

注意到当 k 是偶数时, Q_n^k 是 $2n$-正则的二部图. 由引理 8.2.2 可得下面的定理.

定理 8.2.1　设 $k \geqslant 4$ 是一个偶数, 则 $mp(Q_n^k) = 2n$.

引理 8.2.5　设 $k \geqslant 4$ 是一个偶数, 则 Q_n^k 的最小匹配排除集都是平凡的.

证明　对 n 进行数学归纳. 当 $n = 2$ 时, 由引理 8.2.4 和 $\text{Torus}(k,k) \cong Q_2^k$ 这一事实知引理成立. 假设 $n \geqslant 3$ 时引理对 Q_{n-1}^k 成立. 接下来证明引理对 Q_n^k

也成立. 设 F 是 Q_n^k 的一个最小匹配排除集. 由定理 8.2.1 知, $|F| = 2n$. 沿第 $n-1$ 维将 Q_n^k 划分为 k 个不相交的 Q_{n-1}^k 的拷贝 $Q[0], Q[1], \cdots, Q[k-1]$. 如果 $Q[0]-F, Q[1]-F, \cdots, Q[k-1]-F$ 均有完美匹配, 则 $Q_n^k - F$ 也有完美匹配, 矛盾. 因此, 不失一般性, 可以假设 $Q[0]-F$ 没有完美匹配. 由定理 8.2.1 得, $|E(Q[0]) \cap F| \geqslant 2n-2$. 忆及 $Q_n^k[E^{n-1}]$ 包含 Q_n^k 的两个边不交的完美匹配, 我们有 $|E^{n-1} \cap F| \geqslant 2$. 因此,

$$|E(Q[0] \cap F)| = 2n-2 \text{ 且 } |E^{n-1} \cap F| = 2$$

注意到 $Q[0]$ 同构于 Q_{n-1}^k. 由归纳假设知, $Q[0]-F$ 有一个孤立点 u. 因此, F 包含至多 2 条不与 u 相关联的边, 且这些边属于第 $n-1$ 维. 类似地, 当沿第 0 维将 Q_n^k 划分为 k 个不相交的 Q_{n-1}^k 的拷贝 $Q[0], Q[1], \cdots, Q[k-1]$ 时, 存在一个顶点 v 使得 F 包含至多 2 条不与 v 相关联的边, 且这些边属于第 0 维. 由 $n \geqslant 3$ 得, $2n-2 \geqslant 4$. 因此, 至少存在 2 条边既与 v 关联又与 u 关联. 这意味着 $u = v$, 进而有 F 是与 u 相关联的边组成的集合. 证毕. □

定理 8.2.2 设 $k \geqslant 4$ 是一个偶数. 则 $mp_1(Q_n^k) = 4n-2$.

证明 对 n 进行数学归纳. 当 $n=2$ 时, 由引理 8.2.4 (iii) 及事实 $\text{Torus}(k,k) \cong Q_2^k$ 知引理成立. 假设 $n \geqslant 3$ 时引理对 Q_{n-1}^k 成立. 接下来, 证明引理对 Q_n^k 也成立.

不难看出, $\nu_e(Q_n^k) = 4n-2$. 由性质 8.1.2 得, $mp_1(Q_n^k) \leqslant 4n-2$. 接下来, 我们证明 $mp_1(Q_n^k) \geqslant 4n-2$. 用反证法. 假设存在 Q_n^k 的一个条件匹配排除集 F 使得 $|F| \leqslant 4n-3$.

断言 1 存在 $d^* \in \{0, 1, \cdots, n-1\}$ 使得当沿着第 d^* 维将 Q_n^k 划分为 $Q[0]$, $Q[1], \cdots, Q[k-1]$ 时, 对于任意 $i \in \{0, 1, \cdots, k-1\}$, $Q[i]-F$ 均没有孤立点.

反证法. 假设对任意 $d \in \{0, 1, \cdots, n-1\}$, 当沿着第 d 维将 Q_n^k 划分为 $Q[0]$, $Q[1], \cdots, Q[k-1]$ 时, 存在 $i_d \in \{0, 1, \cdots, k-1\}$ 使得 $Q[i_d]-F$ 有一个孤立点 u_{i_d}. 因为 F 是一个条件匹配排除集且 u_0 是 $Q[i_0]$ 的一个孤立点, 所以在第 0 维存在一条边 $(u_0, v) \notin F$. 由于 u_1 是 $Q[i_1]$ 的一个孤立点, 故所有与 u_1 相关联的 0 维边均在 F 中. 因此, $u_0 \neq u_1$. 类似地, u_0, u_1 和 u_2 互不相同. 因为 u_d 是 $Q[i_d]-F$ 的一个孤立顶点, 所以 F 中至少有 $2n-2$ 条边与 u_d 相关联. 结合上述结论和 Q_n^k 没有三角形这一事实可得,

$$4n-3 \geqslant |F| \geqslant 3(2n-2)-2$$

与 $n \geqslant 3$ 矛盾. 断言 1 成立.

接下来, 沿第 d^* 维将 Q_n^k 划分为 $Q[0], Q[1], \cdots, Q[k-1]$. 如果 $Q[0:1]-F, Q[2:3]-F, \cdots, Q[k-2:k-1]-F$ 均有完美匹配, 则 $Q_n^k - F$ 亦有一个完美匹配, 矛盾. 因此, 不失一般性, 可设 $Q[0:1]-F$ 没有完美匹配. 对于 $i = 0, 1$, 令 $F_i = F \cap E(Q[i])$.

令 $F_{01} \subseteq F$ 是介于 $Q[0]$ 和 $Q[1]$ 之间的边组成的集合. 若 $|F_{01}| = 0$, 则 $Q[0:1] - F$ 有一个完美匹配, 矛盾. 因此, $|F_{01}| \geqslant 1$.

断言 2 $|E(Q[0:1]) \cap F| \geqslant 4n - 4$.

反证法. 假设 $|E(Q[0:1]) \cap F| \leqslant 4n-5$. 因为 $|F_{01}| \geqslant 1$, 所以 $|F_0| + |F_1| \leqslant 4n-6$. 如果 $Q[0] - F$ 和 $Q[1] - F$ 均有完美匹配, 则 $Q[0:1] - F$ 亦有完美匹配, 矛盾. 因此, 不失一般性, 可以假设 $Q[0] - F$ 没有完美匹配. 由 d^* 的选择可知, $Q[0] - F$ 没有孤立点. 由归纳假设, $|F_0| \geqslant 4n - 6$. 因此,

$$|F_0| = 4n - 6, \ |F_1| = 0 \ \text{且} \ |F_{01}| = 1$$

假设 $F_{01} = \{(x, x^1)\}$, 其中, $x \in V(Q[0])$. 因为 $Q[0] - F$ 没有孤立点, 所以 $Q[0]$ 中存在一条边 $(x, y) \notin F_0$. 因为 $Q[0]$ 和 $Q[1]$ 之间的边组成的集合 M 是 $Q[0:1]$ 的一个完美匹配, 所以,

$$(M \cup \{(x, y), (x^1, y^1)\}) \setminus \{(x, x^1), (y, y^1)\} \subseteq E(Q_n^k) - F$$

也是 $Q[0:1]$ 的一个完美匹配, 矛盾. 断言 2 证毕. 注意,

$$M' = E(Q_n^k) \setminus \bigcup_{i=0}^{k/2-1} E(\text{Row}[2i:2i+1])$$

是 Q_n^k 的一个完美匹配. 所以, $M' \cap F \neq \varnothing$. 结合断言 2 可得, $E(Q[i]) \cap F = \varnothing$, 其中 $i \in \{2, 3, \cdots, k-1\}$.

考虑 $Q[1:2] - F$, $Q[3:4] - F$, $\cdots$, $Q[k-1:0] - F$. 类似地, 存在一个奇数 $j \in \{1, 3, \cdots, k-1\}$ 使得 $|Q[j:j+1] \cap F| = 4n - 4$ 且

$$M'' = E(Q_n^k) \setminus \bigcup_{i=0}^{k/2-1} E(\text{Row}[2i:2i+1])$$

恰包含 F 中的一条边. 注意到 $|F_{01}| \geqslant 1$ 且 $F_{01} \subseteq M''$, 我们有 $|F_{01}| = 1$. 因为

$$|Q[0:1] \cap F| = |Q[j:j+1] \cap F| = 4n - 4 \ \text{且} \ |F| = 4n - 3$$

我们有 $j \in \{k-1, 1\}$. 不失一般性, 假设 $j = 1$. 设 $F_{12} \subseteq F$ 是介于 $Q[1]$ 和 $Q[2]$ 之间的边组成的集合. 类似地, 有

$$E(Q[i]) \cap F = \varnothing \ \text{且} \ |F_{12}| = 1$$

其中 $i \in \{0, 3, 4, \cdots, k-1\}$. 因此, F 由 $Q[1]$ 中的 $4n - 5$ 条边组成, 其中, 一条边在 F_{01} 中, 一条边在 F_{12} 中.

令 $F_{01} = \{(u,v)\}$, $F_{12} = \{(x,y)\}$, 其中, $u \in V(Q[0])$, $y \in V(Q[2])$ 且 $v, x \in V(Q[1])$. 假设 $v = x$, 则 M' 是 Q_n^k 的一个恰包含 F 中的一条边 (x,y) 的完美匹配. 因为 $Q[1] - F$ 没有孤立点, 所以在 $Q[1]$ 中存在一条边 $(x,w) \notin F$. 故,

$$(M \cup \{(x,w),(y,w^2)\}) \setminus \{(x,y),(w,w^2)\} \subseteq E(Q_n^k) - F$$

是 Q_n^k 的一个完美匹配, 矛盾. 假设 $v \neq x$. 则 $E^{d^*} \setminus \{(u,v),(x,y)\}$ 是 Q_n^k 的一个完美匹配, 矛盾. 证毕. □

8.3 本章小结

本章所做工作是近年来比较流行的网络匹配排除问题研究的延续, 确定了当 $k \geqslant 4$ 为偶数时 k-元 n-立方的匹配排除数和条件匹配排除数. 这一结果表明, 当 $k \geqslant 4$ 为偶数时, k-元 n-立方在边故障的发生不超过特定数量的情况下具有保持完美匹配的能力. 对 $k \geqslant 3$ 为奇数时的 Q_n^k 的匹配排除问题研究是我们下一步将要进行的工作.

第 9 章　多对多 n-不交路覆盖

众所周知, n-维超立方体 Q_n 是一个二部图. 本章讨论不同部的顶点集合 S 和 T 在满足 $|S| = |T|$ 时 Q_n 的结构性质, 提出 Q_n 对 S 或 T 限制这一新概念, 推广了陈协彬等给出的一个结果, 证明当超立方体 Q_n 中不存在一个点 v 使得 $N_{Q_n}(v) = S$ 且 $v \notin T$ 或 $N_{Q_n}(v) = T$ 且 $v \notin S$ 时, Q_n 包含多对多不成对的 n-不交 (S,T) 路覆盖.

9.1　相关概念和结果

路嵌入问题中, 在互连网络的顶点之间寻找并行路是保障数据有效传递最主要的事件之一. 通常我们用图来表示互连网络, 用图上的点不交路来研究并行路. 而在不交路问题中, 多对多不交路问题是最为常见问题之一.

定义 9.1.1　令 G 是一个图. 对一个具有 k 个源点的集合 $S = \{s_1, s_2, \cdots, s_k\}$ 和一个具有 k 个汇点的集合 $T = \{t_1, t_2, \cdots, t_k\}$, 多对多 k-不交路问题就是判定是否存在 k 条不相交的 (S,T) 路使得每一条路连接一个源点 s_i 和一个汇点 $t_{\psi(i)}$, 其中 ψ 是基于集合 $\{1, 2, \cdots, k\}$ 上的某个映射. 我们称这些路是成对的如果 ψ 是相同的映射, 否则称这些路是不成对的.

图 G 的一个不交路覆盖是一个不交路的集合, 满足这些路包含了 G 的所有顶点. 寻找不交路覆盖问题同著名的哈密尔顿路问题是密切相关的. 事实上, 一个网络的一对一的不交路覆盖恰恰是两个点之间的哈密尔顿路. 基于各种网络的大量的有关哈密尔顿路嵌入的工作可参见文献 [63, 97–99, 103]. 另一方面, 对于网络中一个不交路嵌入, 一个覆盖的存在意味着网络上每个点可以参与一条路径进行运算. 学者们对各种不同网络上的多对多不交路覆盖问题进行了研究. 例如, Park 等[87, 104, 105] 考虑了双环网络, 限制 HL- 图和循环行列式 $G(2^m, 4)$; Lai 和 Hsu[106] 考虑了匹配合成网络; Cahalant 和 Koubek[107], Gregor 和 Dvořák[108, 109], 以及陈协彬[110, 136] 分别考虑了 n-维超立方体网络. 特别的, 陈协彬[110] 证明了对任意的 $1 \leqslant k \leqslant n-1$, n-维超立方体 Q_n 包含不成对的多对多 k-不交路覆盖. 在本章中, 我们考虑 $k = n$ 的情况, 获得了以下的结果.

定理 9.1.1　令 Q_n, $n \geqslant 2$, 是一个 n-维超立方体. 对任意两个分别包含两部中 n 个顶点的集合 S 和 T, Q_n 有多对多不成对 n-不交 (S,T) 路覆盖除非存在一个点 v 使得 $N_{Q_n}(v) = S$ 且 $v \notin T$ 或 $N_{Q_n}(v) = T$ 且 $v \notin S$.

注记 9.1.1 令 v 是一个顶点使得 $N_{Q_n}(v) = S$ (分别地, $N_{Q_n}(v) = T$) 且 $v \notin T$ (分别地, $v \notin S$). 显然, v 不能被任意一条 (S,T) 路包含, 因此没有多对多 n-不交 (S,T) 路覆盖.

定义 9.1.2 n-维超立方体 Q_n 是一个具有 2^n 个顶点的图, 它的任一个顶点 v 用一个二元数组 $v = \delta_n\delta_{n-1}\cdots\delta_2\delta_1$ 表示, 其中 $\delta_i \in \{0,1\}, i = 1,2,\cdots,n$. Q_n 的两个顶点相邻当且仅当它们的二元数组恰在一个位置不同.

假设 $e = uv$ 是 Q_n 的一条边. 若 u 和 v 的二元数组仅在第 i 个位置不同, 那么这条边 e 被称为是一条 i 维边. 显然, Q_n 是一个 n-正则二部图. 令

$$W_0 = \{ v : \delta_n + \delta_{n-1} + \cdots + \delta_1 \text{ 是偶数 } \}$$

且

$$W_1 = \{ v : \delta_n + \delta_{n-1} + \cdots + \delta_1 \text{ 是奇数 } \}$$

那么 W_0 和 W_1 是 Q_n 的两部.

对每个 $i \in \{1,2,\cdots,n\}$, 我们可以沿维 i, 通过删除所有的 i 维边, 将 Q_n 划分为两个不交的子立方体, $Q_{n-1}^{i,0}$ 和 $Q_{n-1}^{i,1}$ (若没有歧义, 简记为 $Q^{i,0}$ 和 $Q^{i,1}$). 显然 $Q^{i,0}$ 和 $Q^{i,1}$ 都与 Q_{n-1} 同构. 对一个给定的 $\delta \in \{0,1\}$, 若 u 是 $Q^{i,\delta}$ 的一个点, 那么在 $Q^{i,1-\delta}$ 中存在唯一的对应点 v, 使得 $uv \in E(Q_n)$.

定义 9.1.3 设 G 是 Q_n 自身或 Q_n 的一个子立方体, v 是 G 的一个顶点. 我们称 v 被 S 环绕, 如果 $N_G(v) \subseteq S$ 且 $v \notin T$; v 被 T 环绕, 如果 $N_G(v) \subseteq T$ 且 $v \notin S$. 图 G 没有点被 S 或 T 环绕被称为是对 S 或 T 限制.

给定两个集合 S, $T \subseteq V(Q_n)$, 记子集

$$S^{i,\delta} = S \cap V(Q^{i,\delta}) \quad \text{且} \quad T^{i,\delta} = T \cap V(Q^{i,\delta})$$

其中 $\delta = 0,1$.

若 u 和 v 是路 P 的两个端点, 我们记 P 为 $P[u,v]$. 如果 $P = v_0\cdots v_i\cdots v_j\cdots v_k$ 是一条路, 则 $P[v_i,v_j] = v_i\cdots v_j$ 被称为路 P 的一条子路.

9.2 准备工作

本节的目的是给出定理证明将用到的一些引理和观察.

引理 9.2.1[110] 对一个满足 $1 \leqslant k \leqslant n-1$ 的整数 k 和任意两个分别包含两部中 k 个顶点的集合 S 和 T, Q_n 具有多对多不成对 k-不交 (S,T) 路覆盖.

引理 9.2.2[143] 对任意两个分别包含两部中 k 个顶点的集合 S 和 T, Q_n 具有多对多不成对的 k-不交 (S,T) 路覆盖, 当且仅当 $k = 2^{n-1}$ 或者图 $Q_n - (S \cup T)$ 具有一个完美匹配.

观察 9.2.1　令 u, v 为 Q_n 中两个不同的顶点, 则 $|N_{Q_n}(u) \cap N_{Q_n}(v)| \leqslant 2$.

在本章的剩余部分, Q_n 的一个子立方体是指 Q_n 中一个 $(n-1)$-维子立方体. 为方便, 我们采取如下的定义. 对分别包含两部中 k 个顶点的集合 S 和 T, 记

$$\mathcal{V}_S(Q_n) = \{\ v : v \in V(Q_n)\ \text{且}\ v\ \text{在某个子立方体中被}\ S\ \text{环绕}\ \}$$

$$\mathcal{V}_T(Q_n) = \{\ v : v \in V(Q_n)\ \text{且}\ v\ \text{在某个子立方体中被}\ T\ \text{环绕}\ \}$$

$$\mathcal{D}_S(Q_n) = \{\ d : d\ \text{是一个维使得在}\ Q^{d,0}\ \text{或者}\ Q^{d,1}\ \text{中有一个点被}\ S\ \text{环绕}\ \}$$

以及

$$\mathcal{D}_T(Q_n) = \{\ d : d\ \text{是一个维使得在}\ Q^{d,0}\ \text{或者}\ Q^{d,1}\ \text{中有一个点被}\ T\ \text{环绕}\ \}$$

引理 9.2.3　当 $n \geqslant 5$ 时, $|\mathcal{V}_S(Q_n)| \leqslant 1$ 且 $|\mathcal{V}_T(Q_n)| \leqslant 1$.

证明　我们只证明 $|\mathcal{V}_S(Q_n)| \leqslant 1$ (对 $|\mathcal{V}_T(Q_n)| \leqslant 1$ 的证明类似). 反证, 设 $|\mathcal{V}_S(Q_n)| \geqslant 2$. 令 u, v 是 $\mathcal{V}_S(Q_n)$ 中两个不同的顶点, 则由观察 9.2.1 知 $|N_{Q_n}(u) \cap N_{Q_n}(v)| \leqslant 2$. 进一步, 由 $\mathcal{V}_S(Q_n)$ 的定义得

$$|N_{Q_n}(u) \cap S| \geqslant n-1 \geqslant 4$$

且

$$|N_{Q_n}(v) \cap S| \geqslant n-1$$

然而, 我们有

$$\begin{aligned}
&|N_{Q_n}(u) \cap S| \\
=&|N_{Q_n}(u) \cap N_{Q_n}(v)| + |N_{Q_n}(u) \cap (S \setminus N_{Q_n}(v))| \\
\leqslant&2+1=3
\end{aligned}$$

矛盾. 因此, $|\mathcal{V}_S(Q_n)| \leqslant 1$. □

在限制 Q_n 中, 若点 $v \notin S$ (分别地, $v \notin T$), 则 $|N_{Q_n}(v) \cap T| \leqslant n-1$ (分别地, $|N_{Q_n}(v) \cap S| \leqslant n-1$). 这就意味着 $\mathcal{V}_S(Q_n)$ 和 $\mathcal{V}_T(Q_n)$ 的每个点都只能恰好在一个子立方体中被环绕. 因此, $|\mathcal{D}_S(Q_n)| \leqslant |\mathcal{V}_S(Q_n)|$ 且 $|\mathcal{D}_T(Q_n)| \leqslant |\mathcal{V}_T(Q_n)|$. 下面的推论可以直接得到.

推论 9.2.1　对任意整数 $n \geqslant 5$, 若 Q_n 是限制的, 则 $|\mathcal{D}_S(Q_n) \cup \mathcal{D}_T(Q_n)| \leqslant 2$.

引理 9.2.4　在限制 Q_4 中, 若 $|\mathcal{V}_S(Q_4)| \geqslant 3$ 或 $|\mathcal{V}_T(Q_4)| \geqslant 3$, 则

$$|\mathcal{D}_S(Q_4) \cup \mathcal{D}_T(Q_4)| \leqslant 2$$

证明　设 $|\mathcal{V}_S(Q_4)| \geqslant 3$(对 $|\mathcal{V}_T(Q_4)| \geqslant 3$ 的情况, 证明相同). 令 $u \in \mathcal{V}_S(Q_4)$ 且 d 是一个维使得 u 被 S 环绕在 $Q^{d,0}$ 或 $Q^{d,1}$ 中. 不失一般性, 我们设 u 在 $Q^{d,0}$ 中. 见图 9.1.

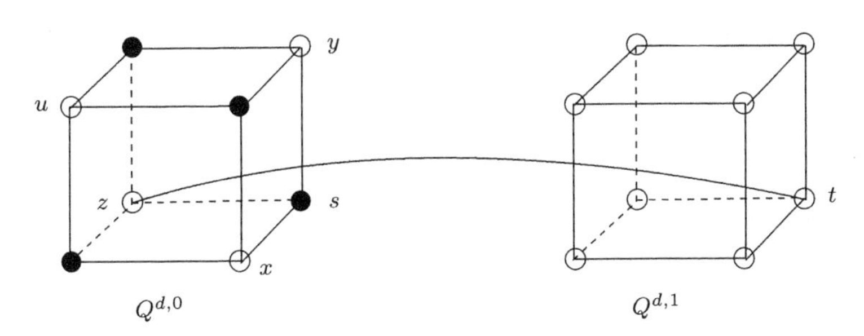

图 9.1

首先证明 $\mathcal{D}_S(Q_4) = \{d\}$. 对每个顶点 $v \in \mathcal{V}_S(Q_4) \setminus \{u\}$, 由 $\mathcal{V}_S(Q_4)$ 的定义和观察推论 9.2.1 知, $|N_{Q_4}(v) \cap N_{Q^{d,0}}(u)| = 2$. 这就意味着 $v \in \{x, y, z\}$. 因为 $|\mathcal{V}_S(Q_4) \setminus \{u\}| \geqslant 2$, 故由对称性, 我们可以假设 $x, y \in \mathcal{V}_S(Q_4)$. 从图 9.1 可见 $s \in V(Q^{d,0})$. 因此 $S \subseteq V(Q^{d,0})$. 注意到 $\mathcal{V}_S(Q_4) \subseteq \{u, x, y, z\}$ 且 $\{u, x, y, z\}$ 中每个顶点只能在 $Q^{d,0}$ 中被 S 环绕, 故有 $\mathcal{D}_S(Q_4) = \{d\}$.

我们接下来考虑 $\mathcal{D}_T(Q_4)$. 分两种情况讨论. 如果 $|\mathcal{V}_S(Q_4)| = 4$, 则 $\mathcal{V}_S(Q_4) = \{u, x, y, z\}$. 这就意味着 $\{u, x, y, z\} \cap T = \varnothing$, 进而 $T \subseteq V(Q^{d,1})$. 显然, 任何被 T 环绕的顶点必须在 $Q^{d,1}$ 中. 从而有 $\mathcal{D}_T(Q_4) = \{d\}$ 且 $|\mathcal{D}_S(Q_4) \cup \mathcal{D}_T(Q_4)| = 1$. 如果 $|\mathcal{V}_S(Q_4)| = 3$, 那么 $z \notin \mathcal{V}_S(Q_4)$ 且 $\mathcal{V}_S(Q_4) = \{u, x, y\}$. 因为 $N_{Q^{d,0}}(z) \subseteq S$, 我们有 $z \in T$, 进而 $V(Q^{d,0}) \cap T = \{z\}$. 如果存在一个顶点 v 在某个除 $Q^{d,1}$ 以外的子立方体中被 T 环绕, 那么 v 必须同 z 相邻且 $v \notin S$. 因此, $v = t$. 因为 Q_4 是限制的, 点 t 最多能在一个子立方体中被环绕. 因此,

$$|\mathcal{D}_T(Q_4) \setminus \{d\}| \leqslant 1$$

且

$$|\mathcal{D}_S(Q_4) \cup \mathcal{D}_T(Q_4)| \leqslant 2$$ □

引理 9.2.5 若 Q_4 是限制的, 则 $|\mathcal{D}_S(Q_4) \cup \mathcal{D}_T(Q_4)| \leqslant 3$.

证明 因为 $|\mathcal{D}_S(Q_4) \cup \mathcal{D}_T(Q_4)| \leqslant 4$, 我们只需要证明 $|\mathcal{D}_S(Q_4) \cup \mathcal{D}_T(Q_4)| \neq 4$. 假设 $|\mathcal{D}_S(Q_4) \cup \mathcal{D}_T(Q_4)| = 4$. 由引理 9.2.4, $|\mathcal{V}_S(Q_4)| \leqslant 2$ 且 $|\mathcal{V}_T(Q_4)| \leqslant 2$. 因为 Q_4 是限制的, 所以 $|\mathcal{D}_S(Q_4)| \leqslant |\mathcal{V}_S(Q_4)|$ 且 $|\mathcal{D}_T(Q_4)| \leqslant |\mathcal{V}_T(Q_4)|$. 因此,

$$|\mathcal{D}_S(Q_4)| = |\mathcal{V}_S(Q_4)| = 2$$

$$|\mathcal{D}_T(Q_4)| = |\mathcal{V}_T(Q_4)| = 2$$

且

$$\mathcal{D}_S(Q_4) \cap \mathcal{D}_T(Q_4) = \varnothing$$

假设对维数 i, $i = 1, 2, 3, 4$, $Q^{i,0}$ 和 $Q^{i,1}$ 如图 9.2 所示. 不失一般性, 我们设 $\mathcal{D}_S(Q_4) = \{1, 2\}$ 且 $\mathcal{D}_T(Q_4) = \{3, 4\}$. 那么 $Q^{1,0}$ 或 $Q^{1,1}$ (分别地, $Q^{2,0}$ 或 $Q^{2,1}$)

中有一个被 S 环绕的顶点, $Q^{3,0}$ 或 $Q^{3,1}$ (分别地, $Q^{4,0}$ 或 $Q^{4,1}$) 中有一个被 T 环绕的顶点.

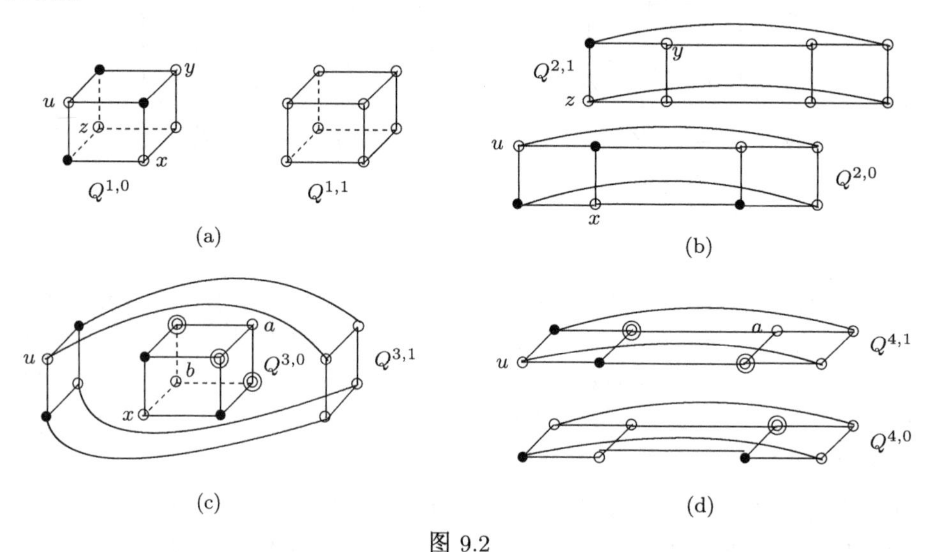

图 9.2

不失一般性, 我们设 $Q^{1,0}$ 有一个顶点 u 被 S 环绕. 如图 9.2(a) 所示. 令 $v \in \mathcal{V}_S(Q_4) \setminus \{u\}$. 易见 $v \in \{x, y, z\}$. 由对称性, 可以假设 $v = x$. 能够看到 x 在 $Q^{2,0}$ 中被 S 包含, 如图 9.2(b) 所示. 因此 $x \notin T$.

因为 $Q^{3,0}$ 或 $Q^{3,1}$ 中有一个被 T 环绕的点, 由对称性, 设 $Q^{3,0}$ 有一个点 w 被 T 环绕. 注意到 $w \in W_0 \setminus S$, 有 $w \in \{a, b\}$. 如图 9.2(c) 所示. 因为 w 被 T 环绕, $x \notin T$ 且 $x \in N_{Q^{3,0}}(b)$, 所以 $w \neq b$ 进而 $w = a$. 此时 $N_{Q^{3,0}}(a) \subset T$. 注意 $Q^{4,0}$ 或 $Q^{4,1}$ 中含有一个被 T 环绕的顶点. 如图 9.2(d) 所示. 因为 $|N_{Q^{3,0}}(a) \cap V(Q^{4,0})| = 1$, 所以 $|T \cap V(Q^{4,0})| \leqslant 2$, 这就意味着 $Q^{4,0}$ 没有点被 T 环绕. 因此, $Q^{4,1}$ 有一个点被 T 环绕且这个点必须为 a. 但是此时有

$$N_{Q_4}(a) = T \text{ 且 } a \notin S$$

这同 Q_4 是限制的矛盾. 因此, $|\mathcal{D}_S(Q_4) \cup \mathcal{D}_T(Q_4)| \leqslant 3$. □

从上面的引理, 我们有下面的推论.

推论 9.2.2　在一个限制 Q_4 中, 设 d 是一个维数使得 $d \notin \mathcal{D}_S(Q_4) \cup \mathcal{D}_T(Q_4)$. 若 $|\mathcal{D}_S(Q_4) \cup \mathcal{D}_T(Q_4)| = 3$, 则 $S^{d,\delta} \neq \varnothing$ 且 $T^{d,\delta} \neq \varnothing$, 其中 $\delta = 0, 1$.

令 $\mathcal{D}_T^*(Q_n) = \{d : d$ 是一个维数使得 $T \subset V(Q^{d,0})$ 或 $T \subset V(Q^{d,1})\}$.

引理 9.2.6　若 $n \geqslant 4$, 则 $|\mathcal{D}_T^*(Q_n)| \leqslant n - 3$.

证明　从超立方体的结构和 $\mathcal{D}_T^*(Q_n)$ 的定义不难看出 T 包含在一个 $(n - |\mathcal{D}_T^*(Q_n)|)$-维超立方体中. 结合事实 $T \subseteq W_1$, 有 $|T| = n \leqslant 2^{n-|\mathcal{D}_T^*(Q_n)|-1}$. 因为

$n \geqslant 4$, 所以

$$|\mathcal{D}_T^*(Q_n)| \leqslant n-1-\log_2 n \leqslant n-3$$

引理成立. □

下面给出一个重要的引理.

引理 9.2.7 令 Q_n, $n \geqslant 4$, 对 S 和 T 限制, 则存在一个维 d 使得对 $\delta=0,1$, $T^{d,\delta} \neq \varnothing$ 且 $Q^{d,\delta}$ 对 $S^{d,\delta}$ 和 $T^{d,\delta}$ 限制.

证明 由 $\mathcal{D}_S(Q_n)$, $\mathcal{D}_T(Q_n)$ 和 $\mathcal{D}_T^*(Q_n)$ 的定义, 我们只需要证明 $|\mathcal{D}_S(Q_n) \cup \mathcal{D}_T(Q_n) \cup \mathcal{D}_T^*(Q_n)| \leqslant n-1$. 由推论 9.2.1 和引理 9.2.5 知,

$$\begin{cases} |\mathcal{D}_S(Q_n) \cup \mathcal{D}_T(Q_n)| \leqslant 2, & \text{当 } n \geqslant 5 \text{ 时} \\ |\mathcal{D}_S(Q_4) \cup \mathcal{D}_T(Q_4)| \leqslant 3, & \text{当 } n=4 \text{ 时} \end{cases}$$

由推论 9.2.2 知, 当 $|\mathcal{D}_S(Q_4) \cup \mathcal{D}_T(Q_4)| = 3$ 时, 引理成立. 因此, 我们考虑 $|\mathcal{D}_S(Q_n) \cup \mathcal{D}_T(Q_n)| \leqslant 2$ 的情况, 其中 $n \geqslant 4$. 由引理 9.2.6, 有

$$\begin{aligned} &|\mathcal{D}_S(Q_n) \cup \mathcal{D}_T(Q_n) \cup \mathcal{D}_T^*(Q_n)| \\ \leqslant &|\mathcal{D}_S(Q_n) \cup \mathcal{D}_T(Q_n)| + |\mathcal{D}_T^*(Q_n)| \\ \leqslant &2+n-3 \\ = &n-1 \end{aligned}$$

证毕. □

在下面的三个引理中, 令 Q_n, $n \geqslant 4$, 对 S 和 T 限制, 令 d 是一个维数使得对 $\delta=0,1$, 我们有 $T^{d,\delta} \neq \varnothing$ 且 $Q^{d,\delta}$ 对 $S^{d,\delta}$ 和 $T^{d,\delta}$ 限制. 为方便起见, 记 $Q^{d,\delta}$, $S^{d,\delta}$ 和 $T^{d,\delta}$ 分别为 Q^δ, S^δ 和 T^δ. 容易验证下面的引理是正确的.

引理 9.2.8 设 $n=4$, $|S^0|=3$ 且 $|T^0| \in \{1,2\}$, 则在 $(W_1 \cap V(Q^0)) \setminus T^0$ 中存在一个具有 $3-|T^0|$ 个顶点的集合 U 使得 U 在 Q^1 中对应的顶点集合 V 在 $(W_0 \cap V(Q^1)) \setminus S^1$ 中. 进一步, 在 $(W_0 \cap V(Q^0)) \setminus S^0$ 中每个点 x 有 $N_{Q^0}(x) \not\subset (T^0 \cup U)$, 在 $(W_1 \cap V(Q^1)) \setminus T^1$ 中每个点 y 有 $N_{Q^1}(y) \not\subset (S^1 \cup V)$.

引理 9.2.9 设 $n \geqslant 5$ 且 $|S^0| \geqslant n-1 > |T^0|$. 若 $|T^0| \geqslant 2$, 则 $(W_1 \cap V(Q^0)) \setminus T^0$ 中存在一个含 $n-1-|T^0|$ 个顶点的集合 U 使得 U 在 Q^1 中对应的顶点集合 V 在 $(W_0 \cap V(Q^1)) \setminus S^1$ 中. 进一步, 在 $(W_0 \cap V(Q^0)) \setminus S^0$ 中每个顶点 x 有 $(T^0 \cup U) \not\subset N_{Q^0}(x)$.

证明 令 S_0^1 是 S^1 中顶点在 Q^0 中对应顶点的集合. 则 $|S_0^1| \leqslant 1$.

首先假设 $(W_0 \cap V(Q^0)) \setminus S^0$ 中每个顶点 x 有 $T^0 \not\subset N_{Q^0}(x)$ 成立. 因为

$$\begin{aligned} &|W_1 \cap V(Q^0)| - |T^0| - |S_0^1| \\ \geqslant &2^{n-2}-1-|T^0| \end{aligned}$$

$$\geqslant n-1-|T^0|$$

故我们可以在 $(W_1\cap V(Q^0))\setminus T^0$ 中选择 $n-1-|T^0|$ 个顶点组成集合 U 使得对应集合 V 中顶点在 $(W_0\cap V(Q^1))\setminus S^1$ 中. 因为 $T^0\not\subset N_{Q^0}(x)$, 所以

$$(T^0\cup U)\not\subset N_{Q^0}(x)$$

其次设 $(W_0\cap V(Q^0))\setminus S^0$ 中存在顶点 x^* 使得 $T^0\subset N_{Q^0}(x^*)$. 若 $|T^0|\geqslant 3$, 则 x^* 是唯一的顶点使得 $T^0\subset N_{Q^0}(x^*)$, 从而对其他 $(W_0\cap V(Q^0))\setminus S^0$ 中的顶点 $y\neq x^*$, 我们有 $T^0\not\subset N_{Q^0}(y)$. 因为对 $n\geqslant 5$,

$$\begin{aligned}&|W_1\cap V(Q^0)|-|N_{Q^0}(x^*)|-|S_0^1|\\ \geqslant&2^{n-2}-(n-1)-1>0\end{aligned}$$

我们可以选择一个顶点

$$u\in (W_1\cap V(Q^0))\setminus (N_{Q^0}(x^*)\cup S_0^1)$$

容易看到 $(W_0\cap V(Q^0))\setminus S^0$ 中每个顶点 x 有 $(T^0\cup\{u\})\not\subset N_{Q^0}(x)$ 成立. 若 $|T^0|=2$, 则恰有一个顶点 $y^*\neq x^*$ 使得 $T^0\subset N_{Q^0}(y^*)$. 因为对 $n\geqslant 5$,

$$\begin{aligned}&|W_1\cap V(Q^0)|-|N_{Q^0}(x^*)\cup N_{Q^0}(y^*)|-|S_0^1|\\ \geqslant&2^{n-2}-(2(n-1)-2)-1>0\end{aligned}$$

我们可以选择一个顶点

$$u\in (W_1\cap V(Q^0))\setminus (N_{Q^0}(x^*)\cup N_{Q^0}(y^*)\cup S_0^1)$$

容易看到 $(W_0\cap V(Q^0))\setminus S^0$ 中每个顶点 x 有 $(T^0\cup\{u\})\not\subset N_{Q^0}(x)$ 成立.

由

$$\begin{aligned}&|W_1\cap V(Q^0)|-|T^0|-|S_0^1|-|\{u\}|\\ \geqslant&2^{n-2}-|T^0|-2\\ \geqslant&n-2-|T^0|\end{aligned}$$

我们可以在 $(W_1\cap V(Q^0))\setminus (T^0\cup S_0^1\cup\{u\})$ 中选择一个具有 $n-2-|T^0|$ 个顶点的集合 U'. 令 $U=U'\cup\{u\}$, 则对 $V(Q^0)\setminus S^0$ 中每个顶点 x 有 $(T^0\cup U)\not\subset N_{Q^0}(x)$ 成立. □

引理 9.2.10 设 $n\geqslant 5$ 且 $|S^0|\geqslant n-1>|T^0|$. 若 $|T^0|=1$, 则 $(W_1\cap V(Q^0))\setminus T^0$ 中存在一个具有 $n-2$ 个顶点的集合 U 使得 U 中顶点在 Q^1 中对应的顶点集合

V 是 $(W_0 \cap V(Q^1)) \setminus S^1$ 的子集. 进一步, 对 $V(Q^0)$ 中每个顶点 x 有 $U \not\subset N_{Q^0}(x)$ 成立.

证明 令 S_0^1 是 S^1 中顶点在 Q^0 中对应顶点的集合, 则 $|S_0^1| \leqslant 1$. 因为对 $n \geqslant 5$,

$$\begin{aligned}&|W_1 \cap V(Q^0)| - |T^0| - |S_0^1|\\ \geqslant &2^{n-2} - 2\\ \geqslant &n - 3\end{aligned}$$

所以在 $(W_1 \cap V(Q^0)) \setminus (T^0 \cup S_0^1)$ 中存在一个具有 $n-3$ 个顶点的集合 U'. 显然, $|U'| = n - 3 \geqslant 2$.

首先假设对 Q^0 中每个顶点 x 有 $U' \not\subset N_{Q^0}(x)$ 成立. 因为

$$\begin{aligned}&|W_1 \cap V(Q^0)| - |T^0| - |S_0^1| - |U'|\\ \geqslant &2^{n-2} - 2 - (n-3) > 0\end{aligned}$$

我们可以选择一个顶点

$$u \in (W_1 \cap V(Q^0)) \setminus (T^0 \cup U' \cup S_0^1)$$

令 $U = U' \cup \{u\}$. 显然, 对 $V(Q^0)$ 中每个顶点 x 有 $U \not\subset N_{Q^0}(x)$.

其次设 $V(Q^0)$ 中存在顶点 x^* 使得 $U' \subset N_{Q^0}(x^*)$. 若 $|U'| \geqslant 3$, 则 x^* 是唯一的顶点使得 $U' \subset N_{Q^0}(x^*)$ 进而对 $V(Q^0)$ 中每个点 $y \neq x^*$, 我们有

$$U' \not\subset N_{Q^0}(y)$$

因为对 $n \geqslant 5$,

$$\begin{aligned}&|W_1 \cap V(Q^0)| - |N_{Q^0}(x^*)| - |S_0^1| - |T^0|\\ \geqslant &2^{n-2} - (n-1) - 2 > 0\end{aligned}$$

我们可以选择一个点

$$u \in (W_1 \cap V(Q^0)) \setminus (N_{Q^0}(x^*) \cup S_0^1 \cup T^0)$$

容易看到 $V(Q^0)$ 中每个点 x 满足 $(U' \cup \{u\}) \not\subset N_{Q^0}(x)$. 如果 $|U'| = 2$, 则恰有一个顶点 $y^* \neq x^*$ 使得 $U' \subset N_{Q^0}(y^*)$. 因为对 $n \geqslant 6$,

$$\begin{aligned}&|W_1 \cap V(Q^0)| - |N_{Q^0}(x^*) \cup N_{Q^0}(y^*)| - |S_0^1| - |T^0|\\ \geqslant &2^{n-2} - (2(n-1) - 2) - 2\\ \geqslant &0\end{aligned}$$

我们可以选择一个点

$$u \in (W_1 \cap V(Q^0)) \setminus (N_{Q^0}(x^*) \cup N_{Q^0}(y^*) \cup S_0^1 \cup T^0)$$

容易看到 $V(Q^0)$ 中每个点 x 有

$$(U' \cup \{u\}) \not\subset N_{Q^0}(x)$$

成立. 因此, $U = U' \cup \{u\}$ 为所求. 若 $n = 5$, 能够验证结论依然成立. □

9.3　n-维超立方体的多对多 n-不交路覆盖

我们接下来证明定理 9.1.1.

对 n 进行数学归纳. 定理对 $n = 2$ 时是显然成立的. 当 $n = 3$ 时, 注意到 $Q_3 - (S \cup T)$ 是 K_2, 由引理 9.2.2 知定理成立. 假设定理对 Q_i, $2 \leqslant i \leqslant n-1$ 成立, 即若 Q_i 是限制的, 则 Q_i 有多对多不成对 i-不交 (S, T) 路覆盖. 我们将证明定理对 $Q_n(n \geqslant 4)$ 成立. 由引理 9.2.7 知存在一个维 d 使得对 $\delta = 0, 1$, 有 $T^{d,\delta} \neq \varnothing$ 成立且 $Q^{d,\delta}$ 对 $S^{d,\delta}$ 和 $T^{d,\delta}$ 限制. 为方便起见, 我们记 $Q^{d,\delta}$, $S^{d,\delta}$ 和 $T^{d,\delta}$ 分别为 Q^δ, S^δ 和 T^δ. 分两种情形讨论.

情形 1　$S^\delta \neq \varnothing$, 其中 $\delta = 0, 1$.

不失一般性, 假设 $p = |S^0| \geqslant 1$, $q = |T^0| \geqslant 1$ 且 $p \geqslant q$. 则

$$|S^1| = n - p \geqslant 1$$

且

$$|T^1| = n - q \geqslant 1$$

若 $p = q$, 由引理 9.2.1 和归纳假设, 我们可以获得 Q^0 中 p 条包含 Q^0 所有顶点的不交路和 Q^1 中 $n-p$ 条包含 Q^1 所有顶点的不交路. 容易看到这些 $p+(n-p) = n$ 条路是 Q_n 的一个多对多 n-不交路覆盖. 我们接下去考虑 $p > q$ 的情形.

我们首先证明 $(W_1 \cap V(Q^0)) \setminus T^0$ 中可以选择 $p - q$ 个顶点组成集合 U 使得 U 在 Q^1 中对应点集 V 在 $(W_0 \cap V(Q^1)) \setminus S^1$ 中. 进一步, Q^0 对 $T^0 \cup U$ 限制且 Q^1 对 $S^1 \cup V$ 限制.

情形 1.1　$|S^0| \leqslant n - 2$ 且 $|T^1| \leqslant n - 2$.

令 S_0^1 是 S^1 在 Q^0 中对应的点集. 因为

$$\begin{aligned}
&|W_1 \cap V(Q^0)| - |T^0| - |S_0^1| \\
\geqslant & 2^{n-2} - (n-p) - q \\
\geqslant & p - q
\end{aligned}$$

在 $(W_1 \cap V(Q^0)) \setminus (T^0 \cup S_0^1)$ 中存在一个具有 $p-q$ 顶点的集合 U. 进一步, 因为

$$|T^0 \cup U| = p \leqslant n-2$$

且

$$|S^1 \cup V| = |T^1| \leqslant n-2$$

那么 Q^0 对 $T^0 \cup U$ 限制且 Q^1 对 $S^1 \cup V$ 限制. 因此, U 为所求.

情形 1.2 $|S^0| = n-1$ 或 $|T^1| = n-1$.

不失一般性, 假设 $|S^0| = n-1$. 若 $n=4$, 则由引理 9.2.8 可以获得一个所求的 U. 下面考虑 $n \geqslant 5$. 由引理 9.2.9 和 9.2.10 知, $(W_1 \cap V(Q^0)) \setminus (T^0 \cup S_0^1)$ 有一个 $n-1-q$ 个顶点的集合 U.

首先假设 $|T^0| = q \geqslant 2$. 由引理 9.2.9 知, 对每个点 $x \in (W_0 \cap V(Q^0)) \setminus S^0$ 有 $T^0 \cup U \not\subset N_{Q^0}(x)$ 成立. 这就意味着 Q^0 对 $T^0 \cup U$ 限制. 因为 $|S^1 \cup V| \leqslant n-2$, 故 Q^1 对 $S^1 \cup V$ 限制. 因此, U 为所求.

其次假设 $|T^0| = q = 1$. 由引理 9.2.10 知, 对 $V(Q^0)$ 中每个点 x 都有 $U \not\subset N_{Q^0}(x)$ 成立. 因此, $V(Q^1)$ 中每个点 y 有 $V \not\subset N_{Q^1}(y)$ 成立. 这就意味着 Q^0 对 $T^0 \cup U$ 限制且 Q^1 对 $S^1 \cup V$ 限制. 因此, U 为所求.

因为 Q^0 对 S^0 限制, 可见 Q^0 对 S^0 和 $T^0 \cup U$ 限制. 类似的, Q^1 对 $S^1 \cup V$ 和 T^1 限制. 由引理 9.2.1 和归纳假设, Q^0 有 p 条不交的包含 Q^0 所有顶点的 $(S^0, T^0 \cup U)$ 路, Q^1 有 $(n-q)$ 条不交的包含 Q^1 所有顶点的 $(S^1 \cup V, T^1)$ 路. 令

$$U = \{u_i\}_{i=1}^{n-1-q}$$

且 u_i 在 Q^1 中对应的顶点为 v_i. 容易看到这些 $p+(n-q)$ 条路连同 $p-q$ 条边 $\{(u_i, v_i)\}_{i=1}^{p-q}$ 组成 n-不交 (S,T) 路包含 Q_n 的所有顶点.

情形 2 $S \subset V(Q^0)$ 或 $S \subset V(Q^1)$.

不失一般性, 设 $S \subset V(Q^0)$. 注意 Q^0 对 S^0 和 T^0 限制. 令 $q = |T^0|$, 由引理 9.2.9 和 9.2.10 知, 我们可以在 $(W_1 \cap V(Q^0)) \setminus T^0$ 中选择 $n-1-q$ 个点组成集合 U 使得 U 在 Q^1 中对应的顶点集合 V 在 $(W_0 \cap V(Q^1)) \setminus S^1$ 中. 由观察注记 9.1.1 知, 可以选择 S^0 中一个点 s 使得

$$N_{Q^0}(s) \not\subset T^0 \cup U$$

令 $S^* = S^0 \setminus \{s\}$, 则 $|S^*| = n-1$ 且 Q^0 对 S^* 限制.

若 $q \geqslant 2$, 由引理 9.2.9 知, $(W_0 \cap V(Q^0) \setminus S^0)$ 中每个点 x 满足

$$T^0 \cup U \not\subset N_{Q^0}(x)$$

进而 Q^0 对 $T^0 \cup U$ 限制. 若 $q=1$, 则由引理 9.2.10 知 $V(Q^0)$ 中每个点 x 有

$$U \not\subset N_{Q^0}(x)$$

成立. 显然, Q^0 对 $T^0 \cup U$ 限制. 由归纳假设, Q^0 有 $(n-1)$-不交 $(S^*, T^0 \cup U)$ 路包含 Q^0 的所有顶点. 不失一般性, 设 s 在一条以 s' 为起点的路 P 上. 令 u 是 s 在子路 $P[s', s]$ 上的邻点. 那么 $P-(u,s)$ 由两条不交路组成, 因此 Q^0 有 n 条不交路包含 Q^0 的所有顶点, 其中每条路有一个端点在 S 中另一个端点在 $T^0 \cup U \cup \{u\}$ 中.

令 v 是 u 在 Q^1 中对应的顶点. 显然, $\{v\} \cup V \subset W_0$, 因此 $(\{v\} \cup V) \cap T^1 = \varnothing$. 若 $q \geqslant 2$, 则

$$|\{v\} \cup V| = n-q \leqslant n-2$$

从而 Q^1 对 $\{v\} \cup V$ 限制. 若 $q=1$, 因为对 $V(Q^0)$ 中每个点 x 有 $U \not\subset N_{Q^0}(x)$ 成立, 故对 $V(Q^1)$ 中每个点 y, 我们有 $V \not\subset N_{Q^0}(y)$ 成立, 进而 Q^1 对 $\{v\} \cup V$ 限制. 由引理 9.1.1 和归纳假设知, Q^1 有不交的 $(n-q)$ 条 $(V \cup \{v\}, T^1)$ 路包含 Q^1 的所有顶点. 令 $U = \{u_i\}_{i=1}^{n-1-q}$, 且 v_i 是 u_i 在 Q^1 中对应的顶点. 容易看出这些 $n+n-q$ 条路连同 $n-q$ 条边 $\{(u_i, v_i)\}_{i=1}^{n-1-q} \cup \{(u,v)\}$ 构成了 n 条不交的 (S,T) 路包含了 Q_n 的所有顶点. 证毕. □

9.4 一些说明

本章没有对 $k > n$ 时 Q_n 的多对多 k-不交路覆盖问题展开讨论. 事实上, 在本章给出的限制条件下, 若对 n 的取值加以限制, 仍然会得出 Q_n 包含多对多 k-不交路覆盖的结论. 从超立方体的结构出发, 探索 Q_n 包含多对多 k-不交路覆盖的充分条件是有实际意义和理论价值的一个研究方向.

参 考 文 献

[1] Leighton F T. Introduction to Parallel Algorithms and Architectures: Arrays, Trees, Hypercubes. San Mateo: Morgan Kaufmann, 1992.

[2] 徐俊明. 组合网络理论. 北京：科学出版社, 2007.

[3] 邓波. 高性能计算机互连系统研究. 长沙: 国防科技大学, 2000.

[4] Bondy J A, Murty U S R. Graph Theory. New York: Springer, 2007.

[5] Feng T. A survey of interconnecfion networks. Computer, 1981, 14(12): 12–27.

[6] Bermond J C, Peyrat C. De Brujin and Kautz networks: a competitor for the hypercube// Hypercube and Distributed Computers. North-Holland: Elsevier Science Publishers, 1989, 278–293.

[7] Rosenberg A L. Issues in the study of graph embeddings. Lecture Notes in Computer Science, 1981, 100: 150–176.

[8] Hayes J P. A graph model for fault-tolerant computing systems. IEEE Transactions on Computting, 1976, 25(9), 875–884.

[9] Esfahanian A H. Generalized measures of fault tolerance with application to n-cube networks. IEEE Transactions on Computers, 1989, 38(11): 1586–1591.

[10] Saad Y, Schultz M H. Topological properties of hypercubes. IEEE Transactions on Computers, 1988, 37(7): 867–872.

[11] Hilbers P A J, Koopman M R J, Snepscheut J L A. The twisted cube // Parallel architectures on PARLE: Parallel Architectures and Languages Europe, London: Springer-Verlag, 1987, 1: 152–159.

[12] Efe K. A variation on the hypercube with lower diameter. IEEE Transactions on Computers, 1991, 40(11): 1312–1316.

[13] Larson S M, Cull P. The möbius cubes. IEEE Transactions on Computers, 1995, 44(5): 647–659.

[14] Akers S B, Harel D, Krishnamurthy B. The star graph: an attractive alternative to the n-cube. Proceedings of the International Conference on Parallel Processing, 1994, 145–152.

[15] Preparata F P, Vuillemin J. The cube-connected cycles: a versatile network for parallel computation. Communications of the ACM, 1981, 24(5): 300–309.

[16] Samatham M R, Pradhan D K. The de bruijn multiprocessor network: A versatile parallel processing and sorting network for VLSI. IEEE Transactions on Computers, 1989, 38(4): 567–581.

[17] Day K, Tripathi A. Arrangement graphs: a class of generalized star graphs. Information Processing Letters, 1992, 42(5): 235–241.

[18] Corbett P F. Rotator graphs: An effcient topology for point-to-point multiprocessor networks. IEEE Transactions on Parallel and Distributed Systems, 1992, 3(5): 622–626.

[19] Stone H S. Parallel processing with the perfect shuffe. IEEE Transactions on Computers, 1971, 20(2): 153–161.

[20] Vecchia G D, Sanges C. A recursively scalable network vlsi implementation. Future Generation Computer Systems, 1988, 4(3): 235–243.

[21] Ghose K, Desai K R. Hierarchical cubic networks. IEEE Transactions on Parallel and Distributed Systems, 1995, 6(4): 427–435.

[22] Bermond J C. Interconnection Networks. A special issue in Discrete Applied Mathematics, North Holland, 1992.

[23] Hsu D F. Interconnection Networks and Algorithms. A special issue in Networks, New York: John Wiley and Sons, Inc., 1993.

[24] Liaw S C, Chang G J, Cao F, et al. Fault-tolerant routing in circulant networks and cycle prefix networks. Annals of Combinatorics, 1989, 2(2): 165–172.

[25] Athas W C, Seitz C L. Multicomputers: message-passing concurrent computers. Computer, 1988, 21(8): 9–24.

[26] Duncan R. A survey of parallel computer architectures. Computer, 1990, 23(2): 5–16.

[27] Dunigan T H. Performance of the Intel iPSC/860 and Ncube 6400 hypercubes. Parallel Computing, 1991, 17(10–11): 1285–1302.

[28] Brunet J P, Johnsson S L. All-to-all broadcast and applications on the connection machine. International Journal of High Performance Computing Applications, 1992, 6(3): 241–256.

[29] Eugene D, Brooks III. The indirect k-ary n-cube for a vector processing environment. Parallel Computing, 1988, 6(3): 339–348.

[30] Ghozati S A, Wasserman H C. The k-ary n-cube network: Modeling, topological properties and routing strategies. Computers and Electrical Engineering, 1999, 25(3): 155–168.

[31] Bose B, Broeg B, Kwon Y, et al. Lee distance and topological propertices of k-ary n-cubes. IEEE Transactions on Computers, 1995, 44(8): 1012–1030.

[32] Day K, Al-Ayyoub A E. Fault diameter of k-ary n-cube networks. IEEE Transactions on Parallel and Distributed Systems, 1997, 8(9): 903–907.

[33] Mao W Z, Nicol D M. On k-ary n-cubes: theory and applications. Discrete Applied Mathematics, 2003, 129(1): 171–193.

[34] Kessler R E, Schwarzmeier J L. Cray T3D: a new dimension for Cray research. Proceedings of the 38th IEEE Computer Society International Conference, Compcon Spring, San Francisco, 1993: 176–182.

[35] Noakes M, Dally W J. System design of the J-machine. Proceedings of the 6th MIT

Conference on Advanced Research in VLSI, Cambridge, 1990: 179–194.

[36] Peterson C, Sutton J, Wiley P. iWarp: a 100-MOPS, LIW microprocessor for multicomputers. IEEE Micro, 1991, 11(3): 26–29.

[37] Adiga N R, Blumrich M A, Chen D, et al. Blue Gene/L torus interconnection network. IBM Journal of Research and Development, 2005, 49(2): 265–276.

[38] Fan J X, Jia X H, Lin X L. Complete path embeddings in crossed cubes. Information Sciences, 2006, 176(22): 3332–3346.

[39] Huang C H. Strongly Hamiltonian laceability of the even k-ary n-cube. Computers and Electrical Engineering, 2009, 35(5): 659–663.

[40] Akl S G. Parallel Computation: Models and Methods. New Jersey: Prentice Hall, 1997.

[41] O'Hallaron D R. Uniform approach for solving some classical problems on a linear array. IEEE Transactions on Parallel and Distributed Systems, 1991, 2(2): 236–241.

[42] Ascheuer N. Hamiltonian path problems in the on-line optimization of flexible manufacturing systems. Berlin: University of Technology, 1995.

[43] Bondy J A. Pancyclic graphs. Journal of Combinatorial Theory, Series B, 1971, 11: 80–84.

[44] Alspach B, Hare D. Edge-pancyclic block-intersection graphs. Discrete Mathematics, 1991, 97(1-3): 17-24.

[45] Ore O. Hamilton connected graphs. Journal de Mathèmatiques Pures et Appliquèes, 1963, 42(9): 21-27.

[46] Alavi Y, Williamson J E. Panconnected graphs. Studia Scientiarum Mathematicarum Hungarica, 1975, 10(1-2): 19-22.

[47] Williamson J E. Panconnected graphs II. Periodica Mathematica Hungarica, 1977, 8(2): 105-116.

[48] Mitchem J, Schmeichel E. Pancyclic and bipancyclic graphs — a survey. Proc First Colorado Symp on Graphs and Applications, Boulder, CO, 1982.

[49] Li T K, Tsai C H, Tan J J M, et al. Bipanconnectivity and edge-fault-tolerant bipancyclicity of hypercubes. Information Processing Letters, 2003, 87(2): 107–110.

[50] Simmons G. Almost all n-dimensional rectangular lattices are Hamilton laceable. Congressus Numerantium, 1978, 21: 103-108.

[51] Hsieh S Y, Chen G H, Ho C W. Hamiltonian-laceability of star graphs. Networks, 2000, 36(4): 225–232.

[52] Lewinter M, Widulski W. Hyper-Hamilton laceable and caterpillar-spannable product graphs. Computers and Mathematics with Applications, 1997, 34(1): 99–104.

[53] Chang C H, Lin C K, Huang H M, et al. The super laceability of the hypercubes. Information Processing Letters, 2004, 92(1): 15–21.

[54] Ashir Y A, Stewart I A. Fault-tolerant embeddings of hamiltonian circuits in k-ary

n-cubes. SIAM Journal on Discrete Mathematics, 2002, 15(3): 317–328.

[55] Ashir Y A, Stewart I A. Embeddings of cycles, meshes and tori in faulty k-ary n-cubes. Proceedings of the 1997 International Conference on Parallel and Distributed Systems, IEEE Computer Society, 1997, 429–435.

[56] Bae M M, Bose B. Edge disjoint Hamiltonian cycles in k-ary n-cubes and hypercubes. IEEE Transactions on Computers, 2003, 52(10): 1271-1284.

[57] Borkar S, Cohn R, Cox G, et al. iWarp: an integrated solution to high-speed parallel computing. Proceedings of the 1988 ACM/IEEE Conference on Supercomputing, 1988: 330–339.

[58] Sarbazi-Azad H, Ould-Khaoua M, Mackenzie L M, et al. On some properties of k-ary n-cubes. Proceedings of the Eighth International Conference on Parallel and Distributed Systems (ICPADS), IEEE Computer Society, 2001: 517–524.

[59] Wang N C, Yen C P, Chu C P. Multicast communication in wormhole-routed symmetric networks with Hamiltonian cycle model. Journal of Systems Architecture, 2005, 51(3): 165–183.

[60] Wang D, An T, Pan M, et al. Hamiltonian-like properties of k-ary n-cubes. Proceedings of the Sixth conference on Parallel and Distributed Computing, Applications and Technologies (PDCAT'05), 2005: 1002–1007.

[61] Hsieh S Y, Lin T J, Huang H L. Panconnectivity and edge-pancyclicity of 3-ary n-cubes. Journal of Supercomputing, 2007, 42(2): 225–233.

[62] Stewart I A, Xiang Y H. Bipanconnectivity and bipancyclicity in k-ary n-cubes. IEEE Transactions on Parallel and Distributed Systems, 2009, 20(1): 25–33.

[63] Wang S Y, Lin S W. Path embeddings in faulty 3-ary n-cubes. Information Sciences, 2010, 180(1): 191–197.

[64] Ashir Y A, Stewart I A. On embedding cycles in k-ary n-cubes. Parallel Processing Letters, 1997, 7(1): 49–55.

[65] Hsieh S Y, Lin T J. Embedding cycles and paths in a k-ary n-cube. Proceedings of International Conference on Parallel and Distributed Systems ICPADS’ 07, Hsinchu, Taiwan, 2007: 1–7.

[66] Yang M C, Tan J J M, Hsu L H. Hamiltonian circuit and linear array embeddings in faulty k-ary n-cubes. Journal of Parallel and Distributed Computing, 2007, 67(4): 362–368.

[67] Fan J, Lin X, Pan Y, et al. Optimal fault-tolerant embedding of paths in twisted cubes. Journal of Parallel Distributed Computer, 2007, 67(2): 205–214.

[68] Hsieh S Y, Shen T H. Edge-bipancyclicity of a hypercube with faulty nodes and edges. Discrete Applied Mathematics, 2008, 156(10): 1802–1808.

[69] Park J H, Lim H S, Kim H C. Panconnectivity and pancyclicity of hypercube-like interconnection networks with faulty elements. Theoretical Computer Science, 2007,

377(1–3): 170–180.

[70] Park J H. Panconnectivity and edge-pancyclicity of faulty recursive circulant $G(2^m, 4)$. Theoretical Computer Science, 2008, 390(1): 70–80.

[71] Choudum S A, Sunitha V. Augmented cubes. Networks, 2002, 40(2): 71–84.

[72] Germa A, Heydemann M C, Sotteau D. Cycles in the cube-connected cycles graph. Discrete Applied Mathematics, 1998, 83(1): 135–155.

[73] Hwang S C, Chen G H. Cycles in butterfly graphs. Networks, 2000, 35(2): 161–171.

[74] Xu M, Xu J M. Edge-pancyclicity of Möbius cubes. Information Processing Letters, 2005, 96(4): 136–140.

[75] Xu J M, Ma M J. Cycles in folded hypercubes. Applied Mathematics Letters, 2006, 19(2): 140–145.

[76] Li J, Wang S Y, Liu D. Pancyclicity of ternary n-cube networks under the conditional fault model. Information Processing Letters, 2011, 111(8): 370–374.

[77] Li J, Wang S Y, Liu D, et al. Edge-bipancyclicity of the k-ary n-cubes with faulty nodes and edges. Information Sciences, 2011, 181(11): 2260–2267.

[78] Stewart I A, Xiang Y H. Embedding long paths in k-ary n-cubes with faulty nodes and links. IEEE Transactions on Parallel and Distributed Systems, 2008, 19(8): 1071–1085.

[79] Tsai C H. Cycles embedding in hypercubes with node failures. Information Processing Letters, 2007, 102(6): 242–246.

[80] Tsai C H. Fault-tolerant cycles embedded in hypercubes with mixed link and node failures. Applied Mathematics Letters, 2008, 21(8): 855–860.

[81] Lin S W, Wang S Y, Li C F. Panconnectivity and edge-pancyclicity of k-ary n-cubes with faulty elements. Discrete Applied Mathematics, 2011, 159(4): 212–223.

[82] Lin T J. Embedding Cycles and Paths into k-Ary N-Cubes. Taibei: Cheng Kung University, 2009.

[83] Caha R, Koubek V. Hamiltonian cycles and paths with a prescribed set of edges in hypercubes and dense sets. Journal of Graph Theory, 2006, 51(2): 137–169.

[84] Dvořák T. Hamiltonian cycles with prescribed edges in hypercubes. SIAM Journal on Discrete Mathematics, 2005, 19(1): 135–144.

[85] Tsai C H. Fault-free cycles passing through prescribed paths in hypercubes with faulty edges. Applied Mathematics Letters, 2009, 22(6): 852–855.

[86] Wang W Q, Chen X B. A fault-free Hamiltonian cycle passing through prescribed edges in a hypercube with faulty edges. Information Processing Letters, 2008, 107(6): 205–210.

[87] Park J H, Kim H C, Lim H S. Many-to-many disjoint path covers in hypercube-like interconnection networks with faulty elements. IEEE Transactions on Parallel and Distributed Systems, 2006, 17(3): 227–240.

[88] Dvořák T, Gregor P. Hamiltonian paths with prescribed edges in hypercubes. Discrete Mathematics, 2007, 307(16): 1982–1998.

[89] Brigham R C, Harary F, Biolin E C, et al. Perfect-matching preclusion. Congressus Numerantium, 2005, 174: 185–192.

[90] Cheng E, Lipták L. Matching preclusion for some interconnection networks. Networks, 2007, 50(2): 173–180.

[91] Park J H. Matching preclusion problem in restricted HL-graphs and recursive circulant $G(2^m, 4)$. Journal of KISS, 2008, 35(2): 60–65.

[92] Cheng E, Lesniak L, Lipman M J, et al. Conditional matching preclusion sets. Information Sciences, 2009, 179(8): 1092–1101.

[93] Gao S, Novick B, Qiu K. From hall's matching theorem to optimal routing on hypercubes. Journal of Combinatorial Theory, Series B, 1998, 74: 291–301.

[94] Chen C C, Chen J. Nearly optimal one-to-many parallel routing in star networks. IEEE Transactions on Parallel and Distributed Systems, 1997, 8(12): 1196–1202.

[95] Gu Q P, Peng S. Cluster fault-tolerant routing in star graphs. Networks, 2000, 35(1): 83–90.

[96] Madhavapeddy S, Sudborough I H. A topological property of hypercubes: node disjoint paths. Proceeding of the 2th IEEE Symposium on Parallel and Distributed Processing SPDP, 1990, 532–539.

[97] Fu J S. Hamiltonian connectivity of the WK-recursive network with faulty nodes. Information Sciences, 2008, 178(12): 2573–2584.

[98] Lee C M, Tan J J M, Hsu L H. Embedding hamiltonian paths in hypercubes with a required vertex in a fixed position. Information Processing Letters, 2008, 107(5): 171–176.

[99] Yang M C. Path embedding in star graphs. Applied Mathematics and Computation, 2009, 207(2): 283–291.

[100] Park J H. One-to-one disjoint path covers in recursive circulants. Journal of KISS, 2003, 30(12): 691–698.

[101] Tsai C H, Tan J J M, Hsu L H. The super-connected property of recursive circulant graphs. Information Processing Letters, 2004, 91(6): 293–298.

[102] Park J H. One-to-many disjoint path covers in a graph with faulty elements. Proceedings of the International Computing and Combinatorics Conference, 2004: 392–401.

[103] Park J H. Many-to-many disjoint path covers in double loop networks. Journal of KISS, 2005, 32: 426–431.

[104] Park J H. Unpaired many-to-many disjoint path covers in hypercube-like interconnection networks. Journal of KISS, 2006, 33: 789–796.

[105] Park J H, Kim H C, Lim H S. Many-to-many disjoint path covers in presence of faulty elements. IEEE Transactions on Computers, 2009, 58(4): 528–540.

[106] Lai P L, Hsu H C. The two-equal-disjoint path cover problem of matching composition network. Information Processing Letters, 2008, 107(1): 18–23.

[107] Cahalant R, Koubek V. Spanning multi-paths in hypercubes. Discrete Mathematics, 2007, 307(16): 2053–2066.

[108] Dvořák T, Gregor P. Partitions of faulty hypercubes into paths with prescribed end-vertices. SIAM Journal on Discrete Mathematics, 2008, 22(4): 1448–1461.

[109] Gregor P, Dvořák T. Path partitions of hypercubes. Information Processing Letters, 2008, 108(6): 402–406.

[110] Chen X B. Many-to-many disjoint paths in faulty hypercubes. Information Sciences, 2009, 179(18): 3110–3115.

[111] Hsu H C, Li T K, Tan J M, et al. Fault hamiltonicity and fault hamiltonian connectivity of the arrangment graphs. IEEE Transactions on Computers, 2004, 53(1): 39–53.

[112] Wagh M D, Guzide O. Mapping cycles and trees on wrap-around butterfly graphs. SIAM Journal on Computing, 2005, 35(3): 741–765.

[113] Dankelmann P, Sabidussi G. Embedding graphs as isometric medians. Discrete Applied Mathematics, 2008, 156(12): 2420–2422.

[114] Bezrukov S L. Embedding complete trees into the hypercube. Discrete Applied Mathematics, 2001, 110(2–3): 101–119.

[115] Dvořák T. Dense sets and embedding binary trees into hypercubes. Discrete Applied Mathematics, 2007, 155(4): 506–514.

[116] Fan J, Lin X, Jia X. Optimal path embedding in crossed cubes. IEEE Transactions on Computers, 2005, 16(12): 1190–1200.

[117] Fang J F. The bipanconnectivity and m-panconnectivity of the folded hypercube. Theoretical Computer Science, 2007, 385(1–3): 286–300.

[118] Datta A, Soundaralakshmi S, Owens R. Fast sorting algorithms on a linear array with a reconfigurable pipelined bus system. IEEE Transactions on Parallel and Distributed Systems. 2002, 13(3): 212–222.

[119] Lin Y C. On balancing sorting on a linear array. IEEE Transactions on Parallel and Distributed Systems, 1993, 4(5): 566–571.

[120] Nisan N, Wigderson A. On rank versus communication complexity. Combinatorica, 1995, 15: 557–565.

[121] Kim H C, Park J H. Fault hamiltonicity of two-dimensional torus networks. Proc. of Workshop on Algorithms and Computation, Tokyo, 2000, 110–117.

[122] Chen Y Y, Duh D R, Ye T L, et al. Weak-node-pancyclicity of (n, k)-star graphs. Theoretical Computer Science, 2008, 396(1–3): 191–199.

[123] Tsai C H, Lai Y C. Conditional edge-fault-tolerant edge-bipancyclicity of hypercubes. Information Sciences, 2007, 177(24): 5590–5597.

[124] Yang M C, Li T K, Tan J J M, et al. On embedding cycles into faulty twisted cubes. Information Sciences, 2006, 176(6): 676–690.

[125] Fu J S. Edge-fault-tolerant vertex-pancyclicity of augmented cubes. Information Processing Letters, 2010, 110(11): 439–443.

[126] Hsieh S Y, Chang N W. Hamiltonian path embedding and pancyclicity on the Möbius cube with faulty nodes and faulty edges. IEEE Transactions on Computers, 2009, 55(7): 854–863.

[127] Ma M J, Liu G Z, Xu J M. Panconnectivity and edge-fault-tolerant pancyclicity of augmented cubes. Parallel Computing, 2007, 33(1): 36–42.

[128] Wang W W, Ma M J, Xu J M. Fault-tolerant pancyclicity of augmented cubes. Information Processing Letters, 2007, 103(2): 52–56.

[129] Fu J S. Fault-free Hamiltonian cycles in twisted cubes with conditional link faults. Theoretical Computer Science, 2008, 407(1–3): 318–329.

[130] Fu J S, Hung H S, Chen G H. Embedding fault-free cycles in crossed cubes with conditional link faults. Journal of Supercomputing, 2009, 49(2): 219–233.

[131] Hsieh S Y, Lee C W. Pancyclicity of restricted hypercube-like networks under the conditional fault model. SIAM Journal on Discrete Mathematics, 2010, 23(4): 2100–2119.

[132] Hsieh S Y, Wu C D. Optimal fault-tolerant Hamiltonicity of star graphs with conditional edge faults. Journal of Supercomputing, 2009, 49(3): 354–372.

[133] Hung H S, Chen G H, Fu J S. Fault-free Hamiltonian cycles in crossed cubes with conditional link faults. Information Sciences, 2007, 177(24): 5664–5674.

[134] Tsai C H. Linear array and ring embeddings in conditional faulty hypercubes. Theoretical Computer Science, 2004, 314(3): 431–443.

[135] Dong Q, Yang X F, Wang D J. Embedding paths and cycles in 3-ary n-cubes with faulty nodes and links. Information Sciences, 2010, 180(1): 198–208.

[136] Chen X B. Cycles passing through prescribed edges in a hypercube with some faulty edges. Information Processing Letters, 2007, 104(6): 211–215.

[137] Hsieh S Y, Lin T J, Huang H L. Panconnectivity and edge-pancyclicity of k-ary n-cubes. Networks, 2009, 54(1): 1–11.

[138] Lin T J, Hsieh S Y, Huang H L. Cycle and path embedding on 5-ary n-cubes. Theoretical Informatics and Applications, 2009, 43(1): 133–144.

[139] Ahuja S K, Ramasubramanian S. All-to-all disjoint multipath routing using cycle embedding. Computer Networks, 2008, 52(7): 1506–1517.

[140] Chan M Y, Lee S J. On the existence of hamiltonian circuits in faulty hypercubes. SIAM Journal on Discrete Mathematics, 1991, 4(4): 511–527.

[141] ParkJ H, Son S H. Conditional matching preclusion for hypercube-like interconnection networks. Theoretical Computer Science, 2009, 410(27–29): 2632–2640.

[142] Bhaskar R, Cheng E, Liang M, et al. Matching preclusion and conditional matching preclusion problems for twisted cubes. Congressus Numerantium, 2010, 205: 175–185.

[143] Chen X B. Unpaired many-to-many vertex-disjoint path covers of a class of bipartite graphs. Information Processing Letters, 2010, 110(6): 203–205.